高等职业技术教育精品教材——工程测量技术类

GNSS 测量技术与应用

主 编 张福荣 田 倩
主 审 高雅萍

西南交通大学出版社
·成 都·

图书在版编目（CIP）数据

GNSS 测量技术与应用 / 张福荣，田倩主编. —成都：西南交通大学出版社，2022.7（2025.2 重印）
ISBN 978-7-5643-8710-5

Ⅰ. ①G… Ⅱ. ①张… ②田… Ⅲ. ①卫星导航 – 全球定位系统 – 高等职业教育 – 教材 Ⅳ. ①P228.4

中国版本图书馆 CIP 数据核字（2022）第 095126 号

GNSS Celiang Jishu yu Yingyong
GNSS 测量技术与应用

主编 张福荣 田 倩

责 任 编 辑	王 旻
封 面 设 计	曹天擎
出 版 发 行	西南交通大学出版社 （四川省成都市金牛区二环路北一段 111 号 西南交通大学创新大厦 21 楼）
发行部电话	028-87600564　028-87600533
邮 政 编 码	610031
网 　 　 址	http://www.xnjdcbs.com
印 　 　 刷	成都勤德印务有限公司
成 品 尺 寸	185 mm × 260 mm
印 　 　 张	13.5
字 　 　 数	336 千
版 　 　 次	2022 年 7 月第 1 版
印 　 　 次	2025 年 2 月第 3 次
书 　 　 号	ISBN 978-7-5643-8710-5
定 　 　 价	38.00 元

课件咨询电话：028-81435775
图书如有印装质量问题　本社负责退换
版权所有　盗版必究　举报电话：028-87600562

数字资源列表

序号	名称	类型	页码
1	第一部分　GNSS 全球导航卫星系统	PPT	1
2	卫星导航系统的产生与发展	微课	3
3	GNSS 的组成与特点	微课	5
4	全球定位系统	微课	6
5	中国北斗卫星导航定位系统	微课	9
6	GNSS 定位的时间系统	微课	20
7	GNSS 定位的坐标系统	微课	23
8	卫星运动与卫星星历	微课	31
9	第二部分　GNSS 定位测量方法与误差来源	PPT	48
10	GNSS 定位原理与方法	微课	49
11	伪距测量原理	微课	52
12	伪距差分定位	微课	53
13	载波相位测量	微课	56
14	GNSS 整周跳变与整周未知数的确定	微课	60
15	载波相位差分定位	微课	69
16	GNSS 误差来源	微课	86
17	GNSS 与卫星有关的误差	微课	87
18	GNSS 与信号传播路径有关的误差	微课	89
19	GNSS 与接收机有关的误差	微课	90
20	GNSS 技术在高铁控制测量中的应用	微课	92
21	第三部分　GNSS 测量技术设计与数据系统	PPT	96
22	GNSS 控制网的技术设计（1）	微课	97
23	GNSS 控制网的技术设计（2）	微课	102
24	GNSS 网的图形设计	微课	107
25	GNSS 网特征条件的计算	微课	108
26	GNSS 外业数据采集（1）	微课	116
27	星历预报与作业调度	微课	118

续表

序号	名　称	类型	页码
28	GNSS 外业数据采集（2）	微课	120
29	外业数据检核	微课	122
30	GNSS 控制测量技术总结	微课	126
31	GNSS-RTK 实时动态定位测量	微课	131
32	GNSS-RTK 数字测图	微课	132
33	GNSS-RTK 作业模式	微课	138
34	CORS 连续运行参考站系统	微课	143
35	RTK 控制测量	微课	144
36	GNSS-RTK 点测量	微课	147
37	GNSS-RTK 点放样	微课	148
38	GNSS-RTK 施工放样	微课	149
39	GNSS 技术在桥隧工程中的应用	微课	151
40	**第四部分　GNSS 测量数据处理**	PPT	157
41	GNSS 数据格式	微课	158
42	TBC 数据导入	微课	165
43	SGO 软件应用	微课	168
44	LGO 基线解算	微课	173
45	TBC 基线处理	微课	175
46	TBC 环闭合差	微课	177
47	LGO 网平差	微课	187
48	LGO 坐标转换	微课	192
49	TBC 坐标系统建立	微课	192
50	TBC 自由网平差	微课	193
51	TBC 约束网平差	微课	196
52	GNSS 高程	微课	198
53	GNSS 技术在地形测绘中的应用	微课	200

 preface

2020年6月23日，我国成功发射北斗三号最后一颗组网卫星，标志着北斗三号全球卫星导航系统建成，北斗卫星导航系统（BDS）是四大全球导航卫星系统（GNSS）之一。GNSS测量技术作为现代测量技术"3S"技术之一，具有无须通视、灵活性强、精度高、自动化程度高、测量范围广、操作简单等特点，已经广泛应用于我国地方经济建设和社会可持续发展中。近几年，随着我国高速铁路的快速发展，GNSS测量技术已成为土建类专业技术人员必备的技能之一。

本教材是在作者2017年编写的《GPS测量技术与应用（第2版）》基础上，修订完善而成。为了便于教学，本版教材继续采用项目导向、任务驱动的模式设计教学内容，强化学生职业能力的培养，进一步体现实践性和创新性，以便更好地满足高职高专院校工程测量技术、摄影测量与遥感技术、无人机测绘技术、铁道工程技术、高速铁道工程技术、道路桥梁工程技术等专业的教学使用和企业技术人员培训使用。设置了"推荐阅读"栏目，选取了与相应部分教学内容有关的GNSS技术应用案例，意在启发学生的创新思维。

在前两版的基础上，本版教材与时俱进，一方面更新了GNSS技术的最新发展应用，另一方面建设并增加了微课等数字化资源，可开展混合式教学。

本教材由成都理工大学高雅萍副教授主审，陕西铁路工程职业技术学院张福荣、田倩主编，并负责全书统稿。具体编写分工如下：第一部分项目一和第二部分项目三由刘舜编写；第一部分项目二和第二部分项目一由王涛编写；第二部分项目二由张福荣编写；第三部分项目一、项目二由曾庆伟编写；第三部分项目三由王栋编写；第四部分由田倩编写；全书的"推荐阅读"由田倩编写。

本教材参考了大量相关专业文献（包括纸质版和电子版），引用了部分内容，在此表示感谢！中铁二十局集团公司左志刚、大庆钻探工程公司地球物理勘探一公司于海滨为本教材的编写提供了帮助，在此表示感谢！同时对西南交通大学出版社为本书所做的辛勤工作表示感谢！

由于编者水平有限，书中存在不足之处，敬请读者予以批评指正。

编 者

2022 年 3 月

目录 contents

第一部分 GNSS 全球导航卫星系统 ·· 1

  项目一 GNSS 的现状与发展 ··· 2

    任务 1.1 卫星定位技术的产生与发展 ··· 3

    任务 1.2 GNSS 的组成及特点 ·· 5

    任务 1.3 我国导航定位卫星系统 ··· 9

  项目二 GNSS 定位系统与 GNSS 信号 ··· 15

    任务 2.1 GNSS 定位系统的组成 ·· 16

    任务 2.2 GNSS 定位的时间系统与坐标系统 ·· 20

    任务 2.3 GNSS 卫星轨道运动 ··· 31

    任务 2.4 GNSS 卫星的信号结构 ·· 36

    任务 2.5 GNSS 卫星位置的计算 ·· 41

    小　结 ··· 46

    知识技能训练 ··· 46

第二部分 GNSS 定位测量方法与误差来源 ··· 48

  项目一 GNSS 定位测量的基本原理 ··· 48

    任务 1.1 GNSS 定位原理与方法 ·· 49

    任务 1.2 伪距定位测量 ·· 52

    任务 1.3 载波相位测量 ·· 56

    任务 1.4 周跳分析与整周未知数的确定方法 ··· 60

    任务 1.5 GNSS 绝对定位 ··· 63

    任务 1.6 GNSS 相对定位 ··· 69

  项目二 GNSS 信号接收机 ··· 72

    任务 2.1 GNSS 信号接收机组成及工作原理 ·· 73

    任务 2.2 GNSS 接收机的分类 ··· 76

    任务 2.3 几种常见的测地型 GNSS 接收机 ·· 79

    任务 2.4 GNSS 接收机的选用与检验 ··· 81

  项目三 GNSS 定位误差 ··· 85

  任务 3.1 GNSS 定位误差的来源与分类 ……………………………………… 86

  任务 3.2 与卫星有关的误差 ………………………………………………… 87

  任务 3.3 与信号传播路径有关的误差 ……………………………………… 89

  任务 3.4 与接收机有关的误差 ……………………………………………… 90

  任务 3.5 其他误差 …………………………………………………………… 91

 小　结 …………………………………………………………………………… 94

 知识技能训练 …………………………………………………………………… 94

第三部分 GNSS 测量技术设计与数据采集 …………………………………… 96

 项目一 GNSS 测量技术设计 ……………………………………………………… 96

  任务 1.1 GNSS 测量技术设计的依据 ……………………………………… 97

  任务 1.2 GNSS 网的精度与密度设计 ……………………………………… 102

  任务 1.3 GNSS 网的基准设计 ……………………………………………… 105

  任务 1.4 GNSS 测量的图形设计 …………………………………………… 107

  任务 1.5 GNSS 测量技术设计书的编写 …………………………………… 111

 项目二 GNSS 测量的数据采集 ……………………………………………………… 115

  任务 2.1 选点与埋石 ………………………………………………………… 116

  任务 2.2 GNSS 卫星预报与观测调度计划 ………………………………… 118

  任务 2.3 GNSS 测量的数据采集 …………………………………………… 120

  任务 2.4 GNSS 测量的作业模式 …………………………………………… 124

  任务 2.5 技术总结与成果资料提交 ……………………………………… 126

 项目三 实时动态定位测量 …………………………………………………………… 131

  任务 3.1 RTK 动态定位系统的组成 ……………………………………… 133

  任务 3.2 RTK 定位测量作业模式 ………………………………………… 138

  任务 3.3 RTK 定位常规测量功能及使用方法 …………………………… 144

 小　结 …………………………………………………………………………… 155

 知识技能训练 …………………………………………………………………… 156

第四部分 GNSS 测量数据处理 ……………………………………………………… 157

 项目一 GNSS 观测数据预处理 …………………………………………………… 157

  任务 1.1 观测数据解析 ……………………………………………………… 158

  任务 1.2 观测数据的传输与存储 ………………………………………… 165

  任务 1.3 观测数据预处理 …………………………………………………… 168

 项目二 GNSS 基线解算 …………………………………………………………… 171

  任务 2.1 基线解算 …………………………………………………………… 173

  任务 2.2 基线解算的质量控制 …………………………………………… 177

任务 2.3　影响基线解算结果的因素及采取的措施 …………………………… 179
项目三　网平差与坐标转换 ………………………………………………………… 184
　　任务 3.1　基线向量网平差 …………………………………………………… 187
　　任务 3.2　坐标转换 …………………………………………………………… 192
　　任务 3.3　GNSS 高程 ………………………………………………………… 198
　　小　　结 ………………………………………………………………………… 204
　　知识技能训练 …………………………………………………………………… 204

参考文献 ……………………………………………………………………………… 205

第一部分　GNSS 全球导航卫星系统

第一部分 PPT

　　GNSS（Global Navigation Satellite System，全球导航卫星系统）又称天基 PNT 系统，其关键作用是提供时间/空间基准和所有与位置相关的实时动态信息，目前已成为国家重要的空间和信息化基础设施，并且也是体现现代化大国地位和国家综合国力的重要标志。它是经济安全、国防安全、国土安全和公共安全的重大技术支撑系统和战略威慑基础资源，也是建设和谐社会、服务人民大众、提升生活质量的重要工具。

　　由于 GNSS 在国家安全和经济与社会发展中有着不可或缺的重要作用，所以世界各主要大国都竞相发展独立自主的导航卫星系统。目前全世界有四大 GNSS，它们是：现有的美国 GPS（Global Positioning System，全球定位系统）、俄罗斯 GLONASS（Global Navigation Satellite System）、欧洲的 Galileo（伽利略）系统，以及我国北斗卫星导航定位系统 BDS（BeiDou Navigation Satellite System）。GNSS 实际上泛指导航卫星系统，包括全球星座、区域星座，及相关的星基增强系统。除了上述 4 个全球系统及其增强系统[美国的 WAAS(广域增强系统)、欧洲的 EGNOS（欧洲静地导航重叠系统）和俄罗斯的 SDCM（俄罗斯卫星导航增强系统）]外，日本和印度等国也在建设自己的区域系统和增强系统，即日本的 QZSS（日本准天顶卫星系统）和 MSAS(日本多功能卫星增强系统)，印度的 IRNSS(印度卫星定位系统)和 GAGAN（GPS 辅助型静地轨道增强导航系统），以及尼日利亚运用通信卫星搭载实现的 NicomSat-1 星基增强系统。

　　全球导航卫星系统的起源要追溯到 1957 年苏联发射第一颗人造地球卫星时期，由其发现了多普勒定位原理，推动并产生了美国的海军导航卫星系统——子午仪（Transit），进而出现了美国的 GPS 和苏联的 GLONASS。美国 1973 年 GPS 被批准立项，1978 年发射第一颗卫星，至今已经 40 余年。从 1995 年 GPS 宣布投入完全工作阶段起，也已经有 20 多年，全球导航卫星系统具有广泛的应用范围，能深入到国民经济的各个领域，进入人民生活的方方面面，从而产生巨大的经济效益。

项目一 GNSS 的现状与发展

 项目描述

GNSS 的全称是全球导航卫星系统，它是泛指所有的导航卫星系统，包括全球的、区域的和增强的，如美国的 GPS、俄罗斯的 GLONASS、欧洲的 Galileo、中国的北斗卫星导航系统，以及相关的增强系统，如美国的 WAAS、欧洲的 EGNOS 和日本的 MSAS 等，还涵盖在建和以后要建设的其他卫星导航系统。国际 GNSS 是个多系统、多层面、多模式的复杂组合系统，GPS 发展到 GNSS，应该说是一种巨大的进步。

教学目标

1. 能力目标
- 能够描述卫星定位系统的发展；
- 能够描述 GNSS 的组成及特点；
- 能够描述我国定位系统的特点。

2. 知识目标
- 了解卫星定位系统的发展；
- 了解 GNSS 的组成及特点；
- 了解我国定位系统的特点。

3. 素质目标
- 具备一定的阅读总结能力；
- 具备一定的查阅、整理资料能力。

 相关案例——GNSS 的现状

GNSS 全球导航卫星系统，主要包括美国的 GPS、俄罗斯的 GLONASS、欧洲的 Galileo、中国的北斗卫星导航系统、美国的 WAAS、欧洲的 EGNOS（欧洲静地导航重叠系统）和日本的 MSAS 等。其中，评定系统性能有 4 个主要技术指标。① 可用性：该系统作为导航定位的正常运行时间；② 精度：该系统用于测得的运动载体在航位置与其真实位置的差异性；③ 完好性：该系统不能用于导航定位时的告警能力；④ 连续性：该系统在一个导航周期内出现间断导航的概率。

目前，根据这4项主要技术指标，能正常使用的导航系统只有GPS、GLONASS、Galileo和中国的北斗卫星导航系统。

任务1.1　卫星定位技术的产生与发展

1.1.1　任务描述

1957年10月4日，苏联成功发射了世界上第一颗人造地球卫星后，人们就开始利用卫星进行定位和导航的研究，人类的空间科学技术研究和应用跨入了一个崭新的时代，世界各国争相利用人造地球卫星为军事、经济和科学文化服务。同时，卫星定位技术在大地测量学的应用也取得了惊人的发展，迅速跨入了一个崭新的时代。

导航卫星系统的产生与发展

本次任务主要是认识卫星定位技术的产生与发展，了解现有的主要卫星定位系统。

1.1.2　相关知识

1. 早期的卫星定位技术

卫星定位技术是指人类利用人造地球卫星确定测站点位置的技术。卫星大地测量是利用人造地球卫星为大地测量服务的一门技术，它的主要内容是在地面上观测人造地球卫星，通过测定卫星位置的方法，来解决大地测量任务，例如测定地面点的相对位置、地球的形状和大小等。

早期，人造地球卫星仅仅作为一种空间观测目标，由地面上的观测站对卫星的瞬间位置进行摄影测量，测定测站点至卫星的方向，建立卫星三角网。同时也可利用激光技术测定观测站至卫星的距离，建立卫星测距三角网。通过这两种观测方法，均可以实现地面点的定位，也能进行大陆同海岛的联测定位，解决了常规大地测量难以实现的远距离联测定位问题，这是常规定位技术望尘莫及的。

1966—1972年，美国国家大地测量局在英国和联邦德国测绘部门的协作下，用卫星三角测量方法测设了一个具有45个测站点的全球三角网，获得了±5 m的点位精度。然而，由于卫星三角测量受天气和可见条件影响，观测和成果换算需耗费大量的时间，同时定位精度不甚理想，并且不能得到点位的地心坐标。因此，卫星三角测量技术成为一种过时的观测技术，很快就被卫星多普勒定位技术所取代。

2. 卫星多普勒定位系统NNSS

1958年12月，美国海军武器实验室和詹斯·霍普金斯（Johns Hopkins）大学物理实验室为了给美国海军"北极星"核潜艇提供全球性导航，开始研制一种卫星导航系统，称之为美国海军导航卫星系统（Navy Navigation Satellite System），简称 NNSS。在这一系统中，由于卫星轨道面通过地极，所以又被称为子午卫星导航系统。从1959年9月美国发射了第一颗实验卫星，到1961年11月，先后发射了9颗实验导航卫星。经过几年实验研究，解决了卫星导航的许多技术问题。从1963年12月起，陆续发射了由6颗卫星组成的子午卫星星座。1964年，NNSS 系统建成并投入使用。该系统轨道接近圆形，卫星高度为1 100 km，轨道倾角为90°左右，周期约为107 min，在地球表面上的任何一个测站，平均每隔2 h 便可观测到其中一颗卫星。

卫星多普勒定位系统即美国海军导航卫星系统，它由3部分组成：卫星星座、地面跟踪网和用户接收机。其中，地面跟踪网由跟踪站、计算中心、注入站、海军天文台和控制中心5部分组成，它们的任务是测定各颗卫星的轨道参数，并定时将这些轨道参数和时间信号注入相应的卫星内，以便卫星按时向地面播发。接收机是用来接收卫星发射的信号、测量多普勒频移、解译卫星的轨道参数，以测定接收机所在位置的设备。由于接收机都是采用多普勒效应原理进行接收和定位的，所以也称为多普勒接收机。

1967年7月29日，美国政府宣布解密子午卫星的部分导航电文而提供民用。由于卫星多普勒定位具有经济、快速、精度较高、不受天气和时间限制等优点，只要能见到子午卫星，便可在地球表面的任何地方进行单点和联测定位，从而获得测站的三维地心坐标。因此，卫星多普勒定位迅速从美国传播到欧亚及美洲的许多国家。

20世纪70年代中期，我国开始引进卫星多普勒接收机。西沙群岛的大地测量基准联测，是我国应用卫星多普勒定位技术的先例。自80年代初期以来，我国开展了几次较大规模的卫星多普勒定位实践：国家测绘局和总参测绘局联合测设的全国卫星多普勒大地网；由原武汉测绘科技大学与青海石油管理局、新疆石油管理局、原石油部地球物理勘探局合作测设西北地区卫星多普勒定位网；即使在远离我国17 000 km 的南极乔治岛上，也用卫星多普勒定位技术精确测得我国长城站的地理位置为南纬 $62°12'59.811'' \pm 0.015''$，西经 $58°57'52.665'' \pm 0.119''$，高程为（$43.58 \pm 0.67$）m，长城站至北京的距离为 17 501 949.51 m。

在美国子午卫星系统建立的同时，苏联于1965年开始建立卫星导航定位系统 CICADA。它与 NNSS 相似，也是第一代卫星定位导航系统。该系统由12颗卫星组成 CICADA 星座，轨道高度为1 000 km，卫星的运行周期为105 min。

虽然子午卫星系统将导航和定位技术推向了一个崭新的发展阶段，但仍然存在着一些明显的缺陷。该系统卫星数目较少（6颗工作卫星）、运行高度较低（平均约为1 000 km）、从地面站观测到卫星的时间间隔也较长（平均约 1.5 h），无法进行全球性的实时连续导航定位服务。从大地测量学来看，该系统定位速度慢（测站平均观测 1~2 天）、精度较低（单点定位精度 3~5 m，相对定位精度约 1 m），在大地测量学和地球动力学研究方面受到了极大的限制。为了满足军事及民用对连续实时三维导航和定位的需求，第二代卫星导航系统应运而生。子午卫星系统也于1996年12月31日停止发射导航及时间信息。

3. 全球导航卫星系统 GNSS

具有全球导航定位能力的卫星定位导航系统称为全球导航卫星系统，简称为 GNSS。目前已有的卫星导航系统包括美国的 GPS、俄罗斯的 GLONASS，欧洲的 Galileo 系统，以及我国北斗卫星导航系统。

GNSS 具有全能性、全球性、全天候、连续性和实时性的精密三维导航与定位功能，而且还具有良好的抗干扰性和保密性。因此，在大地测量、工程测量、航空摄影测量、海洋测量、城市测量等测绘领域得到了广泛的应用，并在物探测量工作中广泛普及与应用。在物理点的放样中已经不再仅仅是采用测角和量距，而是借助 GNSS 导航卫星信号来确定地面点的准确位置。

随着 GLONASS、Galileo 系统以及我国北斗系统的组网运营，综合各大导航系统的多星系统接收机逐步替代了先前的 GPS 定位的单一系统，其作业效率、定位精度、定位的稳定性与可靠性都得到了大幅度改善。

任务 1.2　GNSS 的组成及特点

1.2.1　任务描述

GNSS，它是所有全球导航卫星系统及其增强系统的集合名词，是利用全球的所有导航卫星所建立的覆盖全球的全天候无线电导航系统。GNSS 除包含了 GPS、GLONASS、Galileo 系统、BDS 外还包含 SBAS 广域差分系统、DORIS 星载多普勒无线电定轨定位系统、QZSS 准天顶卫星系统和 GAGAN GPS 静地卫星增强系统等，可用的卫星数目达到 100 颗以上。

GNSS 的组成与特点

本次任务主要是认识 GNSS 的组成，掌握其主要特点。

1.2.2　相关知识

1. GNSS 的由来

早在 20 世纪 90 年代中期开始，欧盟为了打破美国在卫星定位、导航、授时市场中的垄断地位，获取巨大的市场利益，增加欧洲人的就业机会，一直在致力于一个雄心勃勃的民用全球导航卫星系统计划，称之为 Global Navigation Satellite System。该计划分两步实施：第一步是建立一个综合利用美国的 GPS 和俄罗斯的 GLONASS 的第一代全球导航卫星系统（当时称为 GNSS-1，即后来建成的 EGNOS）；第二步是建立一个完全独立于美国的 GPS 系统和俄罗斯的 GLONASS 之外的第二代全球导航卫星系统，即正在建设中的 Galileo 卫星导航定位系统。由此可见，GNSS 从问世起，就不是一个单一星座系统，而是一个包括 GPS、GLONASS BDS、Galileo 等在内的综合星座系统。众所周知，卫星是在天空中环绕地球运行的,其全球性是不言而喻的;而全球导航是相对于陆基区域性导航而言,以此体现卫星导航的优越性。

2. 美国全球定位系统 GPS

全球定位系统

1973 年 12 月,美国国防部在总结了 NNSS 的优劣之后,批准美国海陆空三军联合研制新一代卫星导航系统——NAVSTAR GPS,即目前的"授时与测距导航系统/全球定位系统"(Navigation Satellite Timing and Ranging / Global Positioning System),通常称之为全球定位系统,简称为 GPS。GPS 的全部投资为 300 亿美元。自 1974 年以来,系统的建立经历了方案论证、系统研制和生产实验等 3 个阶段,是继阿波罗计划、航天飞机计划之后的又一个庞大的空间计划。1978 年 2 月 22 日,第一颗 GPS 实验卫星发射成功,卫星距离地球表面的平均高度为 20 200 km,运行速度为 3 800 m/s,运行周期为 11 h 58 min。1989 年 2 月 14 日,第一颗 GPS 工作卫星发射成功,宣告 GPS 系统进入了营运阶段,截止 1994 年 3 月 28 日完成第 24 颗工作卫星的发射工作,GPS 共发射了 21 颗工作卫星,3 颗备用卫星,它们均匀地分布在 6 个相对于赤道倾角为 55°的近似圆形轨道上,每颗卫星可覆盖全球约 38%的面积,如图 1.1 所示。卫星的分布可保证在地球上任何地点、任何时刻,同时能观测到 4 颗卫星。

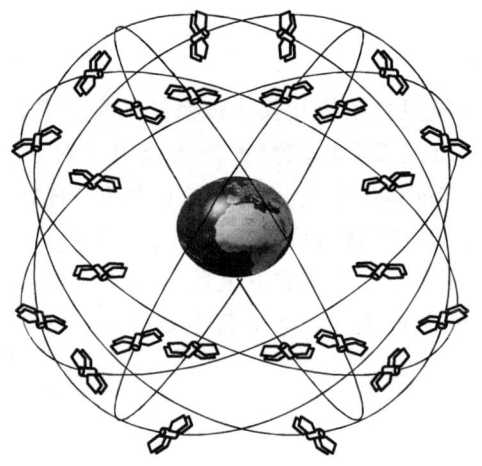

图 1.1 GPS 卫星工作星座

在 GPS 设计之初,美国国防部的主要目的是使 GPS 能够为海陆空三军提供实时、全天候和全球性的导航服务,并用于情报收集、核爆监测和应急通信等一些军事目的。但随着 GPS 系统的开发应用,它已经被广泛地应用于飞机、船舶和各种载运工具的导航、高精度的大地测量、精密工程测量、地壳形变测量、地球物理测量、航天发射和卫星回收等技术领域。

为了使 GPS 具有高精度的连续实时三维导航性能及良好的抗干扰性能,在卫星的设计上采取了若干重大改进措施。GPS 与 NNSS 的主要特征比较如表 1.1 所示。

表 1.1　GPS 与 NNSS 的主要特征比较

系统特征	GPS	NNSS
载波频率/GHz	1.23，1.58	0.15，0.40
卫星平均高度/km	约 20 200	约 1 000
卫星数目/颗	24（3 颗备用）	5~6
卫星运行周期/min	718	107
卫星钟稳定度	10^{-12}	10^{-11}

3. 俄罗斯全球导航卫星系统 GLONASS

GLONASS 是苏联从 20 世纪 80 年代初开始建设的与美国 GPS 相类似的卫星定位系统，也由卫星星座、地面监测控制站和用户设备 3 部分组成，现在由俄罗斯空间局管理。

（1）GLONASS 的发展。

GLONASS 的起步比 GPS 晚 9 年。苏联于 1982 年 10 月 12 日发射第一颗卫星到 1996 年，GLONASS 历经周折，虽然遭遇了苏联解体，由俄罗斯接替部署，但始终没有终止卫星的发射。1995 年进行了 3 次成功发射，将 9 颗卫星送入轨道后，完成了 24 颗卫星加 1 颗备用卫星的布局。经过数据的加载、调整和检验，整个系统已于 1996 年 1 月 18 日开始正常运行。

然而，20 世纪 90 年代中期以来，由于卫星寿命短、资金短缺等，替补卫星不能如期发射，地面控制系统不能正常维修更新，从而使系统故障发生的概率明显增加，提供的导航定位服务精度和可靠性变差。2001 年年底，GLOASS 卫星数量降到最低点（7 颗），系统处于半瘫痪状态。

随着俄罗斯经济的好转、大量民间和国外资金的介入，经过对空间卫星的几次补网，2003 年 12 月 10 日，第一颗 GLONASS-M 卫星入轨运行，并于 2004 年 1 月 29 日开始向广大用户发送导航定位信号。目前 GLONASS 在轨工作卫星共 17 颗，其中 10 颗为旧卫星，7 颗为 GLONASS-M 新卫星。此外，地面测控站设施也进行了一定的改进，系统定位、测速和授时精度都得到了改善。2007 年 5 月 18 日，俄罗斯总统颁布最新总统令，除了要求继续发展完全免费的民用信号、确保提升 GLONASS 为政府战略决策服务的性能外，还建议俄罗斯航空局维持、发展和推广应用 GLONASS 全球坐标系统，建议政府机构制订 GLONASS 性能提升、GLONASS 与其他 GNSS 进行兼容和互操作以及 2012—2020 年 GLONASS 新的发展计划等。

（2）GLONASS 的组成。

GLONASS 在系统组成和工作原理上与 GPS 类似，也是由空间卫星星座、地面控制中心和用户设备 3 大部分组成。

① 空间卫星星座。

GLONASS 的卫星星座由 24 颗卫星（目前在轨 17 颗卫星）组成，均匀分布在 3 个近圆形的轨道平面上，每个轨道面有 8 颗卫星，轨道高度 19 100 km，运行周期 11 h 15 min，轨道倾角 64.8°。由于 GLONASS 卫星的轨道倾角大于 GPS 轨道倾角,所以在高纬度地区（50°以上）的可视性较好。

每颗 GLONASS 卫星上装有铯原子钟以产生卫星上高稳定的时标,并向所有星载设备提供同步信号。星载计算机将从地面控制站接收到的专用信息进行处理,生成导航电文向用户广播。导航电文包括星历参数、星钟相对于 GLONASS UTC 时（SU）的偏移值、时间标记及 GLONASS 历书。

GLONASS 卫星向空间发射两种载波信号。L1 为民用,频率为 1.602~1.616 MHz；L2 为军用,频率为 1.246~1.256 MHz。信号格式为伪随机噪声扩频信号,测距码用最长序列码。同步码重复周期 2 s,30 位,并有 100 周方波振荡的二进制码信息调制。各卫星之间的识别方法采用频分复用制（FDMA）,L1 频道间隔 0.562 5 MHz,L2 频道间隔 0.437 5 MHz。FDMA 占用频段较宽,24 个卫星的 L1 频段占用约 14 MHz。

② 地面控制中心。

GLONASS 卫星星座的地面控制组（GCS）包括一个系统控制中心（在莫斯科区的 Golitsyno-2）和一个指令跟踪站（CTS）,网络分布在俄罗斯境内。CTS 跟踪着 GLONASS 可视卫星,遥测所有卫星,进行测距数据的采集和处理,并向各卫星发送控制指令和导航信息。在 GCS 内有激光测距设备对测距数据做周期修正,为此所有 GLONASS 卫星都装有激光反射镜。

③ 用户设备。

GLONASS 接收机接收 GLONASS 卫星信号并测量其伪距和速度,同时从卫星信号中选出并处理导航电文。接收机中的计算机对所有输入数据处理并算出位置坐标的 3 个分量,速度矢量的 3 个分量和时间。

GLONASS 进展较快,运行正常,但生产用户设备的厂家还较少,生产的接收机多为专用型。国内上海华测导航技术有限公司研制出了 GPS/GLONASS 联合接收机。GPS 与 GLONASS 联合接收机有以下优点：用户同时可接收的卫星数目约增加一倍,可以明显改善观测卫星的几何分布,提高定位精度；由于可见卫星的增加,在一些遮挡物较多的城市、森林等地区进行测量定位和建立运动目标的监控管理比较容易开展；利用 2 个独立的卫星定位系统进行导航和定位测量,可有效削弱美俄两国对各自定位系统的可能控制,提高定位的可靠性和安全性。

4. 欧洲全球导航卫星系统（Galileo 系统）

欧盟从 1994 年开始对伽利略系统方案实施论证,于 1999 年首次公布伽利略导航卫星系统计划,其目的是摆脱欧洲对美国全球定位系统的依赖,打破其垄断。

2000 年向世界无线电委员会申请并获准建立伽利略系统的 L 频段的频率资源。2002 年 3 月,欧盟 15 国交通部长一致同意伽利略系统的建设。

2005 年 12 月 28 日,欧洲航天局发射了第一颗伽利略演示卫星。

2015 年 3 月 30 日,欧洲发射 2 颗伽利略导航卫星。

2019 年 7 月 14 日,受地面基础设施相关的技术问题影响,伽利略系统的初始导航和计时服务暂时中断。2019 年 8 月 18 日，伽利略卫星定位系统修复完毕，定位和导航服务已经恢复正常。

2021 年 12 月 5 日，俄罗斯成功在位于南美洲的法属圭亚那航天中心发射联盟-ST-B 火箭，将两颗伽利略导航卫星送入太空。

此次发射成功后，欧洲航天局计划 2022 年再发射两颗卫星，并在随后几年内陆续发射其他 26 颗卫星，以完成导航卫星系统的构建。

伽利略系统由欧盟各政策和私营企业共同投资 36 亿欧元，在欧洲建立两个控制中心。计划由 30 颗卫星（27 颗工作卫星和 3 颗备用卫星）组成，分别部署在 3 个高度圆轨道面上，轨道高度 23 616 km，倾角 56°，星座对地面覆盖良好，是高精度全开放的新一代定位系统。

Galileo 系统主要的设计思想：

① 与 GPS/GLONASS 不同，完全从民用出发，建立一个最高精度的全开放型的新一代 GNSS 系统。

② 与 GPS/GLONASS 有机地兼容，增强系统使用的安全性和兼容性。

③ 建设资金由欧洲各国和私营企业共同投资。

与美国的 GPS 相比，伽利略系统更先进，也更可靠。美国 GPS 向他国提供的卫星信号，只能发现地面大约 10 m 长的物体，而伽利略系统的卫星则能发现 1 m 长的目标。一位军事专家形象地比喻说，GPS 只能找到街道，而伽利略系统则可找到家门。

伽利略计划对欧盟具有关键意义，它不仅能使人们的生活更加方便，还将为欧盟的工业和商业带来可观的经济效益。更重要的是，欧盟将从此拥有自己的全球导航卫星系统，有助于打破美国 GPS 导航系统的垄断地位，从而在全球高科技竞争浪潮中获取有利位置，并为将来建设欧洲独立防务创造条件。

作为欧盟主导项目，伽利略系统并没有排斥外国的参与，中国、韩国、日本、阿根廷、澳大利亚、俄罗斯等国也在参与该计划，并向其提供资金和技术支持。伽利略导航卫星系统建成后，将和美国 GPS、俄罗斯 GLONASS、中国 BDS 共同构成全球 4 大导航卫星系统，为用户提供更加高效和精确的服务。

任务 1.3　我国卫星导航定位系统

1.3.1　任务描述

北斗卫星导航系统（BDS）是由中国自行研发的区域性有源三维卫星定位与通信系统（CNSS），是继 GPS、GLONASS 定位系统之后，世界上第三个成熟的导航卫星系统。该系统分为"北斗一代""北斗二代"和"北斗三代"，分别由空间端、地面端和用户终端 3 部分组成，可向用户提供全天候的即时定位服务。

中国北斗卫星导航定位系统

本次任务主要是了解北斗卫星导航定位系统的特点及主要组成。

1.3.2 相关知识

我国早在20世纪60年代末就开展了导航卫星系统的研制工作，但在自行研制"子午仪"定位设备方面起步较晚，以致后来使用的大量设备，基本依赖进口。70年代后期以来，国内开展了探讨适合国情的导航卫星定位系统的体制研究，先后提出过单星、双星、三星和3~5星的区域性系统方案，以及多星的全球系统的设想，并考虑到导航定位与通信等综合运用问题，但是由于种种原因，这些方案和设想都没能够得到实现。

1. "北斗一号"卫星定位系统

"北斗一号"卫星定位系统的英文简称为BD，在ITU（国际电信联合会）登记的无线电频段为L波段（发射）和S波段（接收）。

1983年，"两弹一星"功勋奖章获得者陈芳允院士和合作者提出利用两颗同步定点卫星进行定位导航的设想，经过分析和初步实地试验，效果良好，这一系统被称为"双星定位系统"。双星定位系统为我国"九五"列项，其工程代号取名为"北斗一号"（BD），有两颗工作卫星和2颗备用卫星实现定位、通信和授时的基本功能。2008年北京奥运会期间，它和已有的GPS卫星定位系统一起，在交通、场馆安全的定位监控方面，发挥了"双保险"作用。

2. 双星定位

"北斗一号"卫星定位系统的基本工作原理是"双星定位"：① 以两颗在轨卫星的已知坐标为圆心，分别以测定的卫星至用户终端的距离为半径，形成两个球面，用户终端位于这2个球面交线的圆弧上。② 地面中心站配有电子高程地图，提供一个以地心为球心、以球心至地球表面高度为半径的非均匀球面。③ 用数学方法求解圆弧与地球表面的交点即可获得用户的位置。

用户利用"北斗一号"定位时，首先向地面中心站发出请求，地面中心站再发出信号，分别经两颗卫星反射传至用户，地面中心站通过计算两种途径所需时间即可完成定位。"北斗一号"对用户位置的计算不是在卫星上进行，而是在地面中心站完成的。因此，地面中心站可以保留全部北斗用户的位置及时间信息，并负责整个系统的监控管理。

由于在定位时需要用户终端向定位卫星发送定位信号，由信号到达定位卫星时间的差值计算用户位置，所以双星定位被称为"有源定位"。

3. 北斗第二代导航卫星网（BeiDou-2）

继美国的GPS升级、俄罗斯的GLONASS扩建以及欧盟的"伽利略计划"之后，我国也将升级自己的全球导航卫星定位系统——"北斗第二代导航卫星网"。

"北斗第二代导航卫星网"由5颗静止轨道卫星和30颗非静止轨道卫星组成，其中，5颗静止轨道卫星是高度为36 000 km的地球同步卫星，分别分布在赤道上空的58.75°E、80°E、110.5°E、140°E、160°E，提供RNSS和RDSS信号链路；30颗非静止轨道卫星由27颗中轨（MEO）卫星和3颗倾斜同步（IGSO）卫星组成，提供RNSS信号链路，27颗MEO卫星分布在倾角为 55°的 3 个轨道平面上，每个面上有 9 颗卫星，轨道高度为 21 500 km。

每颗 BeiDou-2 卫星都发射 4 个频率的载波信号用于导航：1 561.098 MHz（B1）、1 589.742 MHz（B1-2）、1 207.14 MHz（B2）、1 268.52 MHz（B3）。每个载波信号均有正交调制的普通测距码（I 支路）和精密测距码（Q 支路）。卫星以不同地址码区分（CDMA）。BeiDou-2 提供两种服务方式。开放服务是在服务区免费提供定位、测速和授时服务，定位精度为 10 m，授时精度为 50 ns，测速精度为 0.2 m/s；授权服务是向授权用户提供更安全的定位、测速、授时和通信服务以及系统完好性信息。

第二代导航卫星系统与第一代导航卫星系统在体制上的差别主要是：第二代用户机可免发上行信号，不再依靠中心站电子高程图处理或由用户提供高程信息，而是直接接收卫星单程测距信号自己定位，系统的用户容量不受限制，并可提高用户位置隐蔽性。其代价是：测距精度要由星载高稳定度的原子钟来保证，所有用户机使用稳定度较低的石英钟，其时钟误差作为未知数和用户的三维未知位置参数一起由 4 个以上的卫星测距方程来求解。这就要求用户在每一时刻可见 4 颗以上几何位置合适的卫星进行测距，从而使得星座所需卫星数量大大增多，系统投资显著增加。

北斗卫星导航系统是重要的空间基础设施，可提供高精度的定位、测速和授时服务，能带来巨大的社会和经济效益。我国高度重视卫星导航系统的建设，一直努力探索和发展拥有自主知识产权的卫星导航系统。我国已建成的北斗导航试验系统，在测绘、电信、水利、交通运输、渔业、勘探、森林防火和国家安全等诸多领域发挥着重要作用。

无论是 GPS、GLONASS、Galileo，还是 BeiDou-2，都是采用主动式定位的卫星导航系统，其定位原理都是类似的，如图 1.2 所示：多颗（4 颗或 4 颗以上）已知空间位置信息的卫星不断播发自己的空间位置信息，用户接收机同时接收这些卫星播发的空间位置信息，通过简单的交会计算就能够确定用户接收机的三维（3D）位置。

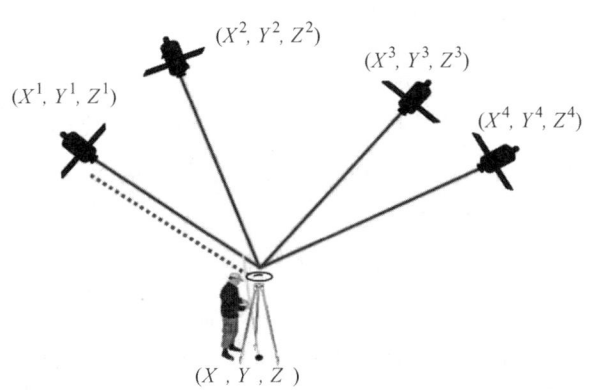

图 1.2　定位原理

与 GPS、Galileo 等国外卫星导航系统星座结构不同，BeiDou-2 采用 GEO 卫星、倾斜地球同步轨道（Inclined Geosynchronous Orbits, IGSO）卫星及 MEO 卫星组成的中高轨混合星座架构，如图 1.3 所示。到 2012 年 12 月 27 日，BeiDou-2 正式提供导航定位服务时，共有 5 颗 GEO 卫星、5 颗 IGSO 卫星和 4 颗 MEO 卫星在轨为用户提供服务，具备区域服务能力。

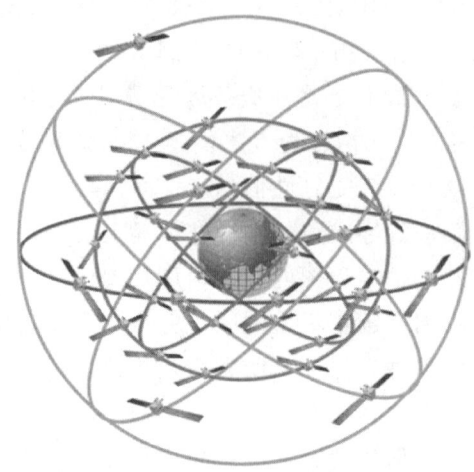

图 1.3　COMPass 星座示意图

4. 北斗第三代导航卫星网（BeiDou-3）

　　BeiDou-3 的定位原理与 BeiDou-2 一致，只是 BeiDou-3 的导航定位卫星较 BeiDou-2 的导航定位卫星多。其导航卫星的星座结构与 BeiDou-2 的星座结构类似，仍然采用 3 种不同轨道的卫星进行定位。BeiDou-3 采用 3 颗 GEO 卫星、3 颗 IGS 卫星和 24 颗 MEO 卫星共同组成全球系统导航星座。BeiDou-3 的这 30 颗可用卫星，加上 BeiDou-2 目前仍然在轨运行的 5 颗 GEO 卫星、5 颗 IGSO 卫星及 5 颗 MEO 卫星，在轨为用户提供服务的卫星数量达到 45 颗，在全球多个国家和地区，用户接收到的 BeiDou 卫星信号已经超过了 GPS 卫星信号数量，尤其是在亚太地区，BeiDou 的可见卫星数量是 GPS 卫星可见数量的 2 倍左右。

　　BeiDou-3 实验卫星的星载氢原子钟的精度达到了 Galileo 卫星星载氢原子钟的精度水平；BeiDou-3 实验卫星的星载铷原子钟的精度达到了 GPS 卫星星载铷原子钟的精度水平。最新研发的星载铷原子钟，其准确性达到了 300 万年差 1 s 这样的水平。

　　要精确确定用户的位置，需要准确知道导航卫星的空间位置，同时也需要确认各个导航卫星的时间是否同步。精密单点定位（Precise Point Positioning, PPP）就是利用地面若干跟踪站的观测数据，高精度地计算出导航卫星的位置以及各个卫星星载原子钟的钟差，然后将这些数据作为附加信息由 BeiDou-3 的 3 颗 GEO 卫星转发给用户接收机。

　　北斗三号系统与其他 GNSS 相比的最大特色，是具有区域短信息通信服务和全球短信息通信服务，这是其他 GNSS 所没有的。这一特色是与北斗系统的发展过程密切相关的，因为北斗系统是从有源系统发展过来的，继续保留了相关的特色，不仅在 BeiDou-2 中应用，而且还延续到北斗三号中，同时实现了区域和全球的短信息通信服务。同样，北斗三号把全球基本服务系统与区域（星基）增强系统组合在一起，成为全球最为复杂的系统，它是中地球轨道（MEO）、地球静止轨道（GEO）和倾斜地球同步轨道（IGSD）3 种轨道形式的组合，也是未来导航与通信融合卫星的一种先驱性探索。

北斗系统完全体运行示意图如图 1.4 所示，北斗卫星如图 1.5 所示。

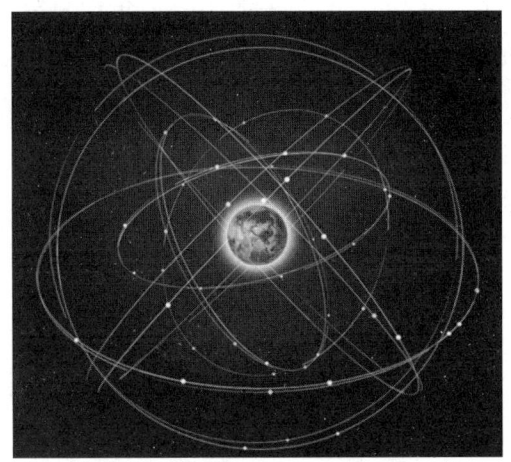

图 1.4 北斗系统完全体运行

图 1.5 北斗卫星

北斗卫星导航系统的坐标框架采用我国 2000 大地坐标系统（China Geodetie Coordinate System 2000, CGCS2000）。北斗卫星导航系统的时间基准为北斗时（BDT）。CGCS2000 大地坐标系的定义如下：原点位于地球质心；Z 轴指向国际地球自转服务组织（ERS）定义的参考极（RP）方向；X 轴为正 RS 定义的参考子午面（RM）与通过原点且同 Z 轴正交的赤道面的交线；Y 轴与 Z、X 轴构成右手直角坐标系。CGCS2000 原点也用作 CGCS2000 椭球的几何中心，Z 轴用作该旋转椭球的旋转轴。CGCS2000 参考椭球定义的基本常数为：

长半轴：$a = 6\,378\,137.0$ m

地心（包含大气层）引力常数：$GM = 3.986\,004\,418 \times 10^{14}\,\text{m}^3/\text{s}^2$

扁率：$f = 1/298.257\,222\,101$

地球自转角速度：$\omega = 7.292\,115\,0 \times 10^{-5}$ rad/s

北斗系统的时间系统，采用北斗时（BDT）。BDT 采用国际单位制（SD 秒为基本单位连续累计，不闰秒，起始历元为 2006 年 1 月 1 日协调世界时（UTC）00 时 00 分 00 秒，采用周和周内秒计数。BDT 通过 UTC（NTSC）与国际 UTC 建立联系，BDT 与 UTC 的偏差保持在 100 纳秒以内（模 1 秒）。BDT 与 UTC 之间的闰秒信息在导航电文中播报。

虽然 BeiDou-3 已经于 2020 年 7 月 31 日正式向世界各国提供 PNT 服务，但美国的 GPS 早在 1995 年 4 月 27 日就已经建成并向世界各国提供了 PNT 服务，已有的用户设备几乎都是基于 GPS 卫星信号设计的，要将 BeiDou 卫星导航信号嵌入并普及到各类用户终端设备中，还有很长的路要走。为了全球各地的用户能够更好地使用 BeiDou 卫星导航信号，需要更加广泛地宣传 BeiDou 卫星导航信号的特色；我国也在推动构建以 BeiDou 为核心基石的，更加广泛、更加融合、更加智能的综合时空体系。

从经济效益而言,可以说北斗是个标杆。自从北斗在 2012 年开始投入区域服务以来,我国的卫星导航产业,就是以北斗为核心推动力突破了五大市场领域,这就是:汽车前装市场、智能手机市场、高精度专业市场、国际化市场,以及与其他技术与产业的融合市场。所取得的长足进步成为世界上发展最快的产业市场,平均每年以超过 20%的年增长率快速占有市场,至 2018 年,我国的北斗产业总产值突破 3 000 亿元,占全球卫星导航产业市场总值的 1/5。

项目二　GNSS 定位系统与 GNSS 信号

项目描述

本项目包含的主要任务有 GNSS 定位系统的组成（以 GPS 系统为例）、GNSS 定位的时间系统与坐标系统、GNSS 卫星轨道运动的基本原理、GNSS 卫星的信号结构、GNSS 卫星位置的计算等内容。该项目学习的主要目的是为后续 GNSS 数据采集和数据处理奠定理论基础，为下一步的数据处理和网平差计算做准备。

教学目标

1. 能力目标

- 认识 GNSS 定位系统的组成；
- 能够描述 GNSS 系统各部分的功能；
- 认识各个坐标系统在 GNSS 定位中的应用；
- 认识 GNSS 卫星的信号结构；
- 能够理解 GNSS 卫星瞬间坐标的计算方法。

2. 知识目标

- 了解 GNSS 定位系统和组成；
- 了解 GNSS 定位测量的时间系统与坐标系统；
- 理解 GNSS 卫星轨道运动的基本原理；
- 了解 GNSS 卫星的信号结构；
- 熟悉 GNSS 卫星位置的计算。

3. 素质目标

- 具备查阅相关资料和自学的能力；
- 培养团结协作的精神。

相关案例——GNSS 卫星定位系统在工程车辆中的应用实例

我国工程车辆租赁、销售市场的信用体系不完善，欠租、骗租、购车后赖账的事件时有发生，迫使工程车辆出租、出售单位在工程车辆上安装了 GNSS 定位系统加强对租赁资产的管理。在当前信用环境不佳的状况下采取这一措施，无疑给工程车辆租赁、销售市场人员的合法权益增加了一定的保险系数。

同时，对工程车辆用户而言，工程车辆信息通过 GNSS 定位第一时间到达工程车辆所有者，这对工程车辆的最佳调配和有序管理提供了可能，有利于加快工程建设的速度和降低车辆调运成本。

因此，GNSS 要从制造厂商那里开始重视，把 GNSS 和设备的控制系统融合在一起，使得非专业人员不能轻易改动或拆除设备。同时，增加了使用方对厂商的依赖、设备维修保养的收入、二手设备的定价发言权，以及对工程车辆的有效管理。

任务 2.1　GNSS 定位系统的组成

2.1.1　任务描述

GNSS 全球导航卫星系统，主要包括 GPS、GLONASS、Galileo、BDS 等系统。以 GPS 全球定位系统为例，该系统由空间部分、地面控制部分、用户设备部分 3 部分组成，3 个部分相互协调，完成三维导航定位和测速。本次任务主要认识 GPS 定位系统的组成，熟悉 GPS 系统各个组成部分的作用，以及了解 GPS 系统目前的发展状态。

2.1.2　相关知识

利用 GPS 定位系统，用户不仅可以在全球范围内实现全天候、连续、实时的三维导航定位和测速，还能够进行高精度的时间传递和高精度的精密定位。

GPS 系统的建设分 3 个阶段实施：分别为原理与可行性实验阶段；系统研制与实验阶段；工程发展与完成阶段。第一阶段从 1973 年 12 月开始研制到 1978 年 2 月 22 日第一颗试验卫星发射成功，历时 5 年。第二阶段从 1978 年 2 月 22 日开始研制到 1989 年 2 月 14 日第一颗工作卫星发射成功，历时 11 年。第三阶段从 1989 年 2 月 14 日到 1995 年 4 月 27 日，历时 7 年。

GPS 计划历时 23 年、耗资 130 多亿美元。1995 年 4 月 27 日，美国国防部宣布："GPS 系统已具备运作能力。"由此，GPS 系统在全世界任何地方都可以实现全天候的导航、定位和定时。GPS 系统是第二代卫星导航定位系统，它的出现导致了测绘行业一场深刻的技术革命。

GPS 的整个系统包括空间部分、地面控制部分、用户设备部分，如图 1.6 所示。

1. 空间部分

GPS 的空间部分由 21 颗工作卫星和 3 颗在轨备用卫星组成，记作（21+3）GPS 卫星星座，这 24 颗卫星分布在 6 个轨道平面内，每个轨道 4 颗卫星，如图 1.7 所示。卫星轨道平面相对于地球赤道面的倾角为 55°，各个轨道平面的升交点赤径相差 60°，轨道平均高度为 20 200 km，卫星绕地球运行一周的时间约为 12 恒星时。GPS 卫星的上述时空配置，保证了地球上的任何地点，在任何时刻至少可以同时观测到 4 颗卫星，以满足精密定位和导航需要。

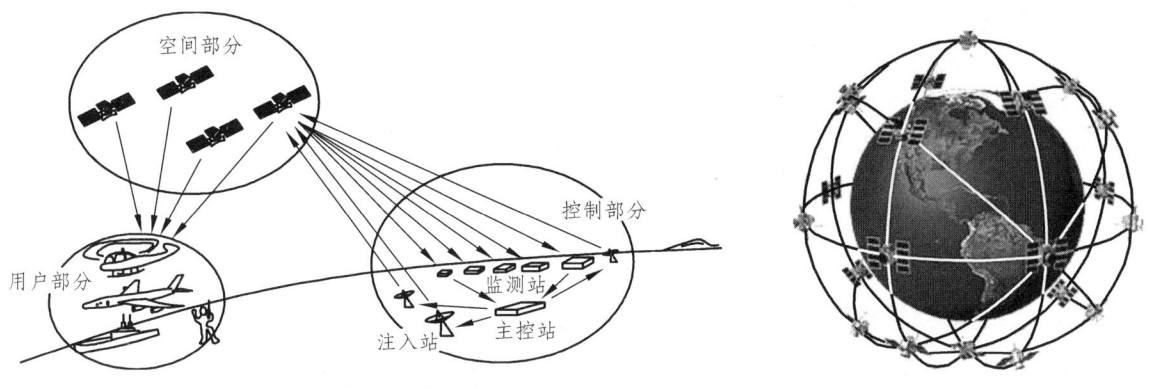

图 1.6 GPS 定位系统组成　　　　图 1.7 GPS 卫星分布

每颗 GPS 工作卫星都发射用于导航定位的信号，GPS 用户利用这些信号来进行工作。当卫星入轨后，星内机件靠太阳能电池和镉镍电池供电，推力系统使卫星轨道保持在适当位置。GPS 卫星通过 12 根螺旋形天线组成的阵列天线发射张角大约为 30°的电磁波束，覆盖卫星的可见地面。卫星姿态调整采用三轴稳定方式，由 4 个斜装惯性轮和喷气控制装置构成三轴稳定系统，使螺旋形天线阵列所辐射的波束对准卫星的可见地面。卫星通过天顶时，可见时间为 5 h，在地球表面上任何地点、任何时刻，在高度角 15°以上，平时可同时观测到 6 颗卫星，最多可达 9 颗卫星。

GPS 卫星的主体呈圆柱形，直径约 1.5 m，质量约 774 kg（其中包括 310 kg 燃料），两侧各安装 2 块双叶太阳能电池板，能自动对日定向，以保证卫星正常工作的用电，如图 1.8 所示。每颗 GPS 卫星带有 4 台高精度原子钟，其中 2 台为铷钟、2 台为铯钟。原子钟为 GPS 定位提供高精度的时间标准。

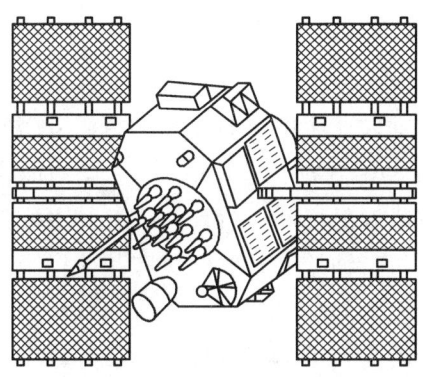

图 1.8 GPS 卫星示意图

GPS 卫星的核心部件是高精度的时钟、导航电文存储器、双频发射和接收机以及微处理器。GPS 定位成功的关键在于高稳定度的频率标准，这些高稳定度的频率标准由高度精确的时钟提供。因为 10^{-9} s 的时间误差将会引起 30 m 的站星距离误差。

GPS 卫星上装置有微处理机，可进行必要的数据处理工作，并可根据地面监控站指令，调整卫星姿态，启动备用卫星。

在 GPS 系统中，GPS 卫星具有 3 个基本功能。

（1）接收地面主控站通过注入站发送到卫星的调度命令，适时地改正运行偏差或启用时钟等。

（2）向 GPS 用户播送导航电文，提供导航和定位信息。

（3）通过高精度卫星钟（铯钟和铷钟）向用户提供精密的时间标准。

2. 地面控制部分

对于导航定位来说，GPS 卫星是一个空间动态已知点。卫星的位置是依据卫星发射的星历——描述卫星运动及其轨道的参数计算得到的。每颗 GPS 卫星所播发的星历，是由地面监控系统提供的。卫星上的各种设备是否正常工作，以及卫星是否一直沿着预定轨道运行，都要由地面设备进行监测和控制。地面监控系统另一重要作用是保持各颗卫星处于同一时间系统——GPS 时间系统。这就需要地面监测各颗卫星的时间，求出钟差，然后由地面注入站发给卫星，卫星再由导航电文发给用户设备。

地面监控系统由分布在全球的若干个跟踪站组成，根据其作用的不同，跟踪站分为主控站、注入站和监测站。

（1）主控站。

主控站设在美国本土科罗拉多斯普林斯（Colorado Springs）的联合空间执行中心负责协调、管理所有地面监控网络的工作，它主要有 4 项任务：

① 收集、处理本站和监测站收到的全部资料，推算编制各颗卫星的星历、卫星钟差和大气层修正参数等，并将这些数据传送到注入站。

② 主控站还负责纠正卫星的轨道偏离，使之沿预定的轨道运行。

③ 提供全球定位系统的时间基准。

④ 适时启用备用卫星以取代失效的工作卫星。

（2）注入站。

地面注入站现有 3 个，分别设在印度洋的迭戈加西亚（Diego Garcia）、南大西洋的阿森松岛（Ascencion）和南太平洋的卡瓦加兰（Kwajalein）。地面注入站的主要设备包括一根直径为 3.6 m 的天线、一台 C 波段发射机和一台计算机，其主要任务是在主控站的控制下，将由主控站推算和编制的卫星星历、钟差、导航电文和其他控制指令等注入相应卫星的存储系统，并监测注入信息的正确性。

注入站每天注入 3 次，每次注入 14 天的星历。此外，注入站能自动向主控站发射信号，每分钟报告一次自己的工作状态。

（3）监测站。

监测站现有 5 个，其中 4 个和主控站以及地面注入站重叠，另外一个设在夏威夷（Hawaii）。每个监测站均用双频 GPS 信号接收机，对每颗可见卫星每 6 s 进行一次伪距测量和积分多普勒观测，并采集气象要素等数据。

监测站的主要任务是为主控站编算导航电文提供观测数据。整个 GPS 的地面监控网络，除主控站外均无人值守。各站间用现代化的通信系统联系起来，在原子钟和计算机的驱动和精确控制下，各项工作实现了高度的自动化和标准化。

3. 用户设备部分

GPS 的用户设备部分，由 GPS 接收机硬件、相应的数据处理软件、微处理器及其终端设备组成。GPS 接收机硬件包括接收机主机、天线和电源，它的主要作用是：能够捕获到按一定卫星高度截止角所选择的待测卫星的信号，并跟踪这些卫星的运行，对所接收到的 GPS 信号进行变换、放大和处理，以便测量出 GPS 信号并从卫星到接收机天线的传播时间，解译出 GPS 卫星所发送的导航电文，实时地计算出测站的三维位置，甚至三维速度和时间。GPS 软件是指各种机内软件、后处理软件、具有平差功能的数据处理软件等。它们通常由厂家提供，其主要作用是对观测数据进行加工，以便获得比较精密的定位结果。

由于 GPS 用户的要求不同，GPS 接收机也有许多不同的类型，一般分为导航型、测地型和授时型。GPS 接收机一般用蓄电池作为电源。同时采用机内外两种直流电源。设置机内电池目的在于更换机外电池时不中断连续观测。在用机外电池的过程中，机内电池自动充电。关机后，机内电池为 RAM 存储器供电，以防丢失数据。

近年来，国内引进了许多类型的 GPS 测地型接收机。各种类型的 GPS 测地型接收机用于精密相对定位时，其双频接收机精度可达 $5\,\text{mm} + 1 \times D \times 10^{-6}$ [D 为基线长度（km）]，单频接收机可达 $10\,\text{mm} + 2 \times D \times 10^{-6}$。目前，各种类型的 GPS 接收机的体积越来越小，质量越来越轻，精度越来越高，更加便于野外观测。如图 1.9 所示。

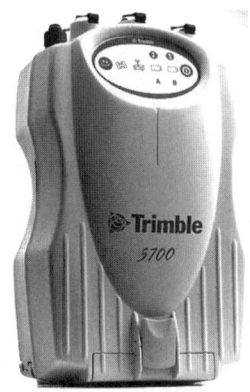

图 1.9　GPS 用户接收机

GPS 接收机的结构分为天线单元和接收单元两大部分。对于测地型接收机来说，两个单元一般分成两个独立的部件，观测时将天线单元安置在测站上，接收单元置于测站附近适当的地方，用电缆线将两者连接成一个整机。也有的将天线单元和接收单元做成一个整体，观测时将其安置在测站点上，如图 1.10 所示。

图 1.10　GPS 用户接收机结构

任务 2.2　GNSS 定位的时间系统与坐标系统

2.2.1　任务描述

坐标系统与时间系统是描述卫星运动、处理观测数据和表达测站位置的数学与物理基础。本次任务的主要目的是认识和熟悉 GNSS 定位的坐标系统和时间系统,它们是精确描述天体和人造卫星运行位置和空间位置的重要基准。

2.2.2　相关知识

2.2.2.1　时间系统

GNSS 定位的
时间系统

在 GNSS 卫星定位中,时间系统有着重要的意义。作为观测目标的 GNSS 卫星以每秒几千米的速度运动。对观测者而言,卫星的位置(方向、距离、高度)和速度都在不断地发生变化。GNSS 卫星作为一个高动态已知点,其位置是随时间不断变化的。因此,在给出卫星运行位置的同时,必须给出相应的瞬时时刻。并且卫星位置的精度和时刻的精度密切相关,例如:当要求 GNSS 卫星的位置误差小于 1 cm 时,相应的时刻误差应小于 2.6×10^{-6} s。GNSS 测量是通过接收和处理 GNSS 卫星发射的无线电信号来确定用户接收机(测站)至卫星的距离,进而确定观测点的位置。而欲准确地测定测站至卫星的距离,必须精确地测定信号的传播时间。任何一个观测量都必须给定取得该观测量的时刻。为了保证观测量的精度,对观测时刻要有一定的精度要求。

由于地球的自转现象,在天球坐标系中,地球上点的位置是不断变化的。若要求赤道上一点的误差不超过 1 cm,则时间的测定误差须小于 2.6×10^{-6} s。显然,利用 GNSS 技术进行精密定位和导航,应尽可能获得高精度的时间信息,这就需要一个精确的时间系统。

时间系统与坐标系统一样，应有其尺度（时间单位）与原点（起始历元）。只有把尺度与原点结合起来，才能给出时刻的概念。因此，确定一个时间系统和确定其他测量基准一样，要定义时间单位和原点。

实践中，由于所选用的周期运动现象不同，便产生了不同的时间系统。在 GNSS 定位中，具有重要意义的时间系统主要有以下几种：

1. 恒星时

以春分点为参考点，由春分点的周日视运动所定义的时间系统，称为恒星时（Sidereal Time，ST）。其时间尺度为：春分点连续两次经过本地子午圈的时间间隔为一恒星日，一恒星日分为 24 个恒星时。恒星时是以春分点通过本地子午圈时刻为起算原点，所以恒星时在数值上等于春分点相对于本地子午圈的时角。恒星时具有地方性，同一瞬间不同测站的恒星时是不同的，所以恒星时也称为地方恒星时。

恒星时是以地球自转为基础，并与地球的自转角度相对应的时间系统。由于岁差、章动的影响，地球自转在空间的指向是变化的，春分点在天球上的位置并不固定。对于同一历元所对应的真天极和平天极，有真春分点和平春分点之分。因此，相应的恒星时也有真恒星时和平恒星时之分。恒星时在天文中有着广泛的应用。

2. 世界时

以平子夜为零时起算的格林尼治平太阳时定义为世界时（Universal Time，UT）。世界时系统是以地球自转为基础的一种时间系统。随着高精度石英钟的普遍采用以及观测精度的提高，人们发现地球自转周期存在着季节变化、长期变化及其他不规则变化。并且，地球的自转轴在地球内部的位置也不固定，存在极移。地球自转轴的这种不稳定性，导致了世界时 UT_0 的不均匀性。为了弥补这一缺陷，1955 年 9 月国际天文联合会决定，在世界时 UT_0 中引入极移改正，经过改正的世界时表示为 UT_1。UT_1 加上地球自转速度季节性变化后为 UT_2。很明显，世界时 UT_1 经过极移改正后，仍含有地球自转速度变化的影响。而 UT_2 虽经过地球自转季节性变化的改正，仍含有地球自转速度长期变化和不规则变化的影响，所以世界时 UT_2 仍不是一个严格均匀的时间系统。1956 年，国际上采用新的秒长定义，即历书时秒等于回归年长度的 1/31 556 925.974 7。就时间尺度而言，世界时已被历书时 ET 代替，之后，又于 1976 年为原子时所取代。但是 UT_1 在卫星测量中仍被广泛使用，只是它不再作为时间尺度，因为它在数值上表征了地球自转相对恒星的角位置，故用于天球坐标系与地球坐标系之间的转换计算。

3. 原子时

随着人们对时间系统的准确度和稳定度的要求不断提高，以地球自转为基础的世界时系统已难以满足要求。因此，人们在 20 世纪 50 年代建立了以物质内部原子运动的特征为基础的原子时间系统。物质内部原子跃迁所辐射和吸收的电磁波频率，具有很高的稳定性和复现性，由此而建立的原子时（Atomic Time，AT），便成为当代最理想的时间系统。

原子时秒长的定义：位于海平面上的铯原子133 Cs¹³³基态两个超精细能级，在零磁场中跃迁辐射振荡 9 192 631 770 周所持续的时间，为 1 原子时秒。该原子时秒作为国际制秒（SI）的时间单位。这一定义严格地确定了原子时的尺度，而原子时的原点由下式确定：

$$AT = UT_2 - 0.003\ 9''$$

原子时系统出现后，得到了迅速的发展和广泛的应用，许多国家都建立了各自的地方原子时系统。但不同的地方原子时之间存在着差异。为此，国际上大约有 100 座原子钟，通过相互对比，并经数据处理推算出统一的原子时系统，称为国际原子时（International Atomic Time，IAT）。原子时是通过原子钟来守时和授时的，因此，原子钟振荡器频率的准确度和稳定性便决定了原子时的精度。在卫星大地测量中，原子时作为高精度的时间基准，用于精密测定卫星信号的传播时间。

4. 协调世界时

目前，许多应用部门如天文大地测量、天文导航和空间飞行器的跟踪定位等，仍然需要以地球自转为基础的世界时 UT。协调世界时（Coordinate Universal Time，UTC）即是一种折中办法。它采用原子时秒长，但因为原子时比世界时每年快约 1 s，两者之差逐年累积，便采用跳秒（闰秒）的方法使协调时与世界时的时刻相接近，其差不超过 1 s。它既保持时间尺度的均匀性，又能近似地反映地球自转的变化。按国际无线电咨询委员会（CCIR）通过的关于 UTC 的修正案，从 1972 年 1 月 1 日起 UTC 与 UT_1 之间的差值最大可以达到 0.9 s，超过或接近时以跳秒补偿。跳秒一般安排在每年 12 月末或 6 月末，具体日期由国际时间局安排并通告。

为了使使用世界时的用户能得到精度较高的 UT_1 时刻，时间服务部门在发播协调时（UTC）时号的同时，还给出 UT_1 与 UTC 的差值。这样用户便可容易地由 UTC 得到相应的 UT_1。目前，几乎所有国家时号的发播，均以 UTC 为基准。例如：GPS 的全部卫星与地面测控站之间构成一个闭环的自动修正系统，就是采用协调世界时 UTC（USNO/MC）为参考基准。

5. GNSS 时间系统

GNSS 是测时测距系统。时间在 GNSS 测量中是一个基本的观测量。卫星的信号，卫星的运动、卫星的坐标都与时间密切相关。以 GPS 定位系统为例，为了保证导航和定位精度，GPS 建立了专门的时间系统，简称 GPST。图 1.11 为 GPS 时间系统建立的示意图。

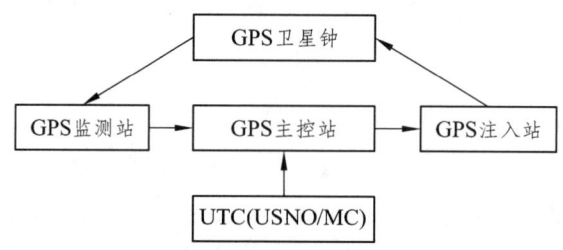

图 1.11　GPS 时间系统建立的示意图

GPST 属原子时系统,其秒长为国际制秒(SI),与原子时相同,但其起点与国际原子时(IAT)不同。因此,GPST 和 IAT 之间存在一个常数差,它们的关系为:

$$T_{IAT} - T_{GPS} = 19''$$

GPST 与协调时 UTC 规定在 1980 年 1 月 6 日 0 时相一致,其后随着时间呈整数倍积累,至 1987 年该差值为 4 s。GPST 由主控站原子钟控制。

2.2.2.2 坐标系统

GNSS 测量技术是通过安置于地球表面的 GNSS 接收机,接收 GNSS 卫星信号来测定地面点位置。观测站固定在地球表面,其空间位置随地球自转而变动。而 GNSS 卫星围绕地球质心旋转且与地球自转无关,因此,在卫星定位中,需建立两类坐标系统和统一的时间系统,即天球坐标系与地球坐标系。天球坐标系是一种惯性坐标系,其坐标原点及各坐标轴指向在空间保持不变,用于描述卫星运行位置和状态。地球坐标系则是与地球相关联的坐标系,用于描述地面点的位置,并寻求卫星运动的坐标系与地面点所在的坐标系之间的关系,从而实现坐标系之间的转换。

GNSS 定位的坐标系统

一个完整的坐标系统是由坐标系和基准两方面要素所构成的。坐标系指的是描述空间位置的表达形式,而基准指的是为描述空间位置而定义的一系列点、线、面。大地测量中的基准,一般是指为确定点在空间中的位置而采用的地球椭球或参考椭球的几何参数和物理参数,及其在空间的定位、定向方式,以及在描述空间位置时所采用的单位长度的定义。

1. 天球坐标系

1)天球概述

以地球质心 M 为球心,半径无穷大的假想球体称为天球。天文学中常将天体沿天球半径方向投影到天球面上,并在天球面上研究天体的位置、运动规律和天体间的相互关系。在天球上建立坐标系,必然会涉及天球上一些有参考意义的点、线、面。天球面上的参考点、线、面如图 1.12 所示。

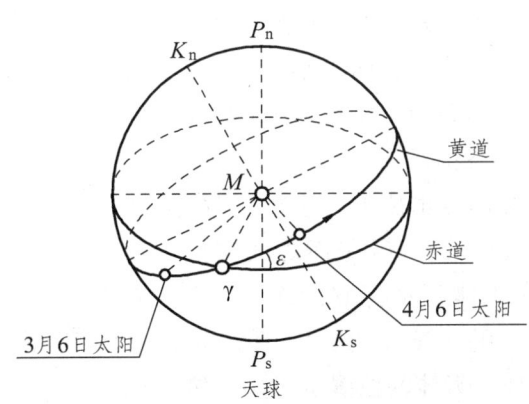

图 1.12 天球的概念

（1）天轴与天极。地球自转轴的延伸直线为天轴，天轴与天球面的交点称为天极，交点P_n为北天极，位于北极星附近，P_s为南天极。位于地球北半球的观测者，因地球遮挡不能看到南天极。

天极并不固定，有岁差和章动的变化。扣除章动影响的天极为平天极；包含岁差和章动影响的瞬时位置的天极为真天极。

（2）天球赤道面与天球赤道。通过地球质心M且垂直于天轴的平面称为天球赤道面，与地球赤道面重合。天球赤道面与天球面的交线称为天球赤道。天球赤道是半径无穷大的圆周。

（3）天球子午面与天球子午圈。包含天轴并通过天球上任意一点的平面称为天球子午面，与地球子午面重合。天球子午面与天球面的交线为一大圆，称为天球子午圈。天球子午圈被天轴截成的两个半圆称为时圈。

（4）黄道。地球绕太阳公转的轨道面称为黄道面。黄道面与赤道面的夹角ε称为黄赤交角，约为23.5°。黄道面与天球面相交成的大圆叫黄道，也就是地球上的观测者见到的太阳在天球面上的运行轨道。由于地球自转，对于地面上的观测者来说，天球赤道面不动而黄道面每日绕天轴旋转一周。又由于地球绕太阳公转，直观上看，太阳在黄道上每日自西向东运行约1°，每年运行一周。由于黄赤交角的缘故，在地球自转与公转的共同作用下产生了一年四季的变化。

（5）黄极。通过天球中心且垂直于黄道面的直线与天球面的两个交点称为黄极，靠近北天极P_n的交点K_n称为北黄极，K_s称为南黄极。

（6）春分点。当太阳在黄道上从天球南半球向北半球运行时，黄道与天球赤道的交点称为春分点，也就是春分时刻太阳在天球上的位置，如图1.12中的γ。春分之前，春分点位于太阳以东。春分过后，春分点位于太阳以西。春分点与太阳之间的距离每日改变约1°。

2）天球坐标系

常用的天球坐标系有天球空间直角坐标系和天球球面坐标系。如图1.13所示。

天球空间直角坐标系的坐标原点位于地球质心M，Z轴指向天球北极P_n，X轴指向春分点γ，Y轴与X轴和Z轴构成右手坐标系，即伸开右手，大拇指和食指伸直，其余三指曲90°，大拇指指向Z轴，食指指向X轴，其余三指指向Y轴。在天球空间直角坐标系中，任一天体的位置可用天体的三维坐标(X, Y, Z)表示。

天球球面坐标系的坐标原点也位于地球质心M。天体所在天球子午面与春分点所在天球子午面之间的夹角称为天体的赤经，用α表示；天体到原点M的连线与天球赤道面之间的夹角称为赤纬，用δ表示；天体至原点的距离称为向径，用r表示。这样，天体的位置也可用三维坐标$(r, \alpha, \delta,)$唯一地确定。

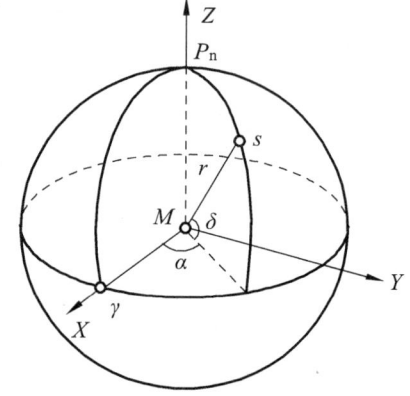

图1.13 天球空间直角坐标系与天球球面坐标系

天体的天球空间直角坐标系和球面坐标系是同一天体位置的不同表达方式。对同一空间点两种表达方式可通过下面的式（1.1）或式（1.2）进行转换。

$$\left.\begin{array}{l} X = r\cos\alpha\cos\delta \\ Y = r\sin\alpha\cos\delta \\ Z = r\sin\delta \end{array}\right\} \quad (1.1)$$

$$\left.\begin{array}{l} r = \sqrt{X^2 + Y^2 + Z^2} \\ \alpha = \arctan(Y/X) \\ \delta = \arctan(Z/\sqrt{X^2+Y^2}) \end{array}\right\} \quad (1.2)$$

3）岁差与章动的影响

由于地球形状接近于一个两极扁平赤道隆起的椭球体，因此在日月引力和其他天体引力的作用下，地球在绕太阳运行时，其自转轴方向并不是保持恒定，而是绕着北黄极缓慢地旋转。地球自转轴的这种旋转运动，使地球绕太阳的状态，像是一只巨大的陀螺。地球自转轴的这种变化，意味着天极的运动，即北天极绕着北黄极作缓慢的旋转运动。天极运动由于受到引力场不均匀变化的影响而十分复杂，天文学中把天极的运动分解为一种长周期运动——岁差，和一种短周期运动——章动。对地球赤道隆起部分的引力作用，使得地球自转受到外力矩作用而发生旋转轴的进动现象，即从北天极上方观察时，北天极绕北黄极在圆形轨道上沿顺时针方向缓慢运动，致使春分点每年西移 50.26″，25 800 年移动一周，这种现象叫岁差。在岁差影响下的北天极称为瞬时平北天极，相应的春分点称为瞬时平春分点。瞬时平北天极绕北黄极旋转的圆称为岁差圆。岁差是一种天文现象，早在公元前就有记载。我国东晋成帝咸和年间的虞喜（公元 330 年）曾测定回归年比恒星年约 50 年短 1 天。

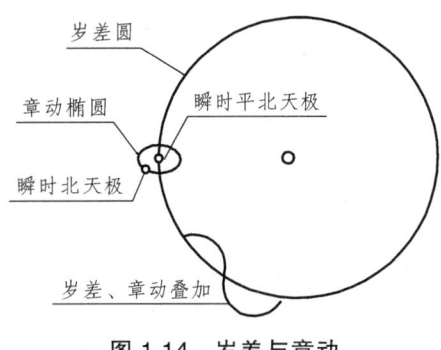

图 1.14 岁差与章动

事实上，由于月球轨道和月地距离的变化，使实际北天极沿椭圆形轨道绕瞬时平北天极旋转，这种现象叫章动，周期为 18.6 年。章动是指真北天极绕平北天极所做的顺时针椭圆运动。在章动影响下，实际的北天极称为瞬时北天极，相应的春分点称为真春分点。瞬时北天极绕瞬时平北天极旋转的椭圆叫章动椭圆，长半径约为 9.2″，短半径约为 6.9″。岁差与章动如图 1.14 所示。

2. 地球坐标系及极移

1）地球坐标系

确定空间卫星位置用天球坐标系比较方便，而确定地面点位则用地球坐标系比较方便。

最常用的地球坐标系有两种，一种是地球空间直角坐标系，另一种是大地坐标系。

地球空间直角坐标系的坐标原点位于地球质心或参考椭球中心，如图 1.15 所示，Z 轴指向地球北极，X 轴指向起始子午面与地球赤道的交点，Y 轴垂直于 XOZ 面并构成右手坐标系。

大地坐标系是用大地经度 L、大地纬度 B 和大地高 H 表示地面点位的。过地面点 P 的子午面与起始子午面间的夹角叫 P 点的大地经度。由起始子午面起算，向东为正，叫东经（0°～180°），向西为负，叫西经（0°～-180°）。过 P 点的椭球法线与赤道面的夹角叫 P 点的大地纬度。由赤道面起算，向北为正，叫北纬（0°～90°），向南为负，叫南纬（0°～-90°）。从地面点 P 沿椭球法线到椭球面的距离叫大地高。

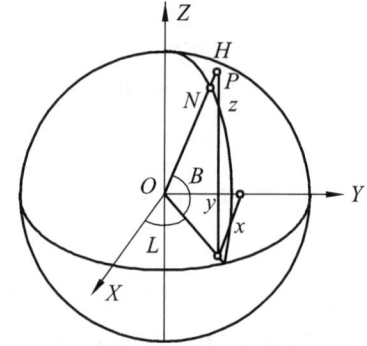

图 1.15　地球空间直角坐标系与大地坐标系

2）极移与协议地球坐标系

由于地球不是刚体，在地幔对流以及其他物质迁移的影响下，地球自转轴相对于地球体发生移动，这种现象叫地极移动，简称极移。在建立地球坐标系时，如果使 Z 轴指向某一观测时刻的地球北极，这样的地球坐标系称为瞬时地球坐标系。显然，瞬时地球坐标系并未与地球固连，因而，地面点在瞬时地球坐标系中的位置也是变化的。

研究表明，极移的轨迹为一不规则的圆形螺旋线。极移主要包括两种周期变化，一种是周期约为 1 年，振幅约为 0.1″的变化；另一种是周期约为 432 天，振幅约为 0.2″的变化。

极移使地球坐标系的坐标轴指向产生变化，给实际定位工作带来困难。1967 年，国际天文联合会和大地测量协会建议，采用国际上 5 个纬度服务站（见表 1.2），在 1900—1905 年测定的平均纬度所确定的平均地极位置为国际协议地极原点（CIO），简称平极。与 CIO 原点相应的赤道面，称协议赤道面或平赤道面。图 1.16 所描绘的是 1995—1998 年地极相对于 CIO 原点的运动轨迹。

表 1.2　国际纬度站分布

站址	所在国家	纬度 ϕ	经度 λ
卡洛福特（Carloforte）	意大利	39°08′09″	8°18′44″
盖瑟斯堡（Gaithersburg）	美国	39°08′13″	-77°11′57″
基塔布（Kitab）	俄罗斯	39°08′02″	66°52′51″
水泽（Mizusawa）	日本	39°08′04″	141°07′51″
尤凯亚（Ukiah）	美国	39°08′12″	-123°12′35″

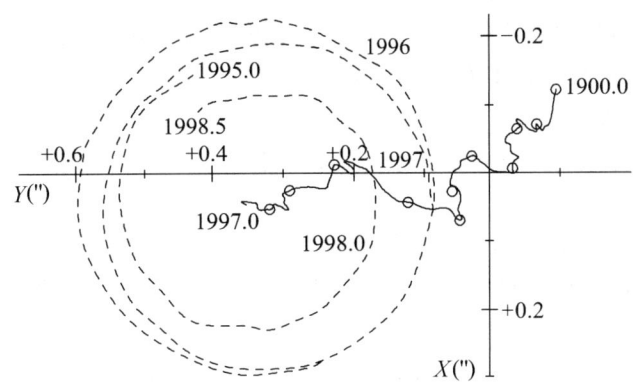

图 1.16 1995—1998 年地极移动轨迹

3. WGS-84 坐标系和我国大地坐标系

1）WGS-84 坐标系

GNSS 单点定位的坐标以及相对定位中解算的基线向量属于 WGS-84 大地坐标系，因为 GNSS 卫星星历是以 WGS-84 坐标系为根据而建立的。GNSS 定位测量中所采用的协议坐标系，称为 WGS-84 世界大地坐标（World Geodetic System 1984），该坐标系由美国国防部研制，自 1987 年 1 月 10 日开始使用。WGS-84 坐标系的原点为地球质心 O；Z 轴指向 BIH1984.0 时元定义的协议地极 CTP（Coventional Terrestrial Pole）；X 轴指向 BIH1984.0 时元定义的零子午面与 CTP 相应的赤道的交点；Y 轴垂直于 XOZ 平面，且与 Z、X 轴构成右手坐标系（见图 1.17）。WGS-84 坐标系采用的地球椭球，称为 WGS-84 椭球，其常数为国际大地测量学与地球物理学联合会（IUGG）第 17 届大会的推荐值，4 个参数如下：

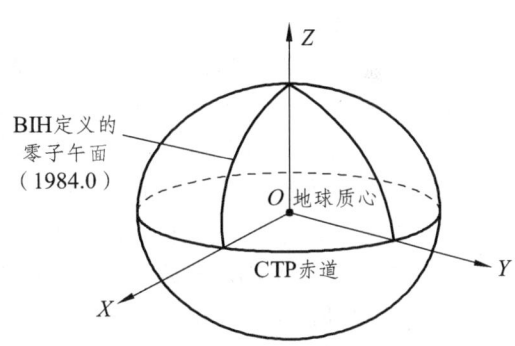

图 1.17 WGS-84 坐标系

椭球长半轴 $a = (6\ 378\ 137 \pm 2)$ m

地心（含大气层）引力常数 $GM = (3\ 986\ 005 \times 10^8 \pm 0.6 \times 10^8)$ m³/s²

正常二阶带谐系数 $C_{2.0} = -484.166\ 85 \times 10^{-6} \pm 0.6 \times 10^{-6}$

地球自转角速度 $\omega = (7\ 292\ 115 \times 10^{-11} \pm 0.15 \times 10^{-11})$ rad/s

利用上述 4 个基本参数，可以计算出其他椭球常数，如第一、第二偏心率 e^2、e'^2 和扁率 f：

$$e^2 = 0.006\ 694\ 379\ 990\ 13$$

$$e'^2 = 0.006\ 739\ 496\ 742\ 27$$

$$f = 1/298.257\ 223\ 563$$

WGS-84 大地水准面高 N 等于由 GNSS 定位测定的点的大地高 H 减去该点的正高 $H_\text{正}$。N 值可以利用球谐函数展开式和一套 $n = m = 180$ 阶项的 WGS-84 地球重力场模型系数计算得出；也可以利用特殊的数学方法精确计算局部大地水准面高 N。一旦大地水准面高 N 确定之后，便可利用 $H_正 = H - N$ 计算出 GNSS 点的正高 $H_正$。

2）国家大地坐标系

1954 北京坐标系和 1980 西安坐标系是目前我国常用的两个国家大地坐标系。

（1）1954 北京坐标系。

20 世纪 50 年代，为适应迅速开展的测绘工作的需要，根据当时的具体情况，将我国东北呼玛、吉拉林、东宁 3 个一等基线网与苏联大地网相连，从而将苏联 1942 普尔科沃坐标系延伸到我国，定名为 1954 北京坐标系。高程异常是以苏联 1955 大地水准面差距为依据，按我国天文重力水准路线传递而得。因此，我国 1954 北京坐标系实际是苏联 1942 坐标系的延伸，其原点不在北京，而在苏联的普尔科沃。

1954 北京坐标系采用了苏联的克拉索夫斯基椭球体，其椭球参数是：

长半径　　$a = 6\ 378\ 245$ m

扁率　　　$f = 1/298.3$

其中，长半径比现代精确值约长了 105～109 m。1954 北京坐标系虽然是苏联 1942 坐标系的延伸，但二者并非完全相同。因为在该系统中，高程异常是以苏联 1955 年大地水准面差距为起算数据，按我国的天文水准路线推算而得，而高程又采用我国 1956 青岛验潮站的黄海平均海水面为基准。

几十年来，我国按 1954 北京坐标系完成了大量的测绘工作，在该坐标系上，实施了天文大地网局部平差，通过高斯-克吕格投影，得到点的平面坐标，测制了各种比例尺地形图。这一坐标系在国民经济建设和国防建设的各个领域发挥了巨大的作用。但是，随着科学技术的发展，这个坐标系的先天弱点也显得越来越突出，难以适应现代科学研究、经济建设和国防尖端技术的需要，它的缺点主要表现在：

① 克拉索夫斯基椭球参数同现代的椭球参数相比，长半径约长了 105～109 m，误差较大，这对研究地球几何形状有影响；该椭球参数只有 2 个几何参数，不包含表示物理特性的参数，不能满足现今理论研究和实际工作的需要，对于发展空间技术带来诸多不便。

② 椭球定向不明确，既不指向国际通用的 CIO 极，也不指向目前我国使用的 JYD 极，椭球定位实际上采用了苏联的普尔科沃定位，该定位椭球面与我国的大地水准面呈西高东低的系统性倾斜，东部高程异常达 60m。

③ 1954 国家坐标系统的大地点坐标是经过局部平差逐次得到的，全国天文大地控制点坐标值实际上连不成一个统一的整体。不同区域的接合部之间存在较大隙距，同一点在不同区的坐标值相差 1～2 m，不同区域的尺度差异也很大。而且坐标传递是从东北至西北西南，前一区的最弱点即为后一区的坐标起算点，因而坐标积累误差明显，这对于发展我国空间技术、国防建设和国家大规模经济建设不利，因此有必要建立新的大地坐标系统。

（2）1980 西安坐标系。

为了进行全国天文大地网整体平差，采用了新的椭球元素和进行了新的定位与定向，1978 年，我国决定建立新的国家大地坐标系统，并且在新的大地坐标系统中进行全国天文大地网的整体平差，这个坐标系统定名为 1980 西安大地坐标系统。1980 年西安大地坐标系的大地原点设在我国的中部，处于陕西省泾阳县永乐镇，椭球参数采用了 1975 年国际大地测量与地球物理联合会推荐值，它们是：

椭球长半轴	$a = 6\,378\,140$ m
重力场二阶带谐因数	$J_2 = 1.082\,63 \times 10^{-3}$
地心引力常数	$GM = 3.986\,005 \times 10^{14}$ m³/s²
地球自转角速度	$\omega = 7.292\,115 \times 10^{-5}$ rad/s

由此可得 80 参考椭球两个最常用的几何参数：$a = 6\,378\,140$ m，$f = 1/298.257$。椭球定位时按我国范围内高程异常值平方和最小为原则求解参数。高程系统基准是 1956 年青岛验潮站求出的黄海平均海水面。

1980 年西安大地坐标系建立后，利用该坐标系进行了全国天文大地网平差，提供了全国统一的、精度较高的 1980 年国家大地点坐标。据分析，80 坐标完全可以满足 1/5 000 比例尺测图的需要。

（3）2000 国家大地坐标系。

2000 国家大地坐标系是我国当前最新的国家大地坐标系。

现行的大地坐标系由于其成果受技术条件制约，精度偏低、无法满足新技术的要求。空间技术的发展成熟与广泛应用迫切要求国家提供高精度、地心、动态、实用、统一的大地坐标系作为各项社会经济活动的基础性保障。从目前技术和应用方面来看，现行坐标系具有一定的局限性，已不适应发展的需要。主要表现在以下几点：

① 二维坐标系统。1980 西安坐标系是经典大地测量成果的归算及其应用，它的表现形式为平面的二维坐标。用现行坐标系只能提供点位平面坐标，而且表示两点之间的距离精确度也比用现代手段测得的低 10 倍左右。高精度、三维与低精度、二维之间的矛盾是无法协调的。比如将卫星导航技术获得的高精度的点的三维坐标表示在现有地图上，不仅会造成点位信息的损失（三维空间信息只表示为二维平面位置），同时也将造成精度上的损失。

② 参考椭球参数。随着科学技术的发展，国际上对参考椭球的参数已进行了多次更新和改善。1980 西安坐标系所采用的 IAG1975 椭球，其长半轴要比现在国际公认的 WGS84 椭球长半轴的值大 3 m 左右，而这可能引起地表长度误差达 10 倍左右。

③ 随着经济建设的发展和科技的进步，维持非地心坐标系下的实际点位坐标不变的难度加大，维持非地心坐标系的技术也逐步被新技术所取代。

④ 椭球短半轴指向。1980 西安坐标系采用指向 JYD1968.0 极原点，与国际上通用的地面坐标系如 ITRS，或与 GNSS 定位中采用的 WGS-84 等椭球短轴的指向（BIH1984.0）不同。

天文大地控制网是现行坐标系的具体实现，也是国家大地基准服务于用户最根本最实际的途径。面对空间技术、信息技术及其应用技术的迅猛发展和广泛普及，在创建数字地球、数字中国的过程中，需要一个以全球参考基准框架为背景的、全国统一的、协调一致的坐标系来处理国家、区域、海洋与全球化的资源、环境、社会和信息等问题。单纯采用目前参心、二维、低精度、静态的大地坐标系和相应的基础设施作为我国现行应用的测绘基准，必然会带来越来越多不协调问题，产生众多矛盾，制约高新技术的应用。

若现在仍采用现行的二维、非地心的坐标系，不仅制约了地理空间信息的精确表达和各种先进的空间技术的广泛应用，无法全面满足当今气象、地震、水利、交通等部门对高精度测绘地理信息服务的要求，而且也不利于与国际上民航与海图的有效衔接，因此采用地心坐标系已势在必行随着社会的进步，国民经济建设、国防建设和社会发展、科学研究等对国家大地坐标系提出了新的要求，迫切需要采用原点位于地球质量中心的地心坐标系作为国家大地坐标系。采用地心坐标系，有利于采用现代空间技术对坐标系进行维护和快速更新，测定高精度大地控制点三维坐标，并提高测图工作效率。

2008 年 3 月，由国土资源部正式上报国务院《关于中国采用 2000 国家大地坐标系的请示》，并于 2008 年 4 月获得国务院批准。自 2008 年 7 月 1 日起，中国全面启用 2000 国家大地坐标系。

2000 国家大地坐标系的原点为包括海洋和大气的整个地球的质量中心，Z 轴指向 BIH1984.0 定义的协议极地方向（BIH 国际时间局），X 轴指向 BIH1984.0 定义的零子午面与协议赤道的交点，Y 轴按右手坐标系确定。采用的地球椭球参数如下：

长半轴　　　　　$a = 6\,378\,137$ m
扁率　　　　　　$f = 1/298.257\,222\,101$
地心引力常数　　$GM = 3.986\,004\,418 \times 10^{14}$ m^3/s^2
自转角速度　　　$\omega = 7.292\,115 \times 10^{-5}$ rad/s

3）地方独立坐标系

在有些城市测量与工程测量中，若直接采用国家坐标系，则可能会远离中央子午线，或因测区高程较大，而导致投影变形较大，难以满足工程或实际的精度要求。因此，基于限制变形，以及方便实用、科学的目的，在许多城市和工程测量中，常会建立适合本地区的独立坐标系。

地方独立坐标系的建立，实际上就是通过一些元素的确定来决定地方参考椭球与投影面。地方参考椭球一般选择与当地平均高程相对应的参考椭球，该椭球的中心、轴向和扁率与国家参考椭球相同，其椭球半径 a_1 为

$$\left. \begin{array}{l} a_1 = a + \Delta a_1 \\ \Delta a_1 = H_m + \xi_0 \end{array} \right\} \qquad (1.3)$$

式中　H_m——当地平均海拔高程；
　　　ξ_0——该地区的平均高程异常。

地方投影面的确定中，一般选取过测区中心的经线或某个起算点的经线作为独立的中央子午线，以某个特定方便使用的点和方位为地方独立坐标系的起算原点和方位，并选取当地平均高程面 H_m 为投影面。

4）ITRF 国际参考框架

国际地球参考框架 ITRF（International Terrestrial Reference Frame）是一个地心参考框架，其原点在地球的质心，以 WGS-84 椭球为参考椭球。它是由空间大地测量观测站的坐标和运动速度来定义的，是国际地球自转服务 IERS（International Earth Rotation Service）的地面参考框架。ITRF 框架为高精度的 GNSS 定位测量提供了较好的参考系，现已被广泛地应用于地球动力学研究，以及高精度、大区域控制网的建立等方面。

现在，几乎所有的 IGS 站精密星历都是在 ITRF 框架下提供的。因此，在应用精密星历进行 GNSS 数据处理时，应当注意所提供的精密星历的参考框架问题。目前 ITRF 参考框架已在世界上得到广泛应用，我国各地建立的网络系统也为用户提供 ITRF 框架的转换服务。

任务 2.3　GNSS 卫星轨道运动

2.3.1　任务描述

人造地球卫星绕地球运动状态取决于它所受的各种作用力。这些作用力主要有：地球对卫星的引力，太阳、月亮对卫星的引力，大气阻力，太阳光压，地球潮汐力等。在这些作用力中，地球引力是主要的。如果将地球引力视为 1，则其他作用力均小于 10^{-5}。在这么多作用力下，卫星在空间运行的轨迹极其复杂，难以用简单而精确的数学模型表达。在利用 GNSS 系统进行导航和定位时，GNSS 卫星作为高空动态已知点，需要计算它在协议地球坐标系中的瞬时坐标。而实现这项计算的基础，就是 GNSS 卫星的轨道运动理论。本项目主要介绍人造地球卫星的正常轨道运动理论（也称为卫星的无摄运动），以及卫星瞬时位置的计算过程。

卫星运动与卫星星历

2.3.2　相关知识

2.3.2.1　GNSS 卫星的无摄运动

1. 卫星运动的轨道参数

只考虑地球质心引力作用的卫星运动称为卫星的无摄运动。在研究卫星的无摄运动时，将地球和卫星看作两个质点，作为二体问题研究两个质点在万有引力作用下的运动。卫星绕地球质心 O 的运动关系如图 1.19 所示。

由开普勒定律可知，卫星运动的轨道是通过地心平面上的椭圆，且椭圆的一个焦点与地心相重合。确定椭圆形状和大小需要 2 个参数，即椭圆的长半轴 a 及其偏心率 e（或椭圆的短半轴 b）。另外，为了确定任意时间卫星在轨道上的位置，需要 1 个参数，可以取真近点角 V（在轨道平面上卫星与近地点之间的地心角距）。参数 a、e 和 V，唯一地确定了卫星轨道的形状、大小以及卫星在轨道上的瞬时位置。但是，这时卫星轨道平面与地球体的相对位置和方向还无法确定。

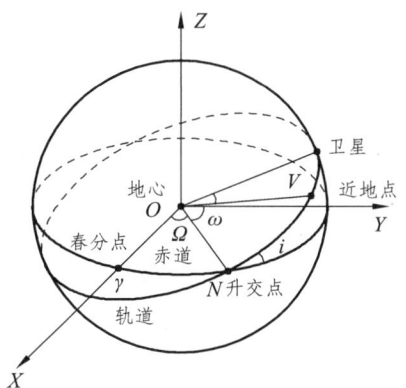

图 1.18　卫星轨道参数

根据开普勒第一定律，轨道椭圆的一个焦点与地球的质心相重合，所以，为确定该椭圆在天球坐标系中的方向，尚需 3 个参数，它们是：

（1）升交点的赤径 Ω，即在地球赤道平面上，升交点 N 与春分点 γ 之间的地心夹角。升交点 N 即当卫星由南向北运动时，其轨道与地球赤道面的一个交点。

（2）轨道面的倾角 i，即卫星轨道平面与地球赤道面之间的夹角。Ω、i 这两个参数，唯一地确定了卫星轨道平面与地球体之间的相对定向。

（3）近地点角距 ω，即在轨道平面上近地点 A 与升交点 N 之间的地心角距。这一参数表达了开普勒椭圆在轨道平面上的定向。

卫星的无摄运动，一般可以通过一组适宜的参数来描述，但是，这组参数的选择并不是唯一的。上述一组应用广泛的参数（a，e，V，Ω，i，ω）称为开普勒轨道参数，或称轨道根数。选用上述 6 个参数来描述卫星的轨道运动，一般来说是合理而必要的。但在特殊情况下，例如当卫星轨道为一圆形轨道，即 $e=0$ 时，参数 ω 和 V 便失去了意义。对于 GNSS 卫星来说 $e \approx 0.01$，所以采用上述 6 个参数是适宜的。至于参数 a，e，Ω，i，ω 的大小，则是由卫星的发射条件决定的。

2. 二体问题的运动方程

研究卫星绕地球的运动，主要是研究卫星运动状态随时间的变化规律。根据物理学中牛顿定律可以很方便地得到二体问题的卫星运动方程。

图 1.18 中，假设地球质心为 O，卫星为 S，设 M 和 m 分别为地球和卫星的质量，$r=OS$ 为卫星的位置矢量。根据万有引力定律，O 和 S 之间的引力大小为 GMm/r^2。二体问题中，地球 O 和卫星 S 两个质点均受到万有引力的作用，它们的大小相等方向相反。

根据万有引力定律，地球受卫星的引力 F_e 可表示为

$$F_e = \frac{G \cdot M \cdot m}{r^2} \cdot \frac{r}{r} \tag{1.4}$$

式中　　$G = 6.672 \times 10^{-8}$——万有引力常数，$cm^3/(g \cdot s^2)$；

　　　　r——卫星在平天球坐标系中的位置向量；

　　　　$r = |r|$——向量 r 的模，即卫地距离。

卫星受地球的引力 F_s，其大小与 F_e 相等而方向相反，即

$$F_s = -\frac{G \cdot M \cdot m}{r^2} \cdot \frac{r}{r} \tag{1.5}$$

按照牛顿第二定律，可写出卫星运动方程

$$m \frac{d^2 r}{dt^2} = -\frac{G \cdot M \cdot m}{r^2} \cdot \frac{r}{r} \tag{1.6}$$

和地球运动方程

$$M \frac{d^2 r}{dt^2} = -\frac{G \cdot M \cdot m}{r^2} \cdot \frac{r}{r} \tag{1.7}$$

由此可知，在二体问题意义下卫星相对地球的运动方程为

$$\frac{d^2 r}{dt^2} = -\frac{G(M+m)}{r^2} \cdot \frac{r}{r} \tag{1.8}$$

因为卫星的质量（约 774 kg）远小于地球的质量（约 5.97×10^{21} t），所以通常忽略 m 项，并计 $\mu = GM$ 为地球引力常数。根据向量知识分析，位置向量 r 及其二阶导数 $d^2 r/dt^2$，可分别用其坐标 (X, Y, Z) 以及二阶导数的 3 个分量 $(d^2 X/dt^2, d^2 Y/dt^2, d^2 Z/dt^2)$ 表示。于是，卫星相对地球的运动可写成：

$$\left.\begin{array}{l}\dfrac{\mathrm{d}^2 X}{\mathrm{d}t^2} = -\dfrac{\mu}{r^3} \cdot X \\ \dfrac{\mathrm{d}^2 Y}{\mathrm{d}t^2} = -\dfrac{\mu}{r^3} \cdot Y \\ \dfrac{\mathrm{d}^2 Z}{\mathrm{d}t^2} = -\dfrac{\mu}{r^3} \cdot Z \end{array}\right\} \quad (1.9)$$

式中 $r = \sqrt{X^2 + Y^2 + Z^2}$。

式（1.9）就是卫星大地测量中常用的在地心直角坐标系中二体问题分量形式的微分方程。它是3个二阶非线性微分方程组成的方程组。二阶微分方程组（1.9）的积分含6个积分常数（a，e，V，Ω，i，ω），卫星运动状态就由这6个常数确定，它们被称为卫星的轨道参数。如果已知这6个轨道参数，就唯一地确定了二体问题意义下卫星的运动状态。换句话说，只要已知这6个轨道参数，就可以计算卫星的瞬时位置和瞬时速度。而卫星的运动规律，则可由德国天文学家开普勒（Kepler，1571—1630年）所发现的行星运动三大定律描述。这是因为，在二体问题意义下，行星绕太阳的运动，与卫星绕地球的运动有相同的力学关系。

2.3.2.2 GNSS 卫星的受摄运动

对于卫星精密定位来说，在只考虑地球质心引力情况下计算卫星的运动状态（即研究二体问题）是不能满足精度要求的。必须考虑地球引力场摄动力、日月摄动力、大气阻力、光压摄动力、潮汐摄动力对卫星运动状态的影响。考虑了摄动力作用的卫星运动称为卫星的受摄运动。因此，卫星在地球质心引力和各种摄动力综合影响下的轨道运动，称为卫星的受摄运动，相应的卫星运动轨道称为摄动轨道或瞬时轨道。摄动轨道偏离正常轨道的差异，称为卫星的轨道摄动。

1. 卫星运动的摄动力和受摄运动方程

卫星在运行过程中，除主要受地球的质心引力 f_c 的作用之外，还要受以下各种摄动力的影响，如图 1.19 所示。

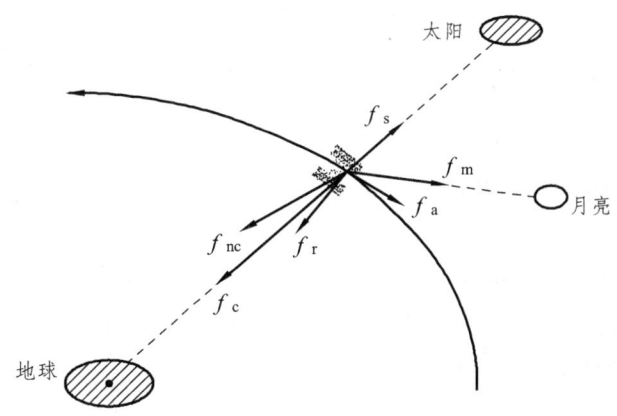

图 1.19 卫星运动所受的力

f_{nc}——地球的非球性与非均质性引起的作用力,即地球的非质心引力;

f_s——太阳的引力;

f_m——月球的引力;

f_r——太阳的光辐射压力;

f_a——大气阻力;

f_p——地球潮汐作用力,包括海洋潮汐和地球固体潮汐所引起的作用力。

由于摄动力作用,卫星的实际运行轨道,即瞬时轨道,比正常轨道要复杂得多。瞬时轨道的轨道平面在空间的方向并不是固定不变,轨道的形状同样不固定并且不是严格标准的椭圆。这说明,在摄动力作用下,轨道参数不是常数,而是时间的函数。轨道摄动对卫星的星历精度带来不容忽视的影响,仅地球的非质心引力一项,就可以在卫星运行的 3 h 弧段上造成 2 km 的位置偏差。显然这些偏差,对于任何用途的导航与定位工作,都是不能接受的。为此,必须建立卫星的受摄运动方程,以修正卫星运动的正常轨道。

如果记向量 F 为地球质心引力与各种摄动力的总和,即

$$F = f_c + f_{nc} + f_s + f_m + f_r + f_a + f_p \tag{1.10}$$

那么,根据牛顿第二定律,卫星受摄运动方程可以写成

$$m\frac{d^2 r}{dt^2} = F \tag{1.11}$$

在空间直角坐标系中,式(1.11)可分解为

$$\left. \begin{array}{l} m\dfrac{d^2 X}{dt^2} = F_X \\ m\dfrac{d^2 Y}{dt^2} = F_Y \\ m\dfrac{d^2 Z}{dt^2} = F_Z \end{array} \right\} \tag{1.12}$$

受摄运动方程(1.11)等号右边项是位置、速度和时间的函数,即

$$F = F(X, Y, Z, v, t) \tag{1.13}$$

称为摄动力函数,其内涵十分复杂。因此,微分方程组的求解过程也相对比较困难。

2. 各种摄动力的特性及其影响

1)地球引力

地球引力场对卫星的引力包括地球质心引力和地球引力场摄动力(由于地球形状不规则及其质量不均匀而引起)两部分。地球引力是一种保守力,可以建立一个位函数 $U(r,\varphi,\lambda)$ 来表示地球外部空间一个质点所受的作用力。其位函数一般形式为

$$U(r,\varphi,\lambda) = GM / r + R \tag{1.14}$$

式中　r——质点地心矢径的模;

φ，λ——质点的球面坐标。

式中右边第一部分 GM/r 为地球形状规则和密度均匀所产生的正常引力位,卫星在它的作用下做二体运动,其轨道为正常轨道。第二部分 R 为摄动位函数。由于地球形状很不规则,其内部质量的分布也不均匀,摄动位函数 R 不能用一个简单的封闭公式表示,可用无穷级数（球函数展开式）表示。R 是卫星位置的函数,它使卫星运动的轨道参数随时间而变化。

2）日、月引力

卫星和地球同时受到日、月的引力。日、月引力造成卫星相对于地球的摄动力可表示为：

$$f_s + f_m = GM_s \left(\frac{r_s - r}{|r_s - r|^3} - \frac{r_s}{|r|^3} \right) + GM_m \left(\frac{r_m - r}{|r_m - r|^3} - \frac{r_m}{|r|^3} \right) \tag{1.15}$$

式中　G——万有引力常数；

　　　M_s，M_m——太阳与月球的质量；

　　　r_s，r_m，r——太阳、月球和卫星的位置矢量。

日、月引力的量级约为 5×10^{-6} m/s^2,在 5 d 弧段对卫星位置的影响可达 1～3 km。这意味着需要以 10^{-4}～10^{-5} 的相对精度确定这些引力,即精确至 10^{-10} m/s^2。对于太阳、月亮位置的计算应按这一相对精度要求。

3）太阳辐射压力

卫星在运动中受到的太阳光辐射的压力为

$$f_r = -K\rho_p S r_s^0 \tag{1.16}$$

式中　K——卫星表面反射系数；

　　　ρ_p——光压强度,在距太阳为地球轨道半径处太阳光压强度通常取为 $4.560\,5 \times 10^{-6}$ N/m；

　　　S——垂直于太阳光线的卫星截面积；

　　　r_s^0——太阳在坐标系中的位置单位矢量。

当卫星运行至地影区域内,由于地球的遮挡,卫星不受太阳辐射压力的影响。

4）地球潮汐作用力

日月引力作用于地球,使之产生形变（固体潮）或质量移动（海潮）,从而引起地球质量分布的变化,这一变化将引起地球引力的变化。可以将这种变化视为在不变的地球引力中附加一个小的摄动力——潮汐作用力。

5）大气阻力

大气阻力对低轨道的卫星位置影响较大。但在 GNSS 卫星的高度上（约 20 000 km）,大气阻力已微不足道,可不考虑。

综上所述,在人造地球卫星所受的摄动力中,地球引力场摄动力最大,约为 10^{-3} 量级,其他摄动力大多小于或接近于 10^{-6} 量级。这些摄动力引起卫星位置的变化,引起轨道参数的变化。

任务 2.4 GNSS 卫星的信号结构

2.4.1 任务描述

GNSS 卫星定位测量是通过用户接收机接收 GNSS 卫星发射的信号来测定测站点坐标的，那么什么是 GNSS 信号呢？以 GPS 卫星定位系统为例，GNSS 卫星信号包括测距码信号（P 码和 C/A 码信号）、导航电文或 D 码（数据码信号）和载波信号。GPS 卫星信号的产生、调制和解调都非常复杂，涉及现代数字通讯理论和技术方面的若干高科技问题。作为 GNSS 信号用户，虽然可以不用深入钻研这些问题，但了解其基本知识和概念，将有助于理解 GNSS 卫星导航和定位测量的原理，因此仍然是十分必要的。本次任务主要学习 GNSS 信号的一些基础知识，以及 GNSS 导航电文的组成和作用。

2.4.2 相关知识

以 GPS 卫星定位为例，GPS 卫星信号包括测距码、载波和导航电文 3 种。

1. GPS 的测距码及其特点

1）码的基本概念

GPS 卫星发射的测距码包括 C/A 码和 P 码，它们都是二进制伪随机噪声序列，具有特殊的统计性质。码是指表达信息的二进制数及其组合。例如，若分地面控制网为 4 个等级，则可取两位二进制的不同组合为 00，01，10，11，依次代表控制网的一、二、三、四等。这些二进制数的组合形式便称为码。其中一个二进制数称一个码元或叫一个比特（bit），比特是码的度量单位，也是信息量的度量单位。如果将各种信息，例如声音、图像以及文字等，通过量化并按某种规则表示为二进制的组合形式，则这一过程就称为编码，也就是信息的数字化。

2）伪随机噪声码及其特点

虽然随机码具有良好的自相关特性，但由于它是一种非周期性的码序列，没有确定的编码规则，所以实际上无法复制和利用。因此，为了能够实际应用，GPS 采用了一种伪随机噪声码（Pseudo Random Noise，PRN），简称为伪随机码或伪码。这种码序列的主要特点是，不仅具有类似随机码的良好自相关特性，而且具有某种确定的编码规则。它是周期的、可人工复制的码序列。GPS 所采用的两种测距码，即 P 码和 C/A 码信号均属于伪随机码（PRN），这种二进制的数码序列不仅具有良好的自相关特性，而且又是一种结构确定、可以复制的周期性序列。

伪随机码由多级反馈移位寄存器产生。这种移位寄存器由一组连接在一起的存储单元组成，每个存储单元只有"0"或"1"两种状态，并接受钟脉冲和置"1"脉冲的驱动和控制。

（1）C/A 码。

C/A 码的码长、码元宽度、周期和数码率为：码长 $N_u = 2^{10} - 1 = 1\,023$ bit；码元宽度 $t_u \approx 0.977\,52\,\mu s$，相应长度 293.1 m；周期 $T_u = N_u t_u = 1\,ms$；数码率 $BPS = 1.023$ Mbit/s。各颗 GPS 卫星所使用的 C/A 码，其上述 4 项指标都相同但结构差异，这样便于复制又容易区分。

C/A 码有以下两个特点：

① C/A 码的码长很短，易于捕获。在 GPS 导航和定位中，为了捕获 C/A 码以测定卫星信号传播的时延，通常需要对 C/A 码逐个进行搜索。因为 C/A 码总共只有 1 023 个码元，所以若以 50 码元/s 的速度搜索，只需要 20.5 s 便可完成。

由于 C/A 码易于捕获，而且通过捕获的 C/A 码所提供的信息，又可以方便地捕获 P 码。所以 C/A 码也称为捕获码。

② C/A 码的码元宽度较大。假设两个序列的码元对齐误差为码元宽度的 1/10 ~ 1/100，则这时相应的测距误差可达 29.3 ~ 2.9 m。由于其精度较低，所以 C/A 码也称为粗码。

所以，C/A 码的原意就是粗捕获码（Coarse Acquisition Code）。

（2）P 码。

P 码由两组各有两个 12 级反馈移位寄存器的电路发生，其基本原理与 C/A 码相似，但其线路设计细节远比 C/A 码复杂并且严格保密。

P 码的特征是：码长 $N_u \approx 2.35 \times 10^{14}$ bit；码元宽度 $t_u \approx 0.097\,752\,\mu s$，相应长度 29.3 m；周期 $T_u = N_u t_u \approx 267\,d$；数码率 $BPS = 10.23$ Mbit/s。

实际上 P 码的一个整周期被分成 38 部分，每一部分周期 7 d，码长约 6.19×10^{12} bit。其中，5 部分由地面监控站使用，32 部分分配给不同的卫星，1 部分闲置。这样，每颗卫星所使用的 P 码便具有不同的结构，但码长和周期相同。

因为 P 码的码长约为 6.19×10^{12} bit，所以如果仍采用搜索 C/A 码的办法来捕获 P 码，即逐个码元依次进行搜索，当搜索的速度仍为 50 码元/s 时，那将是无法实现的（约需 $14 \times 15^5\,d$）。因此，一般都是先捕获 C/A 码，然后根据导航电文中给出的有关信息，便可容易地捕获 P 码。

另外，由于 P 码的码元宽度为 C/A 码的 1/10，这时若取码元的相关精度仍为码元宽度的 1/10 ~ 1/100，则由此引起的相应距离误差约为 2.93 ~ 0.29 m，仅为 C/A 码的 1/10。所以 P 码可用于较精密的导航和定位，称为精码（Precision Code）。

2. GPS 载波信号

GPS 卫星信号取无线电波中 L 波段的两种不同频率的电磁波作为载波，它们的频率和波长分别为：

L_1 载波：$f_1 = 154 \times f_0 = 1\,575.42$ MHz，$\lambda_1 = 19.03$ cm

L_2 载波：$f_2 = 120 \times f_0 = 1\,227.60$ MHz，$\lambda_2 = 24.42$ cm

在载波 L_1 上调制的有 C/A 码、P 码、数据码；在载波 L_2 上只调制有 P 码和数据码。

GPS 卫星的测距码和数据码是采用调相技术调制到载波上的，由于伪随机码只有"1"和"0"两种状态。当码值取 0 时，对应的码状态为 +1，而码值取 1 时，对应的码状态为 -1。在载波和相应的码状态相乘后便实现了载波的调制，此时码信号被加载到载波上，经过播发可供用户接收。GPS 载波的作用还不仅仅是加载和传递信号,并且其本身就是一个重要的测量对象。

3. GPS 卫星的导航电文

GPS 卫星的导航电文(简称卫星电文)是用户用来定位和导航的数据基础。它主要包括:卫星星历、时钟改正、电离层时延改正、工作状态信息以及 C/A 码转化到捕获 P 码的信息。导航电文同样以二进制码的形式播送给用户,因此又叫数据码,或称 D 码。

1)导航电文的组成

导航电文的基本单位是"帧"。一帧导航电文长 1 500 bit,如图 1.20 所示,传输速率是 50 bit/s,30 s 传送完毕一个主帧。一个主帧包括 5 个子帧,第 1、2、3 子帧各有 10 个字码,每个字码有 30 bit;第 4、5 子帧各有 25 个页面,共有 37 500 bit。第 1、2、3 子帧每 30 s 重复 1 次,内容每小时更新 1 次。第 4、5 子帧的全部信息则需要 750 s 才能够传送完。即第 4、5 子帧是 12.5 min 播完 1 次,然后再重复之,其内容仅在卫星注入新的导航数据后才得以更新。

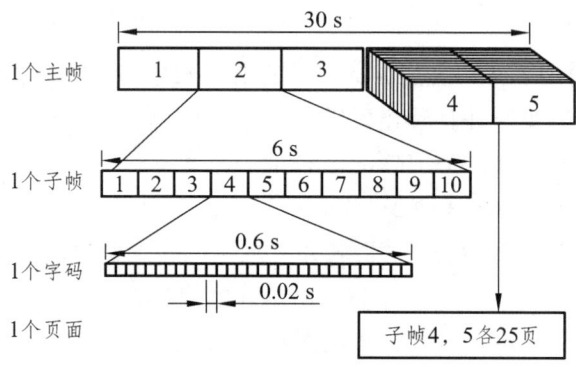

图 1.20 卫星电文的基本构成

2)导航电文的内容

每帧导航电文中,各子帧的主要内容如图 1.21 所示。

(1)遥测字。

遥测字(Telemetry Word,TLW)又称为遥测码,位于各子帧的开头,作为捕获导航电文的前导。它用来表明卫星注入数据的状态。遥测码的第 1~8 bit 是同步码,便于用户解释导航电文;第 9~22 bit 为遥测电文,其中包括地面监控系统注入数据时的状态信息、诊断信息和其他信息;第 23~24 bit 是连接码;第 25~30 bit 为奇偶校验码,用于发现和纠正错误。

(2)转换码。

转换码(Hand Over Word,HOW)又称为交接字,位于每个子帧的第二个字码。其作用是提供用户从所捕获的 C/A 码转换到捕获 P 码的 Z 计数。Z 计数实际上是一个时间计数,它以从每星期起始时刻播发的 D 码子帧数为单位,给出了一个子帧开始瞬间的 GPS 时间。由于每一子帧持续时间为 6 s,所以下一子帧开始的时间为($6 \times Z$) s,用户可以据此将接收机时钟精确对准 GPS 时,并快速捕获 P 码。

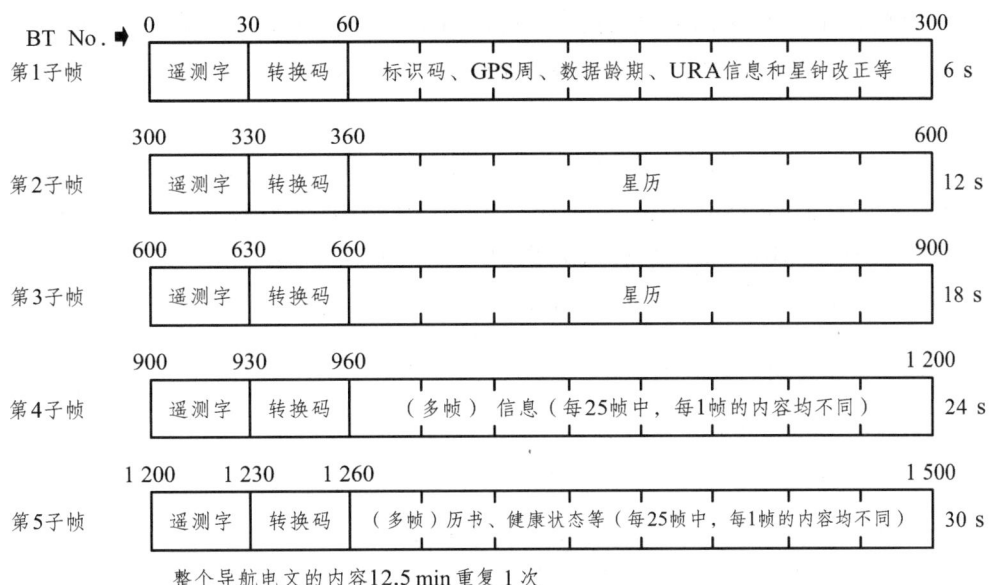

图 1.21　各帧导航电文的内容

（3）数据块 I。

数据块 I 为第 1 子帧的第 3 到第 10 字码，它的主要内容包括：卫星的健康状况，数据龄期，星期序号，卫星时钟改正参数及电离层改正参数等信息。

① 传输参数 N。

数据块 I 第 3 码的第 13～16 bit 为传输参数 N，它向非特许用户指明，当采用该颗卫星进行导航定位测量时，可能达到的测距精度，以 URA（Predicated User range Accuracy）表示，且知

$$\text{URA} \leq 2^N (\text{m}) \tag{1.17}$$

当 $N=15$ 时，非特许用户不宜采用该卫星作为导航定位测量。研究表明，在我国境内当 $N=9$ 时，不宜采用。

② 数据龄期。

卫星时钟的数据龄期 AODC 是时钟改正数的外推时间间隔，它提供卫星时钟改正数的置信度。

$$\text{AODC} = t_{\text{oc}} - t_1 \tag{1.18}$$

式中　t_{oc}——第一数据块的参考时刻；

　　　t_1——计算时钟改正参数所用数据的最后观测时间。

③ 星期序号。

星期序号 WN 表示从 1980 年 1 月 6 日子夜零时（UTC）起算的星期数，即 GPS 星期数。

④ 电离层时延差改正。

第 7 字码的第 17～24 bit 表示载波 L_1、L_2 的电离层时延差改正 Tgd。当使用单频接收机作导航定位测量时，采用 Tgd 改正观测结果，可提高定位精度。

⑤ 卫星时钟改正参数。

各颗 GPS 卫星的卫星钟钟面相对 GPS 标准时的差异称为卫星钟钟差。卫星钟比地面钟要略快一些，两者每秒相差约 4.48×10^{-10} s，即每天相差 3.87×10^{-5} s。为了改正这一偏差，将卫星钟的标称频率由 10.23 MHz 减小到 10.229 999 995 45 MHz，经改正后的残余偏差和卫星钟自身误差，采用如下多项式模型改正。即任意时刻的卫星钟钟差

$$\Delta t = a_0 + a_1(t - t_0) + a_2(t - t_0)^2 \tag{1.19}$$

式中　t_0——参考历元，即数据块 I 的基准时间；

a_0——卫星钟钟差，即卫星钟面时相对 GPS 时的差值；

a_1——相对于实际频率的频率偏差系数，即钟速；

a_2——时钟的频率漂移系数（钟漂），即钟速变化率。系数 a_0，a_1，a_2 分别由数据块 I 的第 9 和第 10 字码给出。

（4）数据块 II。

数据块 II 由导航电文的第 2 和第 3 子帧构成。它的内容为 GPS 卫星星历，这是 GPS 卫星为导航、定位播送的主要电文，向用户提供有关计算卫星运行位置的信息。包括：

① 开普勒轨道 6 参数：$\sqrt{a}$，e，i_0，Ω_0，ω，M_0。其中 $\sqrt{a}$ 为卫星轨道椭圆长半径的平方根；e 为卫星轨道椭圆离心率；i_0 为参考时刻 t_0 的轨道平面倾角；Ω_0 为参考时刻 t_0 的升交点赤径；ω 为近地点角距；M_0 为参考时刻 t_0 的平近点角。

② 轨道摄动 9 参数：Δn，$\dot{\Omega}$，$\dot{i}$，C_{us}，C_{uc}，C_{is}，C_{ic}，C_{rs}，C_{rc}。其中 Δn 为平均角速度改正数，即卫星运动的平均角速度与计算值之差；$\dot{\Omega}$ 为升交点赤径的变化率；$\dot{i}$ 为卫星轨道平面倾角的变化率；C_{us}，C_{uc} 为升交角距的正余弦调和改正项振幅；C_{is}，C_{ic} 为轨道平面倾角的正余弦调和改正项振幅；C_{rs}，C_{rc} 为轨道向径正余弦调和改正项振幅。

③ 时间 2 参数：t_0 和 AODE。其中 t_0 为由星期日子夜零时算起的星历参考时刻；AODE 为星历表数据龄期。

（5）数据块 III。

数据块 III 由导航电文的第 4 和第 5 子帧构成，用来向用户提供 GPS 卫星的历书数据，包括 GPS 卫星的概略星历、卫星钟概略改正数、码分地址和卫星工作状态信息。当接收机捕获到某颗 GPS 卫星后，根据数据块 III 提供的其他卫星的概略星历、时钟改正、卫星工作状态等数据，用户可选择工作正常和位置适当的卫星，并且较快地捕获所选择的卫星。

在数据块 III 中，第 4 和第 5 子帧的每个页面的第 3 字码，其开始的 8 bit 是识别字符，且分成两种形式：①第 1 和第 2 bit 为电文识别（DATA ID）；②第 3～8 bit 为卫星识别（SV ID）。

任务 2.5　GNSS 卫星位置的计算

2.5.1　任务描述

在用 GNSS 信号进行导航定位以及观测计划时，都必须已知 GNSS 卫星在空间的瞬时位置。卫星位置的计算是根据卫星电文所提供的轨道参数按一定的公式计算出来的。本次任务主要讨论观测瞬间 GNSS 卫星在地固坐标系中坐标的计算方法。

2.5.2　相关知识

卫星位置的计算是根据卫星电文所提供的轨道参数按一定的公式计算的。

1. 卫星运行的平均角速度 n 的计算

根据开普勒第三定律，卫星运行的平均角速度：

$$n_0 = \sqrt{\frac{GM}{a^3}} \tag{1.20}$$

式中　a——卫星轨道的长半轴；
　　　GM——地心引力常数（含大气层），它们都是确定值。

利用导航电文给出的摄动改正数 Δn，可算出卫星运行的平均角速度：

$$n = n_0 + \Delta n \tag{1.21}$$

2. 归化时间 t_k 计算

导航电文提供的轨道参数是相对于参考时刻 t_0 时的时刻，为了求得观测时刻 t 的参数，需求出此时刻相对于参考时刻 t_0 的时间差

$$t_k = t - t_0 \tag{1.22}$$

以 GPS 为例，在 GPS 时间系统中，时间是从一周的开始（星期日子夜）连续以秒计算的，所以计算归化时间 t_k 时应顾及到一个星期（604 800 s）的开始或结束。亦即当 $t_k > 302\ 400$ s 时，t_k 应减去 604 800 s；当 $t_k < -302\ 400$ s 时，t_k 应加上 604 800 s。

3. 观测时刻卫星平近点角 M_k 的计算

$$M_k = M_0 + n t_k \tag{1.23}$$

式中　M_0——卫星电文给出的参考时刻 t_{oe} 的平近点角。

4. 偏近点角 E_k 的计算

$$E_k = M_k + e\sin E_k \quad (E_k, M_k \text{以弧度计}) \tag{1.24}$$

上述方程可用迭代法进行解算，即先令 $E_k = M_k$，代入（1.24）式，求出 E_k，再代入（1.24）式计算。因为 GPS 卫星轨道的偏心率 e 很小，因此收敛快，只需迭代两次便可求得偏近点角 E_k。

5. 真近点角 V_k 的计算

由于

$$\cos V_k = \frac{\cos E_k - e}{1 - e\cos E_k} \tag{1.25}$$

$$\sin V_k = \frac{\sqrt{1-e^2} \cdot \sin E_k}{1 - e\cos E_k} \tag{1.26}$$

因此

$$V_k = \arctan \frac{\sqrt{1-e^2} \cdot \sin E_k}{\cos E_k - e} \tag{1.27}$$

6. 升交距角 $\varPhi_k$ 的计算

$$\varPhi_k = V_k + \omega \tag{1.28}$$

式中　ω——卫星电文给出的近地点角距。

7. 摄动改正项 δu，δr，δi 的计算

$$\left.\begin{aligned}
\delta u &= C_{uc} \cdot \cos(2\varPhi_k) + C_{us}\sin(2\varPhi_k) \\
\delta r &= C_{rc} \cdot \cos(2\varPhi_k) + C_{rs}\sin(2\varPhi_k) \\
\delta i &= C_{ic} \cdot \cos(2\varPhi_k) + C_{is}\sin(2\varPhi_k)
\end{aligned}\right\} \tag{1.29}$$

式中　δu，δr，δi——升交距角 u 的摄动量、卫星矢径 r 的摄动量和轨道倾角 i 的摄动量。

8. 经过摄动改正的升交距角 u_k、卫星矢径 r_k 和轨道倾角 i_k 的计算

$$\left.\begin{aligned}
u_k &= \varPhi_k + \delta u \\
r_k &= a \cdot (1 - e\cos E_k) + \delta r \\
i_k &= i_0 + \delta i + it_k
\end{aligned}\right\} \tag{1.30}$$

9. 卫星在轨道平面坐标系的坐标计算

卫星在轨道平面直角坐标系（X 轴指向升交点）中的坐标，可按式（1.31）计算：

$$\left.\begin{array}{l}x_k = r_k \cos u_k \\ y_k = r_k \sin u_k\end{array}\right\} \quad (1.31)$$

10. 观测时刻升交点经度 Ω_k 的计算

升交点经度 Ω_k 等于观测时刻升交点赤经 Ω 与格林尼治视恒星时 GAST 之差，即

$$\Omega_k = \Omega - \text{GAST} \quad (1.32)$$

又因为

$$\Omega = \Omega_{oe} + \dot{\Omega}_{t_k} \quad (1.33)$$

式中　　Ω_{oe}——参考时刻 t_{oe} 的升交点的赤经；

　　　　$\dot{\Omega}_{t_k}$——升交点赤经的变化率，卫星电文每小时更新一次 $\dot{\Omega}_{t_k}$ 和 t_{oe}。

此外，卫星电文中提供了一周的开始时刻 t_W 的格林尼治视恒星时 GAST_W。由于地球自转作用，GAST 不断增加，所以

$$\text{GAST} = \text{GAST}_W + \omega_e t \quad (1.34)$$

式中　　$\omega_e = 7.292\ 116\ 7 \times 10^{-5}\ \text{rad/s}$——地球自转的速率；

　　　　t——观测时刻。

由式（1.33）和式（1.34），得

$$\Omega_k = \Omega_{oe} + \dot{\Omega}_{t_k} - \text{GAST}_W - \omega_e t \quad (1.35)$$

由式（1.22）、（1.33）代入式（1.35），得

$$\Omega_k = \Omega_0 + (\dot{\Omega} - \omega_e)_{t_k} - \omega_e t_{oe} \quad (1.36)$$

式中，$\Omega_0 = \Omega_{oe} - \text{GAST}_W$，$\Omega_0$、$\dot{\Omega}$、$t_{oe}$ 的值可从卫星电文中获取。

11. 卫星在地心固定坐标系中的直角坐标计算

把卫星在轨道平面直角坐标系中的坐标进行旋转变换，可得出卫星在地心固定坐标系中的三维坐标：

$$\begin{bmatrix} X_k \\ Y_k \\ Z_k \end{bmatrix} = \begin{bmatrix} x_k \cos \Omega_k - y_k \cos i_k \sin \Omega_k \\ x_k \sin \Omega_k + y_k \cos i_k \cos \Omega_k \\ y_k \sin i_k \end{bmatrix} \quad (1.37)$$

推荐阅读 1　GNSS 技术在农业中的应用

精准农业是当今农业发展的新潮流，是现代信息技术、生物技术、工程技术等一系列新技术最新成就的基础上发展起来的，其核心技术是地理信息系统（GIS）、全球导航卫星技术（GNSS）、遥感技术（RS）和计算机自动控制技术。

农业生产中增加产量和提高效益是根本目的。要达到增产高效的目的，除了适时种植高产作物，加强田间管理等技术措施外，弄清土壤性质，检测农作物产量、分布、合理施肥以及播种和喷洒农药等也是农业生产中重要的管理技术。尤其是现代农业生产走向大农业和机械化道路，大量采用飞机撒播和喷药，为降低投资成本，如何引导飞机作业做到准确投放，也是十分重要的。

利用 GNSS 技术，配合遥感技术（RS）和地理信息系统（GIS），能够做到监测农作物产量分布、土壤成分和性质分布，做到合理施肥、播种和喷洒农药，以达到节约费用、降低成本、达到增加产量提高效益的目的，如图 1.22 所示。

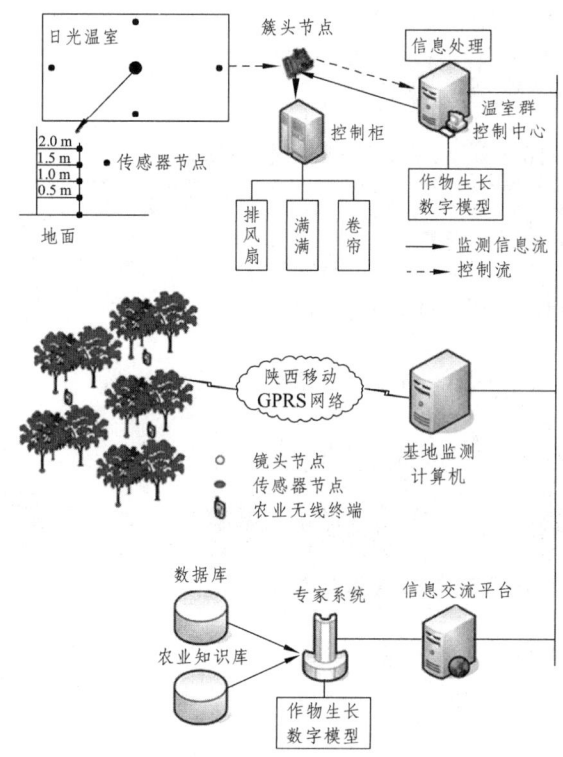

图 1.22　GNSS 在精准农业中的应用

1. 土壤养分分布调查

在播种之前，可用一种适用于在农田中运行的采样车辆按一定的要求在农田中采集土壤样品。车辆上配置有 GNSS 接收机和计算机，计算机中配置地理信息系统软件。采集样品时，

GNSS 接收机把样品采集点的位置精确地测定出来，将其输入计算机，计算机依据地理信息系统将采样点标定，绘出一幅土壤样品点位分布图。

2. 监测作物产量

在联合收割机上配置计算机、产量监视器和 GNSS 接收机，就构成了作物产量监视系统。对不同的农作物需配备不同的监视器。例如监视玉米产量的监视器，当收割玉米时，监视器记录下玉米所接穗数和产量，同时 GNSS 接收机记录下收割该株玉米所处位置，通过计算机最终绘制出一幅关于每块土地产量的产量分布图。通过和土壤养分含量分布图的综合分析，可以找出影响作物产量的相关因素，从而进行具体的田间施肥等管理工作。

3. 合理施肥，精确农业管理

传统施肥方式因土壤肥力在地块不同区域差异较大，所以在平均施肥情况下，肥力低而其他生产性状好的区域往往施肥量不足，而某种养分含量高而丰产性状不好的区域则引起过量施肥。依据农田土壤养分含量分布图，设置有 GNSS 接收机的"受控应用"的喷施器，在 GNSS 的控制下，依据土壤养分含量分布图，能够精确地给田地的各点施肥，施用的化肥种类和数量由计算机根据养分含量分布图控制。基于 GNSS 的变量施肥技术能根据不同地区、不同土壤类型、土壤中各种养分的盈亏情况、作物类别和产量水平，将微量元素与有机肥加以科学配方，做到有目的的科学施肥，如图 1.23 所示。

图 1.23　利用 GNSS 技术合理施肥

在作物生长期的管理中，利用遥感图像并结合 GNSS 可绘出作物色彩变化图。利用 GNSS 定位采集一定数量的土壤及作物样品进行分析，可以绘制出作物生长的不同时期的土壤含量的系列分布图。这样可以做到精确地对作物生长进行管理。

4. 运用 GNSS 技术进行精准灌溉和精准喷药

精确灌溉既能满足作物生长过程中对灌水时间、灌水量、灌水位置、灌水成分的精确要求，又能按照田间的每个操作单元的具体条件，精细准确地调整农业用水管理措施，最大限度地提高水的利用效率和利用率。在田间运用 GNSS 土地参数采样器采集植物生长的环境参数，如土壤湿度、地温等，通过 GNSS 中心控制基站利用专家系统进行植物分析，可以调控植物生长环境，精确调控节水灌溉系统，如图 1.24 所示。

图 1.24　精准灌溉

运用 GNSS 技术监测病虫草害是预测预报的新手段，通过 GNSS 连接高质量视频摄像系统拍摄分析图像，可以收集原始数据，监测大田作物，得出田间病虫草害分布大小位置，并可以通过逐次拍摄确认害虫的迁飞路线、种群数量和危害程度，以及病虫草害发展方向及流行趋势。

如果要对大面积农田集中进行喷药，则可选择装有差分 GNSS 的飞机。导航系统可以引导飞行员从机场直接前往作业区，在已设计的航线和高度飞行喷洒药物，若飞行员加满药物再次返回作业区时，系统还能让飞机到达上次药物喷洒停止时的准确地点，以便确保既无重复喷洒又无遗漏区域。

随着科学技术的发展，GNSS 导航精度的提高、设备成本的不断降低以及农业自动化水平的提高，精准农业将会越来越广泛地得到应用。

小　结

本部分主要介绍了：GNSS 的由来与发展现状、GNSS 全球导航卫星系统的组成、GNSS 定位的时间系统与坐标系统、GNSS 卫星轨道运动的基本原理、GNSS 卫星的信号结构、GNSS 卫星位置的计算，以及 GNSS 接收机的组成、接收机的分类、接收机的选择与检验等内容。其中项目二所包含内容理论性较强，部分概念抽象，学习中存在一定的难度。

知识技能训练

1. 简述什么是 GNSS 全球导航卫星系统。
2. 用文字配合图形说明 GNSS 定位系统的组成。
3. GNSS 地面监控系统由哪几部分组成？各部分的主要功能是什么？

4. GNSS 卫星的作用是什么？
5. 什么叫 GNSS 信号接收机？其作用是什么？
6. 简要描述 GNSS 定位中具有重要意义的时间系统主要有哪些。
7. 什么是天球坐标系？什么是地球坐标系？
8. 什么是岁差？什么是章动？
9. 地面任意一点 P 的位置，在地球坐标系中可表示为地心空间直角坐标 (X, Y, Z) 或地心大地坐标 (B, L, H)，二者如何转换？
10. WGS-84 大地坐标系是如何定义的？WGS-84 椭球的长半轴和扁率为多少？
11. 什么是 CGCS2000 坐标系？它是如何定义的？
12. 什么是 GNSS 卫星的无摄运动？什么是 GNSS 卫星的受摄运动？
13. GPS 卫星的导航电文包括哪些内容？

第二部分　GNSS 定位测量方法与误差来源

项目一　GNSS 定位测量的基本原理

 项目描述

位置服务已经成为越来越热的一门技术，也将成为以后所有移动设备（智能手机、掌上电脑等）的标配。而导航定位技术中，目前精度最高、应用最广泛的，自然非 GNSS 定位测量莫属。GNSS 定位的基本思想最早来源于测量学中交会法测量的原理，与测距交会法类似，GNSS 定位测量是利用空间分布的卫星以及卫星与地面点的距离交会得出地面点位置。

第二部分　PPT

运用 GNSS 卫星信号进行定位的方法，可以按照用户接收机天线在测量中所处的状态分为：静态定位和动态定位。根据参考点的不同位置，GNSS 定位测量又可分为绝对定位和相对定位。根据 GNSS 信号的不同观测量，可以区分为：①卫星射电干涉测量；②多普勒定位法；③伪距测量法；④载波相位测量 4 种定位方法。

教学目标

1. 能力目标
   - 能够描述各种 GNSS 定位测量方法的原理；
   - 能够区分绝对定位和相对定位的方法；
   - 认识载波相位测量的原理及其在定位中的应用；
   - 认识整周未知数产生的原因及如何减小或消除。

2. 知识目标
   - 了解 GNSS 定位测量方法及分类；
   - 了解各种 GNSS 定位测量方法的原理；
   - 理解载波相位测量的原理及其相应的技术；
   - 了解 GNSS 绝对定位、相对定位和差分定位的方法。

3. 素质目标

- 具备一定的组织协调能力；
- 养成求实、严谨的工作作风。

 相关案例——北斗卫星导航系统在交通运输中的应用

北斗卫星导航系统是中国着眼于经济社会发展需要，自主建设、独立运行的卫星导航系统，属于国家重要空间基础设施。目前，北斗系统已全面服务于交通运输领域，深刻影响着人们的生产生活方式。北斗卫星定位车载终端除具有传统行驶记录仪的功能外，增加了定位导航、监控跟踪、数据实时传送、油耗检测等功能，并且能够实现对车辆实时监管、调度，遇险报警远程网络监控，彻底改变了现有汽车行驶记录仪只能实地监管、事后监督的弊端。因此，基于北斗卫星导航系统设计的车载终端监控系统，大大扩充了传统行驶记录仪的功能，可为公安、消防、抢修、急救、出行等车辆提供更好的服务。

任务 1.1　GNSS 定位原理与方法

1.1.1　任务描述

GNSS 定位可以认为是将无线电信号发射台从地面点搬到卫星上，组成卫星导航定位系统，应用无线电测距交会的原理，便可由 3 个以上地面已知点（控制点）交会出卫星的位置，反之利用 3 颗以上卫星的已知空间位置又可交会出地面未知点（用户接收机）的位置。这便是 GNSS 定位的基本原理。利用 GNSS 进行定位，就是把卫星视为"动态"的控制点，在已知其瞬时坐标（可根据卫星轨道参数计算）的条件下，以 GNSS 卫星和用户接收机天线之间的距离（或距离差）为观测量，进行空间距离后方交会，从而确定用户接收机天线所处的位置。本次任务主要是理解 GNSS 定位（以 GPS 定位为例）的原理与方法，了解 GNSS 定位的关键问题，以及 GNSS 定位方法分类情况。

GNSS 定位原理与方法

1.1.2　相关知识

1. GNSS 定位原理

测量学中的交会法测量里有一种测距交会确定点位的方法。与其相似，GNSS 的定位原理就是利用空间分布的卫星以及卫星与地面点的距离交会得出地面点位置。简言之，GNSS 定位原理是一种空间距离交会。与其相似，无线电导航定位系统、卫星激光测距定位系统，其定位原理也是利用测距交会的原理进行定位。

以 GPS 卫星定位为例：设想在地面待定位置上安置 GPS 接收机，同一时刻接收 4 颗以上 GPS 卫星发射的信号。通过一定的方法测定这 4 颗以上卫星在此瞬间的位置以及它们分别至该接收机的距离，据此利用距离交会法解算出测站 P 的位置及接收机钟差 δt。

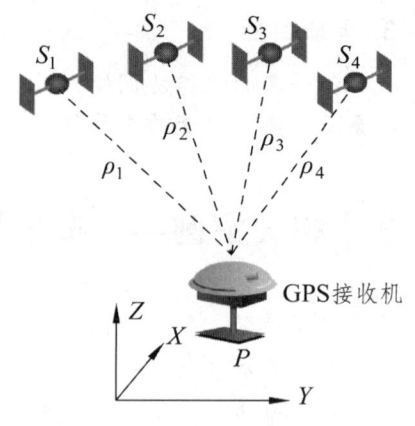

图 2.1　GPS 卫星定位原理

如图 2.1 所示，设 t_i 时刻在测站点 P 用 GPS 接收机同时测得 P 点至 4 颗 GPS 卫星 S_1、S_2、S_3、S_4 的距离 ρ_1、ρ_2、ρ_3、ρ_4，通过 GPS 电文解译出 4 颗 GPS 卫星的三维坐标 (X^j, Y^j, Z^j)，$j = 1, 2, 3, 4$。用距离交会的方法求解 P 点的三维坐标 (X, Y, Z) 的观测方程为

$$\left.\begin{array}{l}\rho_1^2 = (X - X^1)^2 + (Y - Y^1)^2 + (Z - Z^1)^2 + c\delta t \\ \rho_2^2 = (X - X^2)^2 + (Y - Y^2)^2 + (Z - Z^2)^2 + c\delta t \\ \rho_3^2 = (X - X^3)^2 + (Y - Y^3)^2 + (Z - Z^3)^2 + c\delta t \\ \rho_4^2 = (X - X^4)^2 + (Y - Y^4)^2 + (Z - Z^4)^2 + c\delta t \end{array}\right\} \quad (2.1)$$

式中　c——光速；

　　　δt——接收机钟差。

由此可见，GNSS 定位中，要解决的问题主要有两个：

（1）观测瞬间 GNSS 卫星的位置。通过 GNSS 卫星发射的导航电文中含有 GNSS 卫星星历，可以实时地确定卫星的位置信息。

（2）观测瞬间测站点至 GNSS 卫星之间的距离。站星之间的距离是通过测定 GNSS 卫星信号在卫星和测站点之间的传播时间来确定的。

在 GNSS 定位中，GNSS 卫星是高速运动的卫星，其坐标值随时间在快速地变化着。需要实时地由 GNSS 卫星信号测量出测站点至卫星之间的距离，实时地由卫星的导航电文解算出卫星的坐标值，并进行测站点的定位。依据测距的原理，其定位原理与方法主要有伪距法定位、载波相位测量定位以及差分 GNSS 定位等。

实际应用中，为了减弱卫星的轨道误差、卫星钟差、接收机钟差以及电离层和对流层的折射误差的影响，常采用载波相位观测值的各种线性组合（即差分值）作为观测值，以获得两点之间高精度的 GNSS 基线向量（即坐标差）。

2. GNSS 定位方法分类

应用 GNSS 卫星信号进行定位的方法，可以按照用户接收机天线在测量中所处的状态、参考点的位置或者 GNSS 信号不同的观测量，分为以下几种。

1）按照接收机天线的状态分类

按用户接收机在作业中的运动状态不同，定位方法可分为静态定位和动态定位。

如果在定位过程中，用户接收机天线处于静止状态，或者更明确地说，待定点在协议地球坐标系中的位置，被认为是固定不动的，那么确定这些待定点位置的定位测量就称为静态定位。由于地球本身在运动，因此严格地说，接收机天线的所谓静态测量，是指相对周围的固定点天线位置没有可察觉的变化，或者变化非常缓慢，以致在观测期内察觉不出而可以忽略。

在进行静态定位时，由于待定点位置固定不动，因此可通过大量重复观测提高定位精度。正是由于这一原因，静态定位在大地测量、工程测量、地球动力学研究和大面积地壳形变监测中，获得了广泛应用。随着快速解算整周待定值技术的出现，快速静态定位技术已在实际工作中使用，静态定位作业时间大为减少，从而在地形测量和一般工程测量领域内也将获得广泛应用。

相反，如果在定位过程中用户接收机天线处在运动状态，这时待定点位置随着时间变化。确定这些运动着的待定点的位置，称为动态定位。例如，为了确定车辆、船舰、飞机和航天器的实时位置，可以在这些运动着的载体上安置 GNSS 信号接收机，采用动态定位方法获得接收机天线的实时位置。

2）按照参考点的不同位置分类

根据参考点的位置不同，GNSS 定位测量又可分为绝对定位和相对定位。

绝对定位是以地球质心为参考点，测定接收机天线（即待定点）在协议地球坐标系中的绝对位置，由于定位作业仅需一台接收机，所以又称为单点定位。

单点定位外业工作和数据处理都比较简单，但其定位结果受卫星星历误差和信号传播误差影响较显著，所以定位精度较低。这种定位方法适用于低精度测量领域，例如船只、飞机的导航，海洋捕鱼，地质调查等。

如果选择地面某个固定点为参考点，确定接收机天线相位中心相对参考点的位置，则称为相对定位。由于相对定位使用 2 台以上接收机，同步跟踪 4 颗以上 GNSS 卫星，因此相对定位所获得的观测量具有相关性，并且观测量中包含的误差同样具有相关性。采用适当的数学模型，即可消除或者削弱观测量所包含的误差，使定位结果达到相当高的精度。相对定位既可作静态定位，也可作动态定位，其结果是获得各个待定点之间的基线向量，即三维坐标差：Δx，Δy，Δz。目前相对定位由于精度可达 $10^{-6} \sim 10^{-8}$，所以仍旧是精密定位的基本模式。随着整周待定值快速逼近技术所取得的进展，快速静态相对定位的方法目前已被采用，并且已在某些应用领域内取代传统的静态相对定位方法。

在动态相对定位技术中，差分定位受到了普遍重视。在进行差分定位时，一台接收机被安置在参考站上固定不动，其余接收机则分别安置在需要定位的运动载体上。固定接收机和流动接收机可分别跟踪 4 颗以上 GNSS 卫星的信号，并以伪距作为观测量。根据参考点的已知坐标，可计算出定位成果的坐标改正数或距离改正数，并可通过数据发送电台发射给流动用户，以改进流动站定位结果的精度。

近几年发展成熟的一种实时动态 GNSS 定位测量技术（Real time kinematic, RTK），采用了载波相位观测量作为基本观测量，能够达到厘米级的定位精度。在 RTK 测量作业模式下，位于参考站的 GNSS 接收机，通过数据链将参考点的已知坐标和载波相位观测量一起传输给位于流动站的 GNSS 接收机，流动站的 GNSS 接收机根据参考站传递的定位信息和自己的测量成果，组成差分模型并进行基线向量的实时解算，可获得厘米级精度的测量定位成果。RTK GNSS 测量极大地提高了 GNSS 测量的工作效率，特别适合于各类工程测量以及各种用途的大比例尺测图或 GIS 数据采集，为 GNSS 测量开拓了更广阔的应用前景。

3）按照 GNSS 信号的不同观测量分类

动态定位和静态定位，依据的观测量都是所测得的卫星至接收机天线的伪距。伪距的基本观测量分为码相位观测和载波相位观测。

因此，根据 GNSS 信号的不同观测量，可以区分为 4 种定位方法。

（1）卫星射电干涉测量。

通过测量某颗卫星的射电信号到达两个测站的时间差，可以求得测站间距离。由于在进行干涉测量时，只把 GNSS 卫星信号当作噪音信号来使用，无须了解信号的结构，因此这种方法对于无法获得 P 码的用户是很有吸引力的。

（2）多普勒定位法。

依据多普勒效应原理，利用 GNSS 卫星较高的射电频率，由积分多普勒计数得出伪距差。为了提高多普勒频移的测量精度，卫星多普勒接收机不是直接测量某一历元的多普勒频移，而是测量在一定时间间隔内多普勒频移的积累数值，称之为多普勒计数。

（3）伪距测量法。

伪距测量法是利用 GNSS 进行导航定位的最基本的方法，其原理是：在某一瞬间，利用 GNSS 接收机同时测定至少 4 颗卫星的伪距，根据已知的卫星位置和伪距观测值，采用距离交会法求出接收机的三维坐标和时钟改正数。

（4）载波相位测量。

将载波作为量测信号，对载波进行相位测量可以达到很高的精度。通过测量载波的相位而求得接收机到 GNSS 卫星的距离，是目前大地测量和工程测量中的主要测量方法。

任务 1.2　伪距定位测量

1.2.1　任务描述

利用 GNSS 定位，不管采用何种方法，都必须通过用户接收机来接收卫星发射的信号并加以处理，获得卫星至用户接收机的距离，从而确定用户接收机的位置。GNSS 卫星到用户接收机的观测距离，由于各种误差源的影响，并非真实地反映卫星到用户接收机的几何距离，而是含有误差，这种带有误差的 GNSS 观测距离称为伪距。伪距法定位是 GNSS 定位的一种重要方法。本次任务是学习伪距测量的方法、熟悉伪距定位观测方程、了解伪距法定位的计算，以及伪距定位法的应用。

伪距测量原理

1.2.2 相关知识

伪距法定位是利用 GNSS 进行导航定位的最基本方法。它的优点是速度快、无多值性问题，利用增加观测时间可以提高定位精度；缺点是测量定位精度低，仍然是 GNSS 定位系统进行导航的最基本方法。

伪距差分定位

1. 伪距测量的方法

GNSS 定位的信号发射时刻由卫星钟确定，接收时刻则是由接收机钟确定，这就在测定的卫星至接收机的距离中，不可避免地包含着两台钟不同步的误差和电离层、对流层延迟误差影响，它并不是卫星与接收机之间的实际距离，所以称之为伪距。所测伪距就是由卫星发射的测距码信号到达接收机的传播时间乘以光速所得出的量测距离。

GNSS 卫星信号包含 3 种信号分量，分别是载波、测距码、导航电文。当卫星依据自己的时钟发出的含有测距码的调制信号，经过 Δt 时间的传播到达地面接收机，如图 2.2 所示，此时接收机收到的测距码为 $U(t-\Delta t)$。而接收机的伪随机噪音码发生器，又产生了一个与卫星发播的测距码结构完全相同的复制码 $U'(t-\tau)$。并且通过接收机的时间延迟器进行移相，对测距码和复制码做相关处理，当信号之间的自相关系数达到最大，即接近于 1 时，说明在积分间隔 T 内复制码已经和测距码"对齐"。否则继续调整时间延迟 τ，直至 $R(t)=\max$，于是就由延迟器测定出两信号间的时间延迟 τ。在理想情况下，时延 τ 就

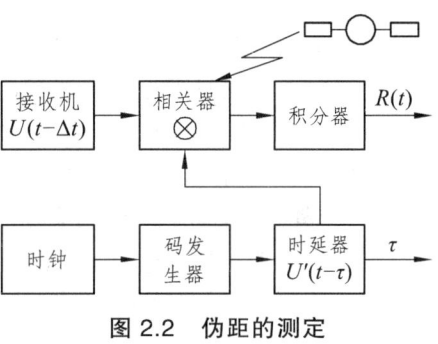

图 2.2 伪距的测定

等于卫星信号的传播时间 Δt，此时将 τ 乘以光速值 c，就可以求得卫星至接收机的距离。

2. 伪距定位观测方程

实际应用中，将观测得到的伪距 $\tilde{\rho}$ 改正为卫星至接收机之间的实际距离 ρ 是解决定位问题的关键。设卫星钟控制的测距码信号在某一特定 t_a 时刻发出，其正确的标准时刻为 τ_a；该信号经传播延迟 τ 到达 GNSS 接收机，其时间为 t_b，其正确的标准时刻为 τ_b。则伪距测量中测得的传播时延 τ 实际为

$$\tau = t_b - t_a = \frac{1}{c}\tilde{\rho} \tag{2.2}$$

若卫星钟发射信号时刻的钟差为 v_{t_a}，接收机接收时刻的钟差为 v_{t_b}，则有

$$\left.\begin{array}{l} t_a + v_{t_a} = \tau_a \\ t_b + v_{t_b} = \tau_b \end{array}\right\} \tag{2.3}$$

将式（2.3）代入式（2.2）得

$$\frac{1}{c}\tilde{\rho} = t_b - t_a = (\tau_b - v_{t_b}) - (\tau_a - v_{t_a}) = (\tau_b - \tau_a) + v_{t_a} - v_{t_b} \tag{2.4}$$

式中　$\tau_b - \tau_a$——测距码从卫星到接收机的实际传播时间。

若加上电离层折射改正 $\delta\rho_{\text{ion}}$ 和对流层折射改正 $\delta\rho_{\text{trop}}$，此时卫星至接收机的实际距离为

$$\rho = c(\tau_b - \tau_a) + \delta\rho_{\text{ion}} + \delta\rho_{\text{trop}} \tag{2.5}$$

将式（2.4）代入式（2.5），即得实际距离 ρ 和伪距 $\tilde{\rho}$ 之间的关系式为

$$\rho = \tilde{\rho} + \delta\rho_{\text{ion}} + \delta\rho_{\text{trop}} - cv_{t_a} + cv_{t_b} \tag{2.6}$$

当有已知卫星钟的钟差 v_{t_a} 和接收机的钟差 v_{t_b} 时，又可精确求得电离层折射改正和对流层折射改正，那么测定了伪距 $\tilde{\rho}$，就可求得实际距离 ρ。实际距离 ρ 与卫星坐标 (x,y,z) 和接收机坐标 (X,Y,Z) 之间有下列关系：

$$\rho = [(x-X)^2 + (y-Y)^2 + (z-Z)^2]^{\frac{1}{2}} \tag{2.7}$$

卫星坐标可以根据收到的卫星电文求得，因为（2.7）式中只包含 3 个坐标未知数，所以如果对 3 颗卫星同时进行伪距测量，就可以求出接收机的位置。

实践中，我们将接收机时钟的钟差 v_{t_b} 也视为未知数。理论上，要想知道精确的钟差，必须使用稳定度极高的原子钟，这在数目有限的卫星上可以办到，但在 GNSS 接收机上都安装原子钟是不现实的。解决这一问题的办法，就是把接收机钟的钟差 v_{t_b} 也当作一个未知数来处理，为此就要求至少同时测定 4 颗卫星的伪距，以便同时解出 4 个未知数：X，Y，Z，v_{t_b}。这样，根据式（2.6）和式（2.7），伪距定位法的数学模型为

$$[(x_i - X)^2 + (y_i - Y)^2 + (z_i - Z)^2]^{\frac{1}{2}} - cv_{t_b} = \tilde{\rho}_i + (\delta\rho_i)_{\text{ion}} + (\delta\rho_i)_{\text{trop}} - cv_{t_{ai}} \quad (i=1,2,3,4,\cdots) \tag{2.8}$$

式中，各符号的脚注 i 表示观测的 4 颗（或以上）卫星的序号；第 i 颗卫星发射信号瞬间的钟差 $v_{t_{ai}}$ 可以根据卫星导航电文中的时钟改正参数计算出来。

当方程式（2.8）的个数大于 4 时，可用最小二乘法求解测站坐标和接收机时钟改正数的最或是值。

3. 伪距法定位的计算

这里，我们只讨论观测 4 颗卫星情况下的伪距定位计算原理。

在公式（2.8）中，若令

$$\rho'_i = \tilde{\rho}_i + (\delta\rho_i)_{\text{ion}} + (\delta\rho_i)_{\text{trop}} - cv_{t_{ai}}$$

$$cv_{t_b} = B$$

式（2.8）则可写为

$$\rho'_i = [(x_i - X)^2 + (y_i - Y)^2 + (z_i - Z)^2]^{\frac{1}{2}} - B \tag{2.9}$$

假设测站的初始坐标向量及其改正数向量分别为

$$X_0 = (X_0 \quad Y_0 \quad Z_0 \quad B_0)^T$$

$$\mathrm{d}X = (\mathrm{d}X \quad \mathrm{d}Y \quad \mathrm{d}Z \quad \mathrm{d}B)^T$$

考虑到测站至卫星 i 的方向余弦：

$$\left(\frac{\partial \rho'_i}{\partial X}\right)_0 = -\frac{1}{\rho_{i0}}(x_i - X_0) = -l_i$$

$$\left(\frac{\partial \rho'_i}{\partial Y}\right)_0 = -\frac{1}{\rho_{i0}}(y_i - Y_0) = -m_i$$

$$\left(\frac{\partial \rho'_i}{\partial Z}\right)_0 = -\frac{1}{\rho_{i0}}(z_i - Z_0) = -n_i$$

$$\left(\frac{\partial \rho'_i}{\partial B}\right)_0 = -1$$

式中

$$\rho_{i0} = [(x_i - X_0)^2 + (y_i - Y_0)^2 + (z_i - Z_0)^2]^{\frac{1}{2}}$$

式（2.9）的线性化形式可以写为

$$\begin{bmatrix} \rho'_1 \\ \rho'_2 \\ \rho'_3 \\ \rho'_4 \end{bmatrix} = \begin{bmatrix} \rho'_{10} \\ \rho'_{20} \\ \rho'_{30} \\ \rho'_{40} \end{bmatrix} - \begin{bmatrix} l_1 & m_1 & n_1 & 1 \\ l_2 & m_2 & n_2 & 1 \\ l_3 & m_3 & n_3 & 1 \\ l_4 & m_4 & n_4 & 1 \end{bmatrix} \begin{bmatrix} \mathrm{d}X \\ \mathrm{d}Y \\ \mathrm{d}Z \\ \mathrm{d}B \end{bmatrix}$$

若令

$$A = \begin{bmatrix} l_1 & m_1 & n_1 & 1 \\ l_2 & m_2 & n_2 & 1 \\ l_3 & m_3 & n_3 & 1 \\ l_4 & m_4 & n_4 & 1 \end{bmatrix}$$

$$L = (L_1 \quad L_2 \quad L_3 \quad L_4)^T$$

$$L_i = \rho'_i - \rho'_{i0}$$

式（2.9）可写为

$$A\mathrm{d}X + L = 0 \tag{2.10}$$

则可得坐标改正数的向量解

$$\mathrm{d}X = -A^{-1}L \tag{2.11}$$

上述公式仅针对观测 4 颗卫星情况下的求解。此时没有多余观测量，未知数的解算是唯一的。当同步观测的卫星数多于 4 个时，则需要通过最小二乘法求解。此时可将式（2.10）写成误差方程式的形式：

$$V_u = A_u \mathrm{d}X + L_u \tag{2.12}$$

式中

$$V_u = (v_1 \quad v_2 \quad \cdots \quad v_n)^\mathrm{T}$$

$$A_u = \begin{bmatrix} l_1 & m_1 & n_1 & 1 \\ l_2 & m_2 & n_2 & 1 \\ \vdots & \vdots & \vdots & \vdots \\ l_n & m_n & n_n & 1 \end{bmatrix}$$

$$L_u = (L_1 \quad L_2 \quad \cdots \quad L_n)^\mathrm{T}$$

根据最小二乘原理求解得

$$\mathrm{d}X = -(A_u^\mathrm{T} A_u)^{-1} (A_u^\mathrm{T} L_u) \tag{2.13}$$

测站未知数中误差

$$m_x = \sigma_0 \sqrt{q_{ii}} \tag{2.14}$$

式中　　σ_0——伪距测量中误差；

　　　　q_{ii}——权系数阵 Q_x 中的主对角线元素，按下式计算

$$Q_x = (A_u^\mathrm{T} A_u)^{-1} \tag{2.15}$$

任务 1.3　载波相位测量

1.3.1　任务描述

载波相位测量的观测量是 GNSS 接收机所接收到的卫星载波信号与接收机本振参考信号的相位差。载波相位测量同伪距法测量一样，是 GNSS 定位的一种重要方法。本次任务主要从载波相位测量原理、载波相位测量观测方程、载波相位测量差分法等几个方面对其进行认识和理解。

载波相位测量

1.3.2　相关知识

伪距法定位以测距码作为量测信号，然而由于测距码的码元长度较大，对于一些高精度应用来讲其测距精度还显得过低无法满足需要。如果观测精度均取至测距码波长的 1%，则伪距测量对 P 码而言量测精度为 30 cm，对 C/A 码而言为 3 m 左右。如果把载波作为量测信

号，由于载波的波长短，$\lambda_1 = 19$ cm，$\lambda_2 = 24$ cm，因此可达到很高的精度。现在的大地型接收机的载波相位测量精度一般为 1~2 mm，有的精度更高。但载波信号是一种周期性的正弦信号，而相位测量又只能测定其不足一个波长的部分，因而存在着整周数不确定性的问题，使解算过程变得比较复杂。

GNSS 接收机所接收到的卫星信号，已用相位调制技术在载波上调制了测距码和卫星导航电文，因而接收到的载波相位已不再连续。为此在进行载波相位测量以前，首先要进行解调工作，设法将调制在载波上的测距码和卫星电文去掉，重新获取载波，这一工作称为重建载波。重建载波一般可采用两种方法，一种是码相关法，另一种是平方法。采用码相关法，用户可同时提取测距信号和卫星电文，但用户必须知道测距码的结构；采用平方法，用户无须掌握测距码的结构，但只能获得载波信号而无法获得测距码和卫星电文。

1. 载波相位测量原理

载波相位测量的观测量是 GNSS 接收机所接收到的卫星载波信号与接收机本振参考信号的相位差。以 $\varphi_k^j(t_k)$ 表示 k 接收机在接收机钟面时刻 t_k 时所接收到的 j 卫星载波信号的相位值，$\varphi_k(t_k)$ 表示 k 接收机在钟面时刻 t_k 时所产生的本地参考信号的相位值，则 k 接收机在接收机钟面时刻 t_k 时观测 j 卫星所取得的相位观测量可写为

$$\Phi_k^j(t_k) = \varphi_k(t_k) - \varphi_k^j(t_k) \tag{2.16}$$

通常的相位或相位差测量只是测出一周以内的相位值。实际测量中，如果对整周进行计数，则自某一初始取样时刻 t_0 以后就可以取得连续的相位测量值。

如图 2.3 所示，在初始时刻 t_0 测得小于一周的相位差为 $\Delta\varphi_0$，其整周数为 N_0，此时包含整周数的相位观测值应为

$$\tilde{\varphi} = \Delta\varphi_0 + N_0 = \varphi_k(t_0) - \varphi_k^j(t_0) + N_0 \tag{2.17}$$

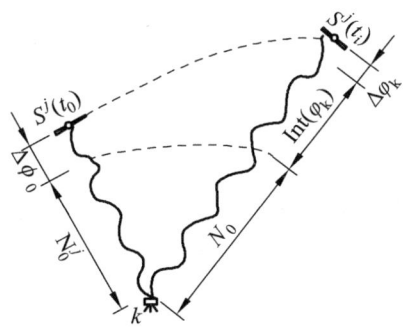

图 2.3　载波相位观测值的组成

接收机继续跟踪卫星信号，不断测定小于一周的相位差 $\Delta\varphi(t)$ [部分文献表示为 $F_r^0(\varphi)$]，并利用整波计数器记录从 t_0 到 t_i 时间内的整周数变化量 $\text{Int}(\varphi_k)$。只要卫星 S^j 从 t_0 到 t_i 之间卫星信号没有中断，则初始时刻整周模糊度 N_0 就为一常数，这样，任一时刻 t_i 卫星 S^j 到 k 接收机的相位差为

$$\varphi = N_0 + \mathrm{Int}(\varphi_k) + \varphi_k(t_i) - \varphi_k^j(t_i) = N_0 + \mathrm{Int}(\varphi_k) + F_r^i(\varphi) \qquad (2.18)$$

式（2.18）说明，从第一次开始，在以后的测量中，其观测量包括了相位差的小数部分和累计的整周数部分。

2. 载波相位测量观测方程

设在 GNSS 标准时刻为 τ_a、卫星钟读数为 t_a 的瞬间，卫星 S^j 发射的载波信号相位为 $\varphi(t_a)$，经传播延迟 $\Delta\tau$ 后，该信号在标准时刻 τ_b 到达接收机。根据电磁波传播原理，信号到达接收机的相位应保持不变，即在 τ_b 时刻，接收机收到的载波信号的相位为 $\varphi(\tau_b) = \varphi(t_a)$。对应于标准时刻 τ_b 的接收机钟读数为 t_b，这时接收机产生的基准信号的相位为 $\varphi(R) = \varphi(t_b)$。所以载波相位测量值为

$$\varphi = \varphi(t_b) - \varphi(t_a) \qquad (2.19)$$

其中

$$\left. \begin{aligned} t_b &= \tau_b - v_{t_b} = \tau_a + (\tau_b - \tau_a) - v_{t_b} \\ t_a &= \tau_a - v_{t_a} \end{aligned} \right\} \qquad (2.20)$$

对于稳定性较好的振荡器，相位与频率之间的关系可表示为

$$\varphi(t + \Delta t) = \varphi(t) + f\Delta t \qquad (2.21)$$

式中 f ——信号频率；

Δt ——微小的时间间隔。

将式（2.20）代入式（2.19），并顾及式（2.21）的关系，可得

$$\varphi = f(\tau_b - \tau_a) - fv_{t_b} + fv_{t_a} \qquad (2.22)$$

由式（2.5）

$$\rho = c(\tau_b - \tau_a) + \delta\rho_{\mathrm{ion}} + \delta\rho_{\mathrm{trop}}$$

得

$$\tau_b - \tau_a = \frac{1}{c}(\rho - \delta\rho_{\mathrm{ion}} - \delta\rho_{\mathrm{trop}})$$

于是

$$\varphi = \frac{f}{c}(\rho - \delta\rho_{\mathrm{ion}} - \delta\rho_{\mathrm{trop}}) + f(v_{t_a} - v_{t_b})$$

将上式代入式（2.18），得载波相位测量的基本观测方程

$$\tilde{\varphi} = \frac{f}{c}(\rho - \delta\rho_{\mathrm{ion}} - \delta\rho_{\mathrm{trop}}) + fv_{t_a} - fv_{t_b} - N_0 \qquad (2.23)$$

式中 $\tilde{\varphi}$ ——载波相位的实际观测量，以周数为单位。

如果将式 2.23 等号两边同乘以 $\lambda = \dfrac{c}{f}$，则有

$$\tilde{\rho} = \rho - \delta\rho_{\text{ion}} - \delta\rho_{\text{trop}} + cv_{t_a} - cv_{t_b} - \lambda N_0 \tag{2.24}$$

将式（2.24）和式（2.6）比较可以看出，载波相位测量的观测方程中除了增加一个整周未知数 N_0 外，和伪距测量观测方程完全相同，式中的 ρ 是 τ_a 时刻卫星位置 (x,y,z) 和 τ_b 时刻的接收机位置 (X,Y,Z) 之间的实际距离，即

$$\rho = [(x-X)^2 + (y-Y)^2 + (z-Z)^2]^{\frac{1}{2}} \tag{2.25}$$

引入

$$\left.\begin{array}{l} \rho_0 = [(x-X_0)^2 + (y-Y_0)^2 + (z-Z_0)^2]^{\frac{1}{2}} \\ X = X_0 + \mathrm{d}X \\ Y = Y_0 + \mathrm{d}Y \\ Z = Z_0 + \mathrm{d}Z \end{array}\right\} \tag{2.26}$$

将 ρ 在点 (x_0, y_0, z_0) 用泰勒级数展开得

$$\begin{aligned} \rho &= \rho_0 + \left(\dfrac{\partial \rho}{\partial X}\right)_0 \mathrm{d}X + \left(\dfrac{\partial \rho}{\partial Y}\right)_0 \mathrm{d}Y + \left(\dfrac{\partial \rho}{\partial Z}\right)_0 \mathrm{d}Z \\ &= \rho_0 + \dfrac{X_0 - x}{\rho_0} \mathrm{d}X + \dfrac{Y_0 - y}{\rho_0} \mathrm{d}Y + \dfrac{Z_0 - z}{\rho_0} \mathrm{d}Z \end{aligned} \tag{2.27}$$

将式（2.27）代入式（2.23）中，可以将载波相位测量基本观测方程线性化，即

$$\begin{aligned} &\dfrac{f}{c}\dfrac{x-X_0}{\rho_0}\mathrm{d}X + \dfrac{f}{c}\dfrac{y-Y_0}{\rho_0}\mathrm{d}Y + \dfrac{f}{c}\dfrac{z-Z_0}{\rho_0}\mathrm{d}Z - fv_{t_a} + fv_{t_b} + N_0 \\ &= \dfrac{f}{c}(\rho_0 - \delta\rho_{\text{ion}} - \delta\rho_{\text{trop}}) - \tilde{\varphi} \end{aligned} \tag{2.28}$$

式（2.28）等号左端各项为未知数项，其中 (x,y,z) 是 τ_a 时刻的 GPS 卫星坐标；等号右端各项可根据 GNSS 卫星电文或多普勒观测资料算得，而 $\tilde{\varphi}$ 的总和即为误差方程的常数项。

3. 载波相位测量差分法

在载波相位测量基本方程式（2.28）中，包含着两类不同的未知数：一类是必要参数，如测站的坐标；另一类是多余参数，如卫星钟和接收机的钟差、电离层和对流层延迟等。多余参数在观测期间随时间变化，给平差计算带来了麻烦。

解决这个问题有两种方法：一种是找出多余参数与时空关系的数学模型，给载波相位测量方程一个约束条件，使多余参数大幅度减少；另一种更有效、精度更高的办法是，按一定

规律对载波相位测量值进行线性组合,通过求差达到消除多余参数的目的。

载波相位测量中采用差分法,一方面减少了平差计算中的未知数数量,同时也消除或减弱了相对定位时测站间共同的一些误差影响。

任务 1.4　周跳分析与整周未知数的确定方法

1.4.1　任务描述

载波相位测量,特别是利用载波相位观测值求差,消除各种定位误差后进行的相对定位测量具有很高的精度,是目前最精确的 GNSS 定位方法。但是,这种高精度是以正确求定整周未知数 N_0 和彻底消除周跳为前提的。本次任务从整周跳变分析和整周未知数 N_0 的确定两个方面对整周周跳进行分析。

GNSS 整周跳变与整周未知数的确定

1.4.2　相关知识

载波相位测量中,无论是整周未知数确定的不正确,还是周跳没有消除干净,一个整周数值的错误,就将产生 0.2 m 的误差。GNSS 载波相位测量是目前测定卫星至测站距离的最精密方法,该方法只能测量载波滞后相位 1 周以内的小数部分,不能测量滞后相位的整周数 N_0。其后的载波滞后相位整周数变化值(开始后的周数),是通过多普勒计数累计读得的。由于 GNSS 信号接收机自身故障或 GNSS 信号以外中断,导致 GNSS 接收机载波锁相环电路的短暂失锁,而引起多普勒计数的短暂中断;当 GNSS 接收机载波相环电路重新锁定后,多普勒计数又重新开始,以致造成载波滞后相位整周变化值不连续计数。这种多普勒计数的中断现象,称为整周跳变。然而整周跳变的出现和整周未知数的不确定性又为高精度的测量增加了不少麻烦。公式(2.18)告诉我们,完整的载波相位观测值由 3 个部分组成:① 载波相位在起始时刻沿传播路径延迟的整周数 N_0;② 从某一起始时刻至观测时刻之间载波相位变化的整周数 $\text{Int}(\varphi)$;③ 接收机所能测定的载波相位差非整周数的小数部分 $F_r(\varphi)$。如果接收机的计数器在累积计数中产生整周跳变而导致 $\text{Int}(\varphi)$ 错误,或者不能采取恰当措施正确确定 N_0,公式(2.18)将失去意义。所以,整周未知数的确定、整周跳变的探测与消除,在利用 GNSS 载波相位进行精密定位中,具有非常重要的意义。

由于 GNSS 信号接收机能提供多种观测信息,利用这些观测信息本身的相互关系,根据一定的数学理论和方法,通过数据处理手段可以对整周跳变进行探测和修复。目前主要有下面 3 种方法:

(1)多项式拟合法:利用载波相位及其变化率的多项式拟合来探测和修复整周跳变。

(2)伪距/载波相位组合法:利用伪距和载波相位观测值的组合探测和修复整周跳变。

(3)电离层残差法:利用双频载波相位组合观测值来探测和修复整周跳变。

1. 整周跳变分析

1) 整周跳变的产生

由于仪器线路的瞬间故障、卫星信号被障碍物暂时阻挡、载波锁相线路的短暂失锁等因素的影响，引起计数器在某一个时间无法连续计数，这就是所谓的整周跳变现象，简称为周跳。这时的瞬时量测值 $R_r(\varphi)$ 虽然仍是正确的，但是整周计数 $Int(\varphi)$ 由于失去了在失锁期间载波相位变化的整周数，使其后的相位观测值均含有同样的整周误差。如果我们能够检测出在何时发生了整周跳变，并能求出丢失的整周数，就可以对中断后的整周计数进行修正，恢复其正确计数。

2) 整周跳变的探测与修正

只要接收机连续不断地跟踪卫星，接收机就可连续不断地记录跟踪期间载波相位的整周数的变化。如表 2.1 所示，接收机在不同时刻 t_i 对同一颗卫星进行相位观测，每 15 s 输出 1 个观测值，相邻观测值的变化可达数万周，难以发现几十周的跳变。如果在相邻观测值之间求 1 次差，就得到观测间隔内 $t_i - t_{i-1}$ 卫星至接收机的距离之差，亦即卫星径向速度 $d\rho/dt$ 平差值与 $t_i - t_{i-1}$ 的乘积。由于径向速度平均值变化比较缓慢，所以一次差的变化也就较小。如果在 1 次差间再求 2 次差，就得到卫星径向加速度平均值和观测间隔平方的乘积，其变化更加缓慢。同理求至 4 次差时，$d^4\rho/dt^4$ 趋近于零，这时的差值主要是振荡器的随机误差，具有偶然误差特性。

表 2.1 载波相位观测值及其高次差值

历元	$Int(\varphi) + F_r(\varphi)$	1 次差	2 次差	3 次差	4 次差
t_1	475 833.225 3				
		11 608.753 1			
t_2	487 441.978 4		399.814 0		
		12 008.567 1		2.507 2	
t_3	499 450.545 5		402.321 2		−0.579 5
		12 410.888 3		1.927 7	
t_4	511 861.433 8		404.248 9		0.963 9
		12 815.137 2		2.891 6	
t_5	524 746.571 0		407.140 5		−0.272 1
		13 222.277 7		2.619 2	
t_6	537 898.848 7		409.760 0		−0.421 9
		13 632.037 7		2.197 6	
t_7	551 530.886 4		411.957 6		
		14 043.995 3			
t_8	565 574.881 7				

在观测过程中出现了整周跳变，势必要破坏上述相应观测值的正常变化，高次差的随机特性也将受到破坏。如表 2.2 所示，在 t_5 时刻的观测值中含有 100 周的周跳（表中有*号的数据），4 次差中将出现数十周的异常现象。这表明通过求差有利于发现周跳。不过这种求高次差的方法难以检验只有几周的小周跳，因为振荡器本身就有可能造成 2 周左右的随机误差。

表 2.2 含有周跳影响的观测值及其高次差值

历元	$\text{Int}(\varphi)+F_r(\varphi)$	1 次差	2 次差	3 次差	4 次差
t_1	475 833.225 3				
		11 608.753 1			
t_2	487 441.978 4		399.814 0		
		12 008.567 1		2.507 2	
t_3	499 450.545 5		402.321 2		−100.579 5*
		12 410.888 3		−98.027 3*	
t_4	511 861.433 8		304.248 9*		300.963 9*
		12 815.137 2*		202.891 6*	
t_5	524 746.571 0*		507.140 5*		−300.272 1*
		13 222.277 7*		−97.380 5*	
t_6	537 898.848 7*		409.760 0		99.578 1*
		13 632.037 7*		2.197 6	
t_7	551 530.886 4*		411.957 6		
		14 043.995 3			
t_8	565 574.881 7*				

发现周跳后,可以根据前面或后面的正确观测值,利用高次差值公式外推观测值的正确整周计数,或者根据相邻的几个正确相位观测值,采用 n 阶多项式拟合的方法来推求整周计数的正确值,从而发现周跳并修正整周计数。

修正后的观测值中还可能有 1~2 周的小周跳未被发现。对 1~2 周的小周跳,可以利用最小二乘平差的改正数发现。将周跳看作是三次差观测值中的粗差,用选权迭代法,在平差中对改正数大的观测值赋以较小的权,直至平差收敛,此时改正数大于 1 周的观测值即是周跳所在的位置及其量值。实际中,解决问题的根本途径还是提高对外业观测的要求,重视选择机型、选点、组织观测等外业工作环节,人为地避免周跳的发生。

2. 整周未知数的确定方法

整周未知数 N_0 的确定方法有很多,下面介绍几种常用方法。

1)整周未知数的平差待定参数法

整周未知数的平差待定参数法,是把整周未知数 N_0 作为基线向量计算中的待定参数,在平差计算中与其他参数一并求解。

根据整周未知数在平差计算中解算结果的取值,有两种情况:

(1)整数解(固定解)。整周未知数从理论上讲应该是一个整数,然而,实际中由于各种误差的影响,平差得到的整周未知数往往不是一个整数,而是一个实数。此时将其固定为整数,并作为已知数代入原观测方程重新进行平差计算,求得基线向量的最后值。

(2)实数解(浮点解)。通过平差计算求得的整周未知数不再进行凑整和重新解算,这种方法一般用于基线较长的相对定位。

2)"动态"测量法

将接收机设置在 2 个已知点上进行短时间观测,利用已知的基线向量确定初始整周未知数。随后留一台接收机在已知点上(称为基准接收机),其余一台接收机(或若干台)依次迁往各待定点(称为流动接收机)。迁站过程中需保持对卫星的连续跟踪,迁站后与基准接收机进行同步观测。这时流动接收机在待定点上就不需要再确定整周未知数,只需要进行 1~2 min 的观测便可精确确定流动站与基准站之间的相对位置,从而完成静态相对定位。

3)交换天线法

在某待定点上安置接收机天线作为固定点,并在其附近 5~10 m 处任意选择一个天线交换点,形成一个短基线。将 2 台接收机的天线分别安置于该 2 点,对至少 4 颗相同的卫星进行同步观测,采集若干历元(1~2min)的观测值。然后将 2 台接收机天线从三脚架上取下,在对卫星信号保持跟踪的情况下互换位置,继续同步观测若干历元。最后把天线恢复到原来位置,再同步观测若干历元。随后,基准接收机留在已知点上继续观测,流动接收机则可依次迁往待定点进行观测。对基线向量求解,进而求得整周未知数。由于整周未知数已经确定,所以在新的待定点定位时只需很短时间。

4)P 码双频扩波技术

P 码双频扩波技术基本思路:通过 L_1 和 L_2 载波相位观测量的线性组合,产生一种波长较长的组合波。通过对组合波相位观测量与 P 码相位观测量的综合处理,从而确定整周未知数。实践表明,利用 P 码双频接收机,只要观测一个历元,便可解算出整周未知数,之后增加的观测历元只是增加多余观测量。由此可知,这一方法可以实时地解算整周未知数,这对于提高快速定位功能,以及开拓其在动态相对定位中的作用,都具有重要的意义。

5)FARA 技术快速解算整周未知数

FARA 技术基本思路:以数理统计的参数估计和假设检验为基础,利用初次平差的解向量及其精度信息等平差提供的所有信息,确定在某一置信区间整周未知数解的组合,并依次将整周未知数的每一组合作为已知值,重复地进行平差计算,寻求能使估值的验后方差(或方差和)为最小的一组整周未知数,就是整周未知数的最佳估值。

任务 1.5 GNSS 绝对定位

1.5.1 任务描述

GNSS 绝对定位又叫单点定位,即以 GNSS 卫星和用户接收机之间的距离观测值为基础,并根据卫星星历确定的卫星瞬时坐标,直接确定用户接收机天线在 WGS-84 坐标系中相对于坐标原点(地球质心)的绝对位置。本次任务从静态绝对定位原理、动态绝对定位原理和绝对定位精度的评价 3 个方面对绝对定位进行分析和学习。

1.5.2 相关知识

根据用户接收机天线所处的状态不同,绝对定位又可分为静态绝对定位和动态绝对定位。因为受到卫星轨道误差、钟差以及信号传播误差等因素的影响,静态绝对定位的精度约为米级,而动态绝对定位的精度约为 10～40 m。因此静态绝对定位主要用于大地测量,而动态绝对定位只能用于一般性的导航定位中。

1. 静态绝对定位原理

接收机天线处于静止状态,确定观测站坐标的方法,称为静态绝对定位。这时,接收机可以连续地在不同历元同步观测不同的卫星,测定卫星至观测站的伪距,获得充分的观测量,通过测后数据处理求得测站的绝对坐标。根据测定的伪距观测量的性质不同,静态绝对定位又可分为测码伪距静态绝对定位和测相伪距静态绝对定位。

1)伪距观测方程的线性化

在伪距定位观测方程式(2.8)中,有观测站坐标和接收机钟差 4 个未知数,令 $(X_0\ Y_0\ Z_0)^T$,$(\delta_x\ \delta_y\ \delta_z)^T$ 分别为观测站坐标的近似值与改正数,将式(2.8)展开泰勒级数,并令

$$\left.\begin{array}{l}(\mathrm{d}\rho/\mathrm{d}x)_{x_0}=(X_s^j-X_0)/\rho_0^j=l^j \\ (\mathrm{d}\rho/\mathrm{d}y)_{y_0}=(Y_s^j-Y_0)/\rho_0^j=m^j \\ (\mathrm{d}\rho/\mathrm{d}z)_{z_0}=(Z_s^j-Z_0)/\rho_0^j=n^j\end{array}\right\} \quad (2.29)$$

式中,$\rho_0^j=\sqrt{(X_s^j-X_0)^2+(Y_s^j-Y_0)^2+(Z_s^j-Z_0)^2}$,取至一次微小项的情况下,伪距观测方程的线性化形式为

$$\rho_0^j-(l^j\ m^j\ n^j)\begin{bmatrix}\delta_x\\ \delta_y\\ \delta_z\end{bmatrix}-c\delta t_k=\rho'^j+\delta\rho_1^j+\delta\rho_2^j-c\delta t^j \quad (2.30)$$

2)伪距绝对定位的解算

在任一历元 t_i,由测站同步观测 4 颗卫星($j=1,2,3,4$),上述式(2.30)为一方程组,令 $c\delta t_k=\delta\rho$,则方程组形式如下:

$$\begin{bmatrix}\rho_0^1\\ \rho_0^2\\ \rho_0^3\\ \rho_0^4\end{bmatrix}-\begin{bmatrix}l^1 & m^1 & n^1 & -1\\ l^2 & m^2 & n^2 & -1\\ l^3 & m^3 & n^3 & -1\\ l^4 & m^4 & n^4 & -1\end{bmatrix}\begin{bmatrix}\delta_x\\ \delta_y\\ \delta_z\\ \delta_\rho\end{bmatrix}=\begin{bmatrix}\rho'^1+\delta\rho_1^1+\delta\rho_2^1-c\delta t^1\\ \rho'^2+\delta\rho_1^2+\delta\rho_2^2-c\delta t^2\\ \rho'^3+\delta\rho_1^3+\delta\rho_2^3-c\delta t^3\\ \rho'^4+\delta\rho_1^4+\delta\rho_2^4-c\delta t^4\end{bmatrix} \quad (2.31)$$

令 $A_i=\begin{bmatrix}l^1 & m^1 & n^1 & -1\\ l^2 & m^2 & n^2 & -1\\ l^3 & m^3 & n^3 & -1\\ l^4 & m^4 & n^4 & -1\end{bmatrix}$ $\begin{array}{l}\delta\boldsymbol{X}=(\delta_x\ \delta_y\ \delta_z\ \delta_\rho)^T\\ L^j=\rho'^j+\delta\rho_1^j+\delta\rho_2^j+c\delta t^j-\rho_0^j\\ \boldsymbol{L}_i=(L^1\ L^2\ L^3\ L^4)^T\end{array}$

式（2.31）可简写为

$$A_i \delta X + L_i = 0 \tag{2.32}$$

当同步观测的卫星数多于 4 颗时，需通过最小二乘平差求解，此时式（2.32）可写为误差方程组的形式：

$$V_i = A_i \delta X + L_i \tag{2.33}$$

根据最小二乘平差求解未知数：

$$\delta X = -(A_i^{\mathrm{T}} A_i)^{-1}(A_i^{\mathrm{T}} L_i) \tag{2.34}$$

未知数中误差：

$$M_x = \sigma_0 \sqrt{q_{ii}} \tag{2.35}$$

式中 M_x——未知数中误差；

σ_0——伪距测量中误差；

q_{ii}——权系数阵 Q_x 主对角线的相应元素。

$$Q_x = (A_i^{\mathrm{T}} A_i)^{-1} \tag{2.36}$$

在静态绝对定位中，由于观测站固定不动，可以与不同历元同步观测不同的卫星，以 n 表示观测的历元数，忽略接收机钟差随时间变化的情况，由式（2.33）可得相应的误差方程组

$$V = A \delta X + L \tag{2.37}$$

式中

$$V = (V_1 \quad V_2 \quad \cdots \quad V_n)^{\mathrm{T}}$$
$$A = (A_1 \quad A_2 \quad \cdots \quad A_n)^{\mathrm{T}}$$
$$L = (L_1 \quad L_2 \quad \cdots \quad L_n)^{\mathrm{T}}$$
$$\delta X = (\delta x \quad \delta y \quad \delta z \quad \delta \rho)^{\mathrm{T}}$$

按最小二乘法求解得

$$\delta X = -(A^{\mathrm{T}} A)^{-1} A^{\mathrm{T}} L \tag{2.38}$$

未知数的中误差仍按式（2.35）估算。

在观测的时间较长时，接收机钟差的变化往往不能忽略。此时可将钟差表示为多项式的形式，把多项式的系数作为未知数在平差计算中一并求解。也可以对不同观测历元引入不同的独立钟差参数，在平差计算中一起解算。

3）载波相位观测静态绝对定位

利用载波相位观测值进行静态绝对定位，其精度高于伪距静态绝对定位。在载波相位静态绝对定位中，应注意对观测值加入电离层、对流层等各项改正，防止和修复整周跳变，以提高定位精度。载波相位静态绝对定位解算的结果可以为相对定位的参考站（或基准站）提供较为精密的起始坐标。

2. 动态绝对定位原理

将 GNSS 用户接收机安装在载体上，并处于动态情况下，确定载体的瞬时绝对位置的定位方法，称为动态绝对定位。一般，动态绝对定位只能获得很少或者没有多余观测量的实数解，因而定位精度不是很高，被广泛应用于飞机、船舶、陆地车辆等运动载体的导航。另外在航空物探和卫星遥感领域也有着广阔的应用前景。

根据观测量的性质分，可以分为测码伪距动态绝对定位和测相伪距动态绝对定位。

1) 测码伪距动态绝对定位

在动态绝对定位的情况下，由于测站是运动的，所以获得的观测量很少，但为了获得实时定位结果，必须至少同步观测 4 颗卫星。

假设 GNSS 接收机在测站 T_i 于某一历元 t 同步观测 4 颗卫星（$j=1,2,3,4$），令 $R'_i(t) = \rho' + \delta\rho_1 + \delta\rho_2 - c\delta t$，则由式（2.30）可得

$$\begin{bmatrix} R'^1_i(t) \\ R'^2_i(t) \\ R'^3_i(t) \\ R'^4_i(t) \end{bmatrix} = \begin{bmatrix} \rho^1_0 \\ \rho^2_0 \\ \rho^3_0 \\ \rho^4_0 \end{bmatrix} - \begin{bmatrix} l^1 & m^1 & n^1 & -1 \\ l^2 & m^2 & n^2 & -1 \\ l^3 & m^3 & n^3 & -1 \\ l^4 & m^4 & n^4 & -1 \end{bmatrix} \begin{bmatrix} \delta_x \\ \delta_y \\ \delta_z \\ \delta_\rho \end{bmatrix} = \begin{bmatrix} \rho'^1 + \delta\rho^1_1 + \delta\rho^1_2 - c\delta t^1 \\ \rho'^2 + \delta\rho^2_1 + \delta\rho^2_2 - c\delta t^2 \\ \rho'^3 + \delta\rho^3_1 + \delta\rho^3_2 - c\delta t^3 \\ \rho'^4 + \delta\rho^4_1 + \delta\rho^4_2 - c\delta t^4 \end{bmatrix} \quad (2.39)$$

或者写为

$$\boldsymbol{A}_i(t)\delta\boldsymbol{X}_i + \boldsymbol{L}_i(t) = 0 \quad (2.40)$$

此时没有多余观测量，直接解此方程组得

$$\delta\boldsymbol{X}_i = -\boldsymbol{A}_i(t)^{-1}\boldsymbol{L}_i(t) \quad (2.41)$$

很明显，当观测卫星数多于 4 颗时，则观测量的个数超过待求参数的个数，此时要利用最小二乘法平差求解。将式（2.40）写成误差方程的形式：

$$\boldsymbol{V}_i(t) = \boldsymbol{A}_i(t)\delta\boldsymbol{X}_i + \boldsymbol{L}_i(t) \quad (2.42)$$

根据最小二乘平差求解未知数（解方程得）：

$$\delta\boldsymbol{X}_i = -[\boldsymbol{A}^T_i(t)\boldsymbol{A}_i(t)]^{-1}[\boldsymbol{A}^T_i(t)\boldsymbol{L}_i(t)] \quad (2.43)$$

未知数中误差（即解的精度）：

$$M_x = \sigma_0\sqrt{q_{ii}} \quad (2.44)$$

上述测码伪距动态绝对定位模型（2.41）、（2.43），已被广泛应用于实时动态单点定位。这里在解算载体位置时，不是直接求出它的三维坐标，而是求各个坐标分量的修正分量，也就是给定用户的三维坐标初始值，而求解三维坐标的改正数。在解算运动载体的实时点位时，前一个点的点位坐标可作为后续点位的初始坐标值。

2) 测相伪距动态绝对定位

与测码伪距观测方程相比，载波相位观测方程仅多了一个整周未知数，其余各项均完全

相同。但是，正是由于观测方程中存在整周未知数，所以在 t 时刻，在 i 个测站同步观测 n^j 颗卫星，则可列 n^j 个观测方程，方程存在 $4+n^j$ 个未知数，因而难以利用载波相位进行实时定位。不过只要保持接收机对卫星的连续跟踪，则整周未知数 $N_i^j(t_0)$ 是一个不变的值。因此，只要通过一个初始化过程求出整周未知数 $N_i^j(t_0)$，且 GNSS 接收机在载体运动过程中保持对卫星信号的连续跟踪，则仍可用于 GNSS 动态绝对定位，且精度优于测码伪距动态定位。但是，要在载体运动过程中保持对卫星的连续跟踪是较为困难的，所以，动态绝对定位中主要采用测码伪距定位法。

3. 绝对定位精度的评价

从前面所述绝对定位原理的点位精度评定公式（2.44）中可以看出，单点定位的定位精度除了与观测量的精度（σ_0）有关之外，还取决于观测矢量的方向余弦所构成的权系数阵 $\boldsymbol{Q}_x$，即在地面点一定的情况下，与所观测的卫星的空间几何分布有关。因此，在 GNSS 观测处理时，应对观测卫星进行选择。

绝对定位的权系数阵 $\boldsymbol{Q}_x = (\boldsymbol{A}_i^T \boldsymbol{A}_i)^{-1}$，其在空间直角坐标系中的一般形式为

$$\boldsymbol{Q}_x = \begin{bmatrix} q_{11} & q_{12} & q_{13} & q_{14} \\ q_{21} & q_{22} & q_{23} & q_{24} \\ q_{31} & q_{32} & q_{33} & q_{34} \\ q_{41} & q_{42} & q_{43} & q_{44} \end{bmatrix} \quad (2.45)$$

应用中，为了估算测站点的位置精度，常采用其在大地坐标系中的表达形式，假设大地坐标系中的测站点位坐标的权系数阵为

$$\boldsymbol{Q}_B = \begin{bmatrix} g_{11} & g_{12} & g_{13} \\ g_{21} & g_{22} & g_{23} \\ g_{31} & g_{32} & g_{33} \end{bmatrix} \quad (2.46)$$

根据方差与协方差传播定律可得

$$\boldsymbol{Q}_B = \boldsymbol{R} \boldsymbol{Q}_X \boldsymbol{R}^T \quad (2.47)$$

式中

$$\boldsymbol{R} = \begin{bmatrix} -\sin B \cos L & -\sin B \sin L & \cos B \\ -\sin L & \cos L & 0 \\ \cos B \cos L & \cos B \sin L & \sin B \end{bmatrix}$$

$\boldsymbol{R}$ 为由协议地球坐标系到大地坐标系的坐标转换矩阵。

$$\boldsymbol{Q}_x = \begin{bmatrix} q_{11} & q_{12} & q_{13} \\ q_{21} & q_{22} & q_{23} \\ q_{31} & q_{32} & q_{33} \end{bmatrix}$$

Q_x 为位置改正数权系数阵。

为了评价定位的结果,除可以应用式(2.44)来估算每个未知参数解的精度外,在导航学中,一般采用精度衰减因子 DOP 来评价实时定位的精度。位置解的精度 M_x 由下式定义:

$$M_x = \sigma_0 \cdot \text{DOP} \tag{2.48}$$

式中 σ_0——伪距测量中误差。

实际应用中的精度衰减因子通常有:

(1)平面位置精度衰减因子 HDOP 及相应的平面位置精度:

$$\text{HDOP} = \sqrt{(g_{11} + g_{22})}$$

$$m_H = \sigma_0 \cdot \text{HDOP} \tag{2.49}$$

(2)高程精度衰减因子 VDOP 及相应的高程精度:

$$\text{VDOP} = \sqrt{g_{33}}$$

$$m_V = \sigma_0 \cdot \text{VDOP} \tag{2.50}$$

(3)空间位置精度衰减因子 PDOP 及相应的空间位置精度:

$$\text{PDOP} = \sqrt{g_{11} + g_{22} + g_{33}}$$

$$m_P = \sigma_0 \cdot \text{PDOP} \tag{2.51}$$

(4)接收机钟差精度衰减因子 TDOP 及相应的钟差精度:

$$\text{TDOP} = \sqrt{g_{44}}$$

$$m_T = \sigma_0 \cdot \text{TDOP} \tag{2.52}$$

(5)几何精度衰减因子 GDOP:描述三维空间位置误差和时间误差综合影响的精度衰减因子。

$$\text{GDOP} = \sqrt{g_{11} + g_{22} + g_{33} + g_{44}} = \sqrt{\text{PDOP}^2 + \text{TDOP}^2}$$

相应的中误差为

$$m_G = \sigma_0 \cdot \text{GDOP} \tag{2.53}$$

比较式(2.44)和式(2.48)这两种绝对定位精度评定公式,可见 DOP 是权系数阵 Q_x 的主对角线元素的函数。因此,DOP 的数值与所测卫星的几何分布图形有关。

任务 1.6 GNSS 相对定位

1.6.1 任务描述

不论是测码伪距绝对定位还是测相伪距绝对定位,由于卫星星历误差、接收机钟与卫星钟同步差、大气折射误差等各种误差的影响,导致其定位精度较低。虽然这些误差已做了一定的处理,但是实践证明绝对定位的精度仍不能满足精密定位测量的需要。为了进一步消除或减弱各种误差的影响,提高定位精度,一般采用相对定位法。本次任务从相对定位原理、静态相对定位原理和准动态相对定位法 3 个方面对 GNSS 相对定位进行分析和处理。

载波相位差分定位

1.6.2 相关知识

1. 相对定位原理概述

相对定位是用 2 台 GNSS 接收机,分别安置在基线的两端,同步观测相同的卫星,通过两测站同步采集 GNSS 数据,经过数据处理以确定基线两端点的相对位置或基线向量,如图 2.4 所示。这种方法可以推广到多台 GNSS 接收机安置在若干条基线的端点,通过同步观测相同的 GNSS 卫星,以确定多条基线向量。相对定位中,需要多个测站中至少一个测站的坐标值作为基准,利用观测出的基线向量,去求解出其他各站点的坐标值。

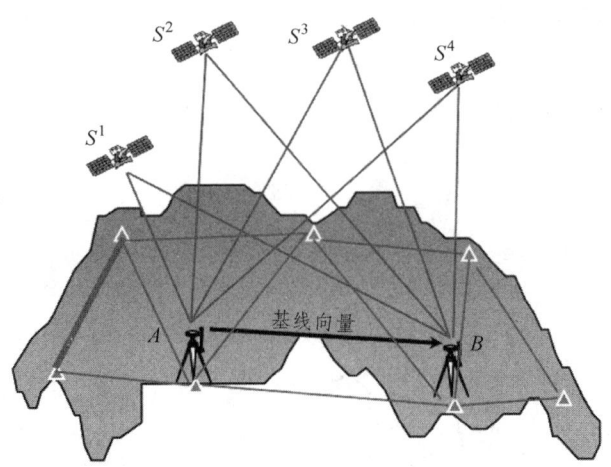

图 2.4 GNSS 相对定位

在相对定位中,两个或多个观测站同步观测同组卫星的情况下,卫星的轨道误差、卫星钟差、接收机钟差以及大气层延迟误差,对观测量的影响具有一定的相关性。利用这些观测量的不同组合,按照测站、卫星、历元 3 种要素来求差,可以大大削弱有关误差的影响,从而提高相对定位精度。

根据定位过程中接收机所处的状态不同，相对定位可分为静态相对定位和动态相对定位（或称差分 GNSS 定位）。

2. 静态相对定位原理

设置在基线两端点的接收机相对于周围的参照物固定不动，通过连续观测获得充分的多余观测数据，解算基线向量，称为静态相对定位。静态相对定位，一般均采用测相伪距观测值作为基本观测量。测相伪距静态相对定位是当前 GNSS 定位中精度最高的一种方法。在测相伪距观测的数据处理中，为了可靠地确定载波相位的整周未知数，静态相对定位一般需要较长的观测时间（1.0～3.0 h），称为经典静态相对定位。

可见，经典静态相对定位方法的测量效率较低，如何缩短观测时间、提高作业效率便成为广大 GNSS 用户普遍关注的问题。理论与实践证明，在测相伪距观测中，首要问题是如何快速而精确地确定整周未知数。在整周未知数确定的情况下，随着观测时间的延长，相对定位的精度不会显著提高。因此提高定位效率的关键是快速而可靠地确定整周未知数。

为此，美国的 Remondi B.W 提出了快速静态定位方法。其基本思路是先利用起始基线确定初始整周模糊度（初始化），再利用一台 GNSS 接收机在基准站 T_0 静止不动地对一组卫星进行连续的观测，而另一台接收机在基准站附近的多个站点 T_i 上流动，每到一个站点则停下来进行静态观测，以便确定流动站与基准站之间的相对位置，这种"走走停停"的方法称为准动态相对定位。其观测效率比经典静态相对定位方法要高，但是流动站的 GNSS 接收机必须保持对观测卫星的连续跟踪，一旦发生失锁，便需要重新进行初始化工作。这里将讨论静态相对定位的基本原理。

假设安置在基线端点的 GNSS 接收机 T_i（$i=1,2$），相对于卫星 S^j 和 S^k，于历元 t_i（$i=1,2$）进行同步观测（见图 2.5），则可获得以下独立的载波相位观测量：$\varphi_1^j(t_1)$，$\varphi_1^j(t_2)$，$\varphi_1^k(t_1)$，$\varphi_1^k(t_2)$，$\varphi_2^j(t_1)$，$\varphi_2^j(t_2)$，$\varphi_2^k(t_1)$，$\varphi_2^k(t_2)$。

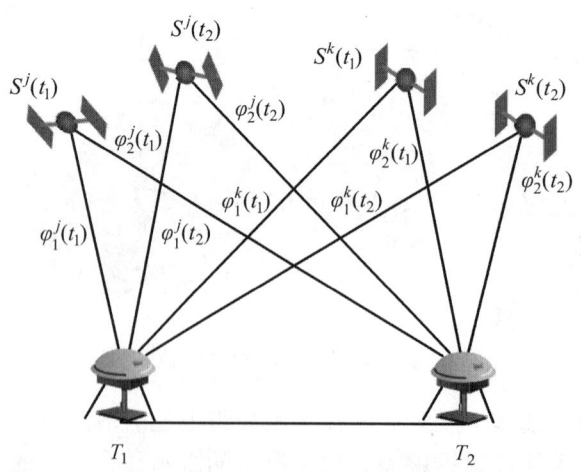

图 2.5　GNSS 相对定位的观测量

在静态相对定位中,利用这些观测量的不同组合求差进行相对定位,可以有效地消除这些观测量中包含的相关误差,提高相对定位精度。目前的求差方式有 3 种:单差、双差、三差,定义如下:

(1)单差(Single-Difference):不同观测站同步观测同一颗卫星所得观测量之差:

$$\mathrm{SD}_{12}^{j}(t_i) = \varphi_2^{j}(t_i) - \varphi_1^{j}(t_i) \tag{2.54}$$

(2)双差(Double-Difference):不同观测站同步观测同组卫星所得的观测量单差之差:

$$\mathrm{DD}_{12}^{jk}(t_i) = \mathrm{SD}_{12}^{k}(t_i) - \mathrm{SD}_{12}^{j}(t_i) = \varphi_2^{k}(t_i) - \varphi_1^{k}(t_i) - \varphi_2^{j}(t_i) + \varphi_1^{j}(t_i) \tag{2.54}$$

(3)三差(Triple-Difference):不同历元同步观测同组卫星所得的观测量双差之差:

$$\begin{aligned}\mathrm{TD}_{12}^{jk}(t_i, t_{i+1}) &= \mathrm{DD}_{12}^{jk}(t_{i+1}) - \mathrm{DD}_{12}^{jk}(t_i) \\ &= [\mathrm{SD}_{12}^{k}(t_{i+1}) - \mathrm{SD}_{12}^{j}(t_{i+1})] - [\mathrm{SD}_{12}^{k}(t_i) - \mathrm{SD}_{12}^{j}(t_i)] \\ &= \{[\varphi_2^{k}(t_{i+1}) - \varphi_1^{k}(t_{i+1})] - [\varphi_2^{j}(t_{i+1}) - \varphi_1^{j}(t_{i+1})]\} \\ &\quad - \{[\varphi_2^{k}(t_i) - \varphi_1^{k}(t_i)] - [\varphi_2^{j}(t_i) - \varphi_1^{j}(t_i)]\}\end{aligned} \tag{2.56}$$

3. 准动态相对定位法

准动态相对定位方法是将一台 GNSS 接收机固定在基准站不动,而另一台接收机在其周围的观测站流动,在每个流动站静止观测几分钟,以确定流动站与基准站之间的相对位置。准动态相对定位的数据处理是以载波相位观测量为依据的,其中的整周未知数在初始化的过程中已经预先解算出来。因此,准动态相对定位可以在非常短的时间内获得与经典静态相对定位精度相当的定位结果。

该方法是基于在保持对卫星连续跟踪的条件下整周未知数不变这一基本事实。在作业过程中,首先采用某种方式快速确定整周未知数,并在随后的迁站过程中继续保持对卫星的连续跟踪,当接收机到达新的测站后就不再需要确定整周未知数,这样在新点上只需进行 1~2 min 的观测即可实现定位。该方法通常采用相对定位的作业模式,可采用交换天线法来确定整周未知数,或者当有已知点时,将 2 台接收机分别置于已知点上进行短时间观测,利用已知坐标便可正确解算出整周未知数。

整周未知数一旦确定,可将一台接收机设置在已知点上进行连续静态观测,另一台接收机按预定计划,在保持对卫星连续跟踪的条件下,依次迁往各待定点(流动站)。由于此时整周未知数不变且为已知值,因此在每个待定的流动站上只需要观测 1~2 min,就可实现厘米级精度的定位。

准动态定位的关键是迁站过程中必须保持对卫星的连续跟踪,因此该方法只适用于开阔的地区,例如草原、沙漠、大平原等开阔地区,而在山区、城区、树林等区域却不适用。因为信号一旦失锁,在附近又找不到 2 个可用的已知点来重新确定整周未知数,而将两台接收机调到一起,重新交换天线,也将使作业效率大大降低。正是因为如此,该方法作业不够方便,因而也严重地限制了该方法的应用。

项目二　GNSS 信号接收机

项目描述

GNSS 接收机是接收全球导航卫星系统卫星信号以确定地面空间位置的仪器。它是 GNSS 导航卫星系统的用户设备，它能够接收、跟踪、变换和测量 GNSS 卫星导航定位信号。它既具有常用无线电接收设备的共性，又具有捕获、跟踪和处理卫星微弱信号的特性。本项目要求学生掌握 GNSS 测量接收机的组成及分类，了解 GNSS 接收机的发展现状，能够选择合适的 GNSS 接收机以保证测量精度的措施。

教学目标

1. 能力目标
- 能够描述 GNSS 接收机的组成及工作原理；
- 能够进行 GNSS 接收机的选用和检验。

2. 知识目标
- 理解常用接收机组成及工作原理；
- 了解 GNSS 接收机的分类；
- 了解 GNSS 接收机的选用与检验。

3. 素质目标
- 具备一定的分析问题能力；
- 养成求实、严谨的工作作风。

相关案例——某市三环路 GNSS 测量接收机的检验

某市三环路工程是城市交通项目，总投资 62.58 亿元，主线全长 71.02 km，按快速路标准设计。本工程控制网共设置 GNSS 控制点 15 个，在路线附近有 2 个已知点。根据此情况，首级网采用 GNSS 静态技术布设。GNSS 控制点之间尽量通视，以便施工时全站仪放线。

在开始测量之前，必须先了解仪器性能、工作特性及其可能达到的精度水平。它是制订 GNSS 作业计划的依据，也是 GNSS 定位测量顺利完成的重要保证。也就是说，对 GNSS 测量仪器必须先进行作业前的检验，没有检验的仪器是不能用于作业的。

测地型 GNSS 接收机实测检验项目有：① 天线相位中心稳定性测试；② 内部噪音水平测试；③ 野外作业性能及不同测程精度指标的测试；④ 频标稳定性检验和数据质量的评价；⑤ 高低温性能测试。

任务 2.1　GNSS 信号接收机组成及工作原理

2.1.1　任务描述

GNSS 接收机，是 GNSS 导航卫星的关键设备，是实现 GNSS 卫星导航定位的终端仪器。它是一种能够接收、跟踪、变换和测量 GNSS 卫星导航定位信号的无线电接收设备。

2.1.2　相关知识

GNSS 接收机主要由接收机天线单元、主机单元和电源 3 部分组成：接收机天线的主要功能是射频信号的接收，把卫星播发的电磁波转换成便于处理的电信号；主机单元的主要功能是对经过处理的电信号的跟踪、处理和测量。测地型 GNSS 接收机主要利用载波相位值进行相对定位，在工作时首先对卫星发射的信号进行接收，然后通过内部信号处理，计算出伪距和多普勒频移，最终调解出卫星导航电文，获取用户的三维坐标，从而实现导航定位功能。

GNSS 接收机作为用户测量系统，按其构成部分的性质和功能可分为硬件部分和软件部分。

1. 硬件部分

接收机主机由变频器、信号通道、微处理器、存储器及显示器组成，基本结构如图 2.6 所示。

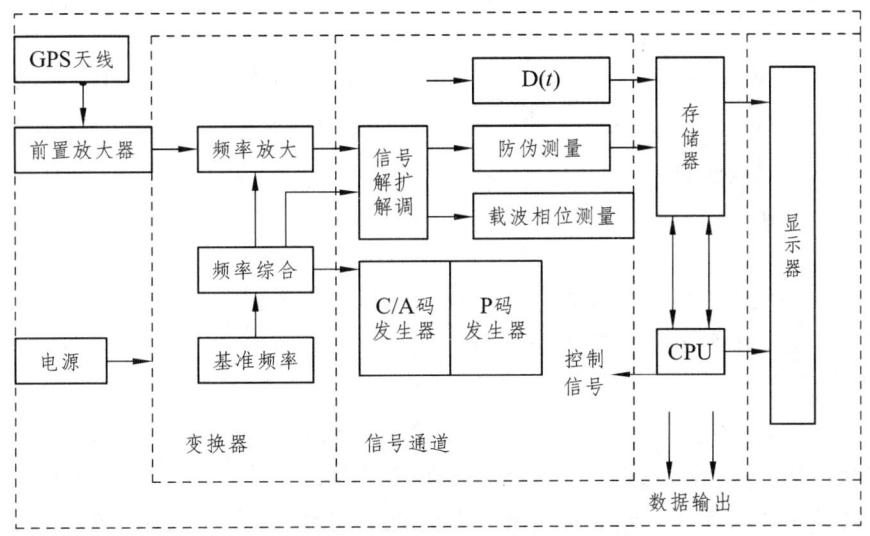

图 2.6　GNSS 接收机工作原理图

1）变频器及中频放大器

经过 GNSS 前置放大器的信号仍然很微弱，为了使接收机通道得到稳定的高增益，并且使 L 频段的射频信号变成低频信号，必须采用变频器。

2）信号通道

信号通道是 GNSS 接收机的核心部分，GNSS 信号通道是硬软件结合的电路，不同类型的接收机其通道是不同的。

GNSS 信号通道的作用：

（1）搜索卫星，牵引并跟踪卫星。

（2）对广播电文数据信号实行解扩，解调出广播电文。

（3）进行伪距测量、载波相位测量及多普勒频移测量。

从卫星接收到的信号是扩频的调制信号，所以要经过解扩、解调才能得到导航电文，因此在相关通道电路中设有伪码相位跟踪环和载波相位跟踪环。

3）存储器

接收机内设有存储器或存储卡以存储卫星星历、卫星历书、接收机采集到的码相位伪距观测值、载波相位观测值及多普勒频移。目前 GNSS 接收机都装有半导体存储器（简称内存），接收机内存数据可以通过数据口传到微机上，以便进行数据处理和数据保存。

4）微处理器

微处理器是 GNSS 接收机工作的灵魂，GNSS 接收机工作都是在微机指令统一协同下进行的。其主要工作步骤为：

（1）接收机开机后，立即指令各个通道进行自检，适时地在视屏显示窗内展示各自的自检结果，并测定、校正和存储各个通道的时延值。

（2）接收机对卫星进行捕捉跟踪后，根据跟踪环路所输出的数据码，解译出卫星星历。当同时锁定 4 颗卫星时，将 C/A 码伪距观测值连同星历一起计算出测站的三维位置，并按照预置的位置数据更新率，不断更新（计算）点的坐标。

（3）用已测得的点位坐标和 GNSS 卫星历书，计算所有在轨卫星的升降时间、方位和高度角，并为作业人员提供在视卫星数量及其工作状况，以便选用"健康"的且分布适宜的定位卫星，达到提高点位精度的目的。

（4）接收用户输入的信号，如测站名、测站号、天线高和气象参数等。

5）电源

GPS 接收机的电源有随机配备的内置电池，一般为锂电池。另一种为外界电源，一般采用汽车电瓶或者随机配备的专用电源适配器。

6）接收机的天线

天线由接收机天线和前置放大器两部分组成，天线的主要功能是将 GNSS 卫星信号极微弱的电磁波能转化为相应的电流，而前置放大器则是对这种信号电流进行放大和变频处理。而接收机单元的主要功能是对经过放大和变频处理的信号电源进行跟踪、处理和测量。图 2.7 为天线基本结构。

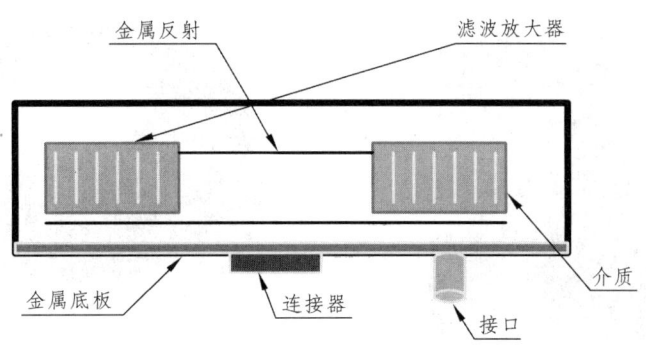

图 2.7　天线基本结构

（1）对天线的要求。

① 天线与前置放大器一般应密封为一体，以保障其在恶劣的气象环境中能正常工作，并减少信号损失。

② 能够接受来自任何方向的卫星信号，不产生死角。

③ 必须采取适当的防护和屏蔽措施，以最大限度地减弱信号的多路径效应，防止信号被干扰。

④ 天线的相位中心保持高度的稳定，并与其几何中心尽量一致。由于 GNSS 测量的观测量，是以天线的相位中心为准的，而在作业过程中，应尽可能保持两个中心的一致性和相位中心的稳定。

（2）天线的类型。

① 单极天线。这种天线属单频天线，具有结构简单、体积小的优点。需要安装在一块基板上，以利于减弱多路径的影响。

② 螺旋形天线。这种天线频带宽，全圆极化性能好，可接收来自任何方向的卫星信号。但其也属于单频天线，不能进行双频接收，常用作导航型接收机天线。

③ 微带天线。这种天线是在一块介质板的两面贴以金属片，其结构简单且坚固，质量轻，高度低。既可用于单频机，也可用于双频机，目前大部分测量型天线都是微带天线。这种天线更适用于飞机、火箭等高速飞行物上。

④ 锥形天线。这种天线是在介质锥体上利用印刷电路技术在其上制成导电圆锥螺旋表面，也称盘旋螺线形天线，如图 2.8 所示。这种天线可同时在两个频道上工作，主要优点是增益性好。但由于天线较高，而且螺旋线在水平方向上不完全对称，因此天线的相位中心与几何中心不完全一致。因此，在安装天线时要仔细定向，使之得以补偿。

⑤ 带扼流圈的振子天线，也称扼流圈天线，如图 2.9 所示。这种天线的主要优点是，可以有效地抑制多路径误差的影响。目前这种天线体积较大且重，应用不普遍。

2. 软件部分

软件部分是构成现代 GNSS 测量系统的重要组成部分之一。一个功能齐全、品质良好的软件，不仅能方便用户使用，满足用户的各方面要求，而且对于改善定位精度，提高作业效率和开拓新的应用领域都具有重要意义。所以，软件的质量与功能已成为反映现代 GNSS 测量系统先进水平的一个重要标志。

图 2.8　锥形天线

图 2.9　带扼流圈天线

一般来说，软件包括内软件和外软件。内软件是指装在存储器内的自测试软件、卫星预报软件、导航电文解码软件、GNSS 单点定位软件或固化在中央处理器中的自动操作程序等，这类软件已和接收机融为一体。外软件主要是指 GNSS 观测数据后处理软件包。

任务 2.2　GNSS 接收机的分类

2.2.1　任务描述

本任务介绍针对 GNSS 接收机的特性，论述了 GNSS 接收机的类型及其特征。

2.2.2　相关知识

GNSS 导航与定位技术的迅速发展和应用领域的不断开拓，使得世界各国对接收机的研制与生产极为重视。目前世界上 GNSS 接收机的生产厂家约有数十家，而接收机的型号超过上百种。根据不同的观测点，GNSS 接收机可以根据用途、载波频率、通道数、工作原理、卫星系统、作业模式、结构等进行不同的分类。

1. 按接收机的用途分类

根据接收机的用途，可将其分为导航型、测地型和授时型。

导航型接收机：主要用于船舶、车辆、飞机和导弹等运动载体的导航，可以实时给出载体的位置和速度，以保障这些载体按预定的路线航行。一般采用以测码伪距为观测量的单点实时定位，或实时差分定位，精度较低。这类接收机的结构较为简单，价格便宜，其应用极为广泛。

测地型接收机：主要是指适于进行各种测量工作的接收机，主要用于精密大地测量和精密工程测量。这类接收机一般主要采用载波相位观测量进行相对定位，精度很高。测地型接收机与导航型接收机相比，其结构较复杂，价格较贵。

授时型接收机：主要利用 GNSS 卫星提供的高精度时间标准进行授时，常用于天文台、无线通信及电力网络中时间同步。

2. 按接收机的载波频率分类

按接收机所接收的卫星信号的载波频率,可分为单频接收机(L_1)、双频接收机(L_1, L_2)。

单频接收机:只能接收 L_1 载波信号,根据测定的载波相位观测值来进行定位。这时虽然可能利用导航电文提供的参数对观测量进行电离层折射影响的修正,但由于不能有效消除电离层延迟影响,精度较差,所以单频接收机主要用于基线较短(不超过 20 km)的精密定位和导航。

双频接收机:可以同时接收 L_1、L_2 载波信号。利用双频对电离层延迟的不同可以消除电离层对电磁波信号的延迟影响,因此双频接收机可用于长达几千千米的精密定位。

3. 按接收机的通道数分类

GNSS 接收机能同时接收多颗 GNSS 卫星的信号,为了分离接收到的不同卫星信号,以实现对卫星信号的跟踪、处理和量测,具有这样功能的器件称为天线信号通道。根据接收机所具有的通道种类可分为多通道接收机、序贯通道接收机和多路复用通道接收机。

多通道接收机:即具有多个卫星信号通道,而每个通道只连续跟踪 1 个卫星信号的接收机。所以,这种接收机也称为连续跟踪型接收机,一般设置 4~12 个通道。

序贯通道接收机:通常只具有 1~2 个通道。为了跟踪多个卫星信号,它在相应软件的控制下,能按时序依次对各个卫星信号进行跟踪和量测。由于对所测卫星依次量测一个循环所需要时间较长(>20 ms),所以其对卫星信号的跟踪是不连续的。

多路复用通道接收机:与序贯通道接收机相似,一般也只具有 1~2 个通道,在相应软件的控制下,按时序依次对所有观测量卫星的信号进行量测。其与序贯通道接收机的区别,主要是对所测卫星信号量测一个循环的时间较短(≤20 ms),可以保持对卫星信号的连续跟踪。

4. 按接收机的工作原理分类

按接收机的工作原理可分为码相关型接收机、平方型接收机、混合型接收机和干涉型接收机。

码相关型接收机:利用码相关技术得到伪距观测值。

平方型接收机:利用载波信号的平方技术去掉调制信号,来恢复完整的载波信号。通过相位计测定接收机内产生的载波信号与接收到的载波信号之间的相位差,测定伪距观测值。

混合型接收机:综合上述两种接收机的优点,既可以得到码相位伪距,也可以得到载波相位观测值。

干涉型接收机:将 GNSS 卫星作为射电源,采用干涉测量方法,测定 2 个测站间距离。

5. 按接收卫星系统分类

按接收卫星系统可分为单星信号接收机和多星信号集成接收机。

单星信号接收机:通常是指只具有跟踪 1 个卫星导航定位系统能力的卫星信号接收机。

多星信号集成接收机:是指用 1 台接收机同时接收和测量两种或两种以上卫星信号。目前市场上出现的大多是能够同时接收 GPS/GLONASS/北斗/GALIEO 的多星 GNSS 接收机。如 TrimbleR8GNSS 接收机，如图 2.10（a）所示，华测 X900GNSS 接收机，如图 2.10（b）所示。集成接收机设计更先进，抗干扰能力更强，定位速度更快，精度更高。

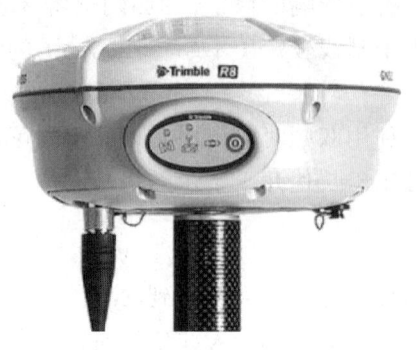 

（a）Trimble R8GNSS 接收机　　　　　（b）华测 X900 GNSS 接收机

图 2.10　接收机

相对于用单一卫星星座的 GPS 或 GLONASS 接收机而言，具有下述优越性：

（1）能够消除间隙时段。当用单一的 GPS 星座作导航定位测量时，对于某地某时也许只能见到 4 颗 GPS 卫星，而这 4 颗卫星所构成的几何图形又较差，致使三维位置几何精度因子（PDOP）超过 6，从而显著地放大位置和时间误差，这个时段称为"间隙时段"。如果同一台接收机能够同时接收、跟踪、变换和测量多种卫星信号，则可从包含更多卫星的混合星座中选适宜的卫星，构成定位星座，从而消除上述导航定位测量的间隙时段，以此保证高精度导航定位的连续性和可靠性。

（2）能够实现真正的全球连续的精确导航。当用单一的 GPS 星座作导航测量时，理论上只需观测 4 颗卫星。若采用集成接收机，既可在一天的任何时候接收 4 颗以上的卫星信号，又可选择径向加速度较小的卫星构成定位星座，从而确保精确导航测量的连续性。

（3）能够以较短的数据采集时间获得较高的导航定位精度。试验成果表明，用多星混合星座作导航定位的二维位置精度比用单一 GPS 星座的二维位置精度高达 70%。

（4）多星集成接收机还能够在繁杂的地形和地物环境下补偿被中断接收的卫星信号，确保导航定位测量的正常进行；还能够在一个星座因故不能工作的情况下，而采用另一个星座，以此提高利用导航卫星的可靠性。

6. 按接收机的结构分类

按接收机的结构可分为分体式、整体式、手持式。

分体式接收机：是指将组成接收机的接收机主机、天线、控制器、电台、电源各单元全部或部分设计为独立的整体，它们之间需利用电缆或蓝牙技术进行数据通信，但从仪器基本结构分析，则可概括为天线单元和接收单元两大部分，如图 2.11（a）所示。将图示的两个单元分别安装成 2 个独立的部件，以便天线单元安设在测站上，接收单元置于测站点附近的适当位置，用电缆将两者连成一个整体。

整体式接收机：是指将组成接收机的接收、天线、控制器、电台、电源各单元在制造过程中全部或部分集成成一个整体，或各单元之间模块化集成，无电缆连接，如图2.11（b）所示。

手持式接收机：是指其结构是整体式，接收机主机、天线、控制器、电源各单元全部高度集成一体化，接收机系统根据手持特点设计封装，具有功耗小、重量轻、价格低廉等特点，应用十分广泛，如图2.11（c）所示。

（a）分体式接收机　　　（b）整体式接收机　　（c）手持式接收机

图2.11　接收机的结构

随着GNSS接收机集成化的提高，目前市场上的GNSS接收机总趋势是从分体式结构向一体式结构发展。

任务2.3　几种常见的测地型GNSS接收机

2.3.1　任务描述

本任务介绍了当前国际上GNSS接收机的发展现状和我国拥有GNSS接收机的实际情况。

2.3.2　相关知识

测地型接收机主要采用载波相位观测值进行相对定位，主要用于精密大地测量和精密工程测量，定位精度高。

目前，在GNSS技术开发和实际应用方面，国际上较为知名的生产厂商有美国Trimble（天宝）导航公司、瑞士Leica Geosystems（徕卡测量系统）、日本TOPCON（拓普康）公司，国内厂家主要有南方测绘、华测、中海达、科力达、司南等。

Trimble 公司是比较正统的美国 GPS 仪器制造厂家，整套系统从主机到数据链、从硬件到软件全部自行开发研制，较为典型的仪器有 Trimble 4700、5700、R7、R7GNSS、5800、R8、R8GNSS 等型号。Trimble 5700 定位系统如图 2.12 所示。

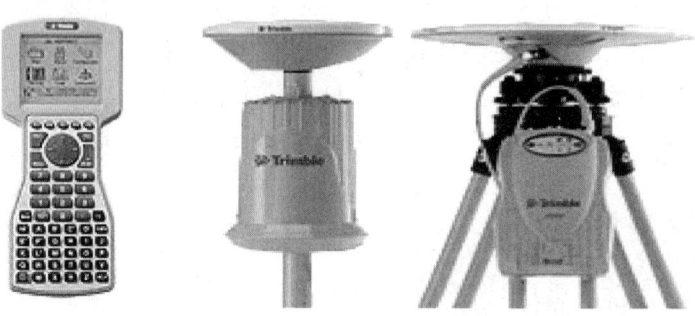

图 2.12　Trimble 5700 定位系统

徕卡（Leica）公司是全世界比较著名的测量仪器制造企业，近年来推出的 VivaGS16 智能 GNSS 接收机，如图 2.13 所示 VivaGS16 智能 GNSS 接收机是具备自适应能力的测量型 GNSS。GS16 自适应 GNSS 天线可以自动适应测量作业环境变化，根据天线在作业环境中跟踪到的 GNSS 卫星信号变化和 RTK 改正数变化，自动选择卫星组合，自动切换最佳差分改正数据，保证全地形、全天候、全领域作业。

国产 GNSS 接收机的静态、动态测量方法已经比较成熟，稳定性也明显提高。

南方测绘的 GNSS 接收机产品主要有银河系列、创享、极点等。其中银河 6 采用一体化设计，集成 GNSS 天线、数据链、主板、蓝牙通讯模块、锂电池于一体，其 RTK 实时动态测量精度：水平 ± 8 mm $+ 1 \times D \times 10^{-6}$ mm，垂直 ± 15 mm $+ 1 \times D \times 10^{-6}$ mm；静态 GNSS 测量精度：水平 ± 2.5 mm $+ 0.5 \times D \times 10^{-6}$ mm，垂直 ± 5 mm $+ 0.5 \times D \times 10^{-6}$ mm；码差分 GNSS 定位精度：水平 ± 0.25 m $+ 1 \times D \times 10^{-6}$ mmRMS，垂直 0.50 mm $+ 1 \times D \times 10^{-6}$ mmRMS。

图 2.14 为南方银河 6，图 2.15 为南方极点 S82-E 接收机

图 2.13　VivaGS16 智能 GNSS 接收机　　图 2.14　南方银河 6 接收机　　图 2.15　南方极点接收机

华测的 GNSS 接收机产品主要有精灵 K 系列、X 系列、T 系列等。其中，X12 支持的卫星系统包括 GPS、BDS、Glonass、GALILEO、QZSS，5 星 16 频 GNSS 接收机。静态测量精度：水平 ± 2.5 mm + 0.5 × D × 10^{-6} mm，垂直 ± 5mm + 0.5 × D × 10^{-6} mm；动态测量精度：水平 ± 8 mm + 1 × D × 10^{-6} mm，垂直 ± 15 mm + 1 × D × 10^{-6} mm，能达到 10~30 km 的作用范围（因实际地域情况有所差别），既可以承受从 3 m 高度跌落到坚硬的地面，也可浸入水下 1 m 深处进行测量。X12 具有静态、快速静态、动态 RTK 测量模式，而且可以倾斜测量。图 2.16 所示为华测 X12 接收机。

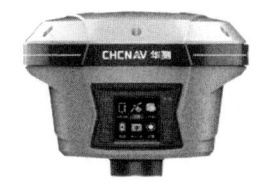

图 2.16　华测 X12 接收机

无论是哪一种仪器，都各有其优点和缺点，不能一概而论，在仪器选型方面，一定要结合自己单位的实际情况（比如经济实力、精度要求等）。

任务 2.4　GNSS 接收机的选用与检验

2.4.1　任务描述

在熟知 GNSS 接收机的分类及用途的基础上，进行 GNSS 接收机使用前的检验，保证 GNSS 接收机在作业过程中能正常采集数据。

2.4.2　相关知识

GNSS 接收机是完成测量定位的关键设备，新购置的 GNSS 接收机或经过维修后的接收机应按规定进行全面检验，合格后方能参加作业。

1. GNSS 接收机的选择标准及要求

1）GNSS 接收机的选择标准

GNSS 接收机是完成测量任务的关键设备，可根据规范及任务要求选择。具体要求见表 2.3 和表 2.4 所示。

表 2.3　《全球定位系统（GPS）测量规范》接收机选用

级别	B	C	D、E
单频/双频	双频	双频或单频	双频或单频
观测量至少有	L_1、L_2 载波	L_1 载波	L_1 载波
同步观测接收机数	≥4	≥3	≥2

表2.4 《全球定位系统城市测量技术规程》GNSS 接收机选用

等级	二等	三等	四等	一级	二级
接收机类型	双频或单频	双频或单频	双频或单频	双频或单频	双频或单频
标称精度	≤(5 mm + 2×D×10^{-6} mm)	≤(5 mm + 2×D×10^{-6} mm)	≤(10 mm + 2×D×10^{-6} mm)	≤(10 mm + 5×D×10^{-6} mm)	≤(10 mm + 5×D×10^{-6} mm)
观测量	载波相位	载波相位	载波相位	载波相位	载波相位
同步观测接收机数	≥4	≥4	≥3	≥3	≥3

2) GNSS 接收机的选择要求

在 GNSS 定位测量工作中,我们要根据项目的具体需要,合理选择仪器。作为一种高精密仪器,GNSS 接收机结构选择比较参考表2.5。

表2.5 接收机的结构选择比较

类型	整体式	分体式
优点	操作简便、体积小 连线少、接口牢固可靠 自动化程度高	接收机受环境影响小 设备安全性好 易维护、易扩展升级
缺点	接收机受环境影响大 设备安全性较差 不易维护、易扩展升级	结构较复杂、体积大 连线多、接口可靠性较差 自动化程度较低

GNSS 接收机的选择应从以下几个方面综合考虑:

(1)高可靠性。应该选择接收机自身周跳极少的型号,周跳的产生,对定位精度会造成很大的影响。

(2)耐用性强。GNSS 接收机的耐用性表现在平均无故障时间(MTBF, Mean Time Been without Failure)上,MTBF 标示接收机的耐用性。现行 GNSS 接收机的平均无故障时间为 5 000 ~ 6 000 h。

(3)定位精度高。目前,主要仪器生产厂家生产的 GNSS 接收机,静态测量精度:水平 ±2.5 mm + 0.5×$D×10^{-6}$ mm,垂直 ±5 mm + 0.5×$D×10^{-6}$ mm;动态测精:水平 ±8 mm + 1×$D×10^{-6}$ mm,垂直 ±15 mm + 1×$D×10^{-6}$ mm。随着数据处理技术的增强,定位精度还能得到进一步提高。

(4)接收卫星信号能力强。能够同时跟踪和测量4颗以上卫星的能力,在观测环境较差的情况下,能够捕获微弱信号,并具有较强的抗干扰能力。

(5)具有双频甚至三频的接受能力。单频接收机虽然价格便宜,但仅在基线长度较短和精度要求较低的情况下使用。理想的 GPS 接收机应具备双频或三频接受能力，以便能跟踪全部可见卫星。

（6）能够较好地消除多路径误差。测地型接收机一般在天线位置设有抑径板或抑径圈。研究表明，设置该装置能使伪距测量的多路径误差从 1 m 减小到 ±5 cm 左右。

（7）具有较大的存储器。目前，GNSS 接收机的内存越来越大，如图 2.17 所示，Trimble 5700 信号接收机采用内置小型的 48 MB Flash 存储器，可以存储 6 颗卫星以 15 s 为采样间隔作双频（L_1/L_2）观测的 1 080 h 的 GNSS 测量数据。存储容量的增大，方便了外业测量的实施。

图 2.17 Trimble 5700 接收机

（8）配套数据处理软件功能强。GNSS 外业观测完成之后，需要对观测数据做进一步的处理，数据处理软件需要能够进行数据的预处理、基线解算、基线网无约束平差、约束平差等。

（9）体积小、功耗低。接收机体积小、重量轻，能够方便野外测量，减轻测量人员的劳动强度。功耗一般应小于 3 W，保证接收机能连续进行野外作业 12 h 左右。

2. 检验项目

1）一般检视

接收机及天线型号应正确，外观是否良好；各种部件及其附件是否齐全、完好；紧固部件不得松动和脱落；设备的使用手册应齐全。

2）通电检验

正确连接电缆，然后通电检验有关信号灯、按键、显示系统以及仪表、测试系统是否正常，最后按操作步骤进行卫星的捕获与跟踪，检验其工作情况。

3）实测检验

实测检验是 GNSS 接收机检验的主要内容。其检验方法有：用标准基线检验；已知坐标、边长检验；零基线检验；相位中心偏移量检验等。以上各项测试检验应按作业时间的长短，至少每年测试 1 次。

（1）用零基线检验接收机内部噪声水平。

采用"GNSS 功率分配器"，将同一天线输出信号分成功率、相位相同的两路或多路信号送到接收机，然后将观测数据进行双差处理求得坐标增量，以检验固有误差。

（2）用超短基线检验接收机内部噪声水平（见图 2.18）。

选择超短基线（<5 m），将天线置于基线两端，同步观测 1~2 时段；用随机软件计算基线坐标增量和基线长度。（基线误差应小于 1 mm）

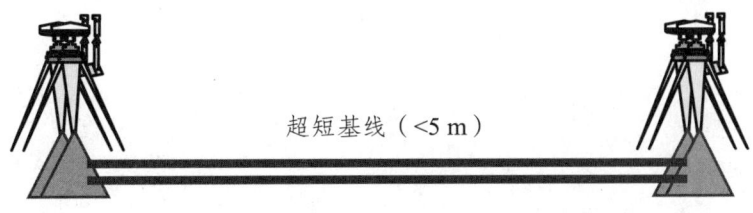

图 2.18 超短基线检验接收机内部噪声水平

（3）天线相位中心稳定性检验。

在标准基线、比较基线场或 GNSS 检测场上进行。

① 将 GNSS 接收机天线两两配对，置于基线的两端点，观测一个时段。

② 交换接收机与天线再观测一个时段。

③ 将一个接收机天线固定指北，其他接收机天线绕轴顺时针转动 90°、180°、270°进行同样观测。

④ 用随机软件解算各时段三维坐标，计算各时段坐标差和基线长（<2 a）。

（4）其他检验。

除上述 3 项检验外，天线底座的圆水准器和光学对点器也都要在出测前进行检验和校正。作业中所用的测量作业仪表如通风干湿表、空盒气压表、温度计，也应定期送气象部门检验，以保证正常工作。GNSS 接收机是贵重的精密电子仪器，对于它的运输、使用和存放，用户均需制订严格的维护办法，以保证数据的质量。

项目三 GNSS 定位误差

项目描述

再先进的测量手段都会不可避免地存在测量误差,作为当前最先进的 GNSS 测量来说,也会不可避免地存在测量误差。而这种误差对测量结果的影响是非常巨大的,也是不可忽略的。本项目主要介绍 GNSS 测量的误差来源及减弱办法。

教学目标

1. 能力目标

- 能够描述 GNSS 定位误差的分类;
- 能够描述 GNSS 定位误差的来源;
- 能够采用正确方法减弱 GNSS 定位误差。

2. 知识目标

- 了解 GNSS 定位误差的分类;
- 了解 GNSS 定位误差的来源;
- 掌握减弱 GNSS 定位误差的方法。

3. 素质目标

- 具备一定分析问题、解决问题的能力;
- 养成求实、严谨的工作作风。

相关案例——某高速公路 GNSS 定位网点位选取

某高速公路测区路线全长约 120 km。高速公路采用 C 级 GNSS 点做首级控制,内插一级导线,高程控制测量采用四等水准,水准网沿线路敷设。在首级 GNSS 控制网中共布设 GNSS 控制点 51 个,其中国家二等三角点 2 个,建立 C 级 GNSS 控制点 49 个。

为了尽量减弱误差,在点位选取时应注意:点位便于安装接收设备,便于操作,视野开阔,视场内的高度角均小于 15°。点位远离大功率无线电发射源(如电视台、微波站等),其距离不小于 400 m,远离高压输电线 200 m 以上。为避免多路径效应,点位附近没有强烈干扰卫星信号接收的物体和大面积水域。点位交通方便，有利于其他测量手段扩展和联测，基础稳固，便于点的保存。在有水域、高山、电磁发射塔等地方要适当延长观测时间，以避免多路径效应对结果造成的影响。

任务 3.1　GNSS 定位误差的来源与分类

3.1.1　任务描述

通过本次任务的学习，主要了解 GNSS 测量的主要误差分类。

GNSS 误差来源

3.1.2　相关知识

1. GNSS 测量误差的来源

GNSS 测量是接收卫星播发的信息来确定点三维坐标。影响测量结果的误差来源于 GNSS 卫星、卫星信号传播过程和地面接收设备。在高精度的 GNSS 测量中，还应考虑与地球整体运动有关的地球潮汐、相对论效应等。在研究误差对 GNSS 测量的影响时，往往将误差换算为卫星至观测站的距离，以相应的距离误差表示，称为等效距离误差。

在 GNSS 定位中，影响观测量精度的主要误差来源分为 4 类。

（1）与卫星有关误差，包括卫星星历误差即轨道偏差、卫星钟差、相对论效应、美国针对 GPS 定位系统的 SA、AS 政策等。

（2）与信号传播有关的误差，包括电离层延时、对流层延时、多路径效应等。

（3）与接收设备有关的误差，包括接收机钟差、天线相位中心误差、接收机噪声、天线安置误差等。

（4）其他误差，包括地球固体潮、地球海潮、卫星几何结构、解算软件等。

表 2.6 列出了误差来源及对测距的影响。

表 2.6　误差来源及对测距的影响

误差来源		对测距的影响/m
与卫星有关的误差	星历误差	1.5～15.0
	时钟误差	
	相对论效应	
与信号传播有关的误差	电离层延迟	1.5～15.0
	对流层延迟	
	多路径效应	

续表

误差来源		对测距的影响/m
与接收机有关的误差	时钟误差	1.5～5.0
	位置误差	
	天线相位中心变化	
其他误差	地球潮汐	1.0
	负荷潮	

2. GNSS 测量误差的分类

按误差性质可分为系统误差与偶然误差两类。

（1）系统误差，主要包括卫星的轨道误差、卫星钟差、接收机钟差，以及大气折射的误差等。为了减弱和修正系统误差对观测量的影响，一般根据系统误差产生的原因而采取不同的措施，包括：

① 引入相应的未知参数，在数据处理中连同其他未知参数一并求解。
② 建立系统误差模型，对观测量加以修正。
③ 用不同观测站对相同卫星的同步观测值求差，以减弱和消除系统误差的影响。
④ 简单地忽略某些系统误差的影响。

（2）偶然误差，包括多路径效应误差和观测误差等。

任务 3.2　与卫星有关的误差

3.2.1　任务描述

通过本次任务的学习，主要了解与卫星有关的误差来源及减弱办法。

GNSS 与卫星有关的误差

3.2.2　相关知识

与卫星有关的误差主要包括：卫星星历误差即轨道偏差，卫星钟差，相对论效应，美国针对 GPS 系统的 SA、AS 政策。

1. 卫星星历误差

卫星星历误差是指卫星星历给出的卫星位置与卫星的实际位置之差。星历误差的大小跟卫星定轨系统的质量密切相关，除此之外还受到星历的外推时间间隔的影响。卫星星历是经监测站跟踪 GNSS 卫星求得的，由于地面监测站存在测试误差，并且卫星在空中会受到一些摄动力的影响，以至于测定的卫星轨道存在误差。此外，由于卫星的广播星历中的卫星位置是由卫星轨道外推解算的，这就导致广播星历给出的卫星坐标和卫星实际位置间存在一定误差。

在载波相位定位中，基线越长，轨道误差的影响力便越大。对于 1 km 的基线，若想要达到 10^{-6} m 的精度，轨道误差最大不能超过 250 m；但若是 100 km 的基线，达到相同精度，轨道误差最大允许仅为 5 m。通常是通过采用精密星历或相对定位模型来削弱星历误差。

2. 卫星钟差

无论是码相位观测还是载波相位观测，都要保证卫星钟与接收机钟严格同步。但实际情况是卫星钟与 GNSS 标准时之间总是有区别，即存在星钟误差，此偏差约在 1 ms 以内，因此而造成的距离误差却可达 300 km。所以要用广播星历里的星钟改正参数对星钟进行改正，后面计算卫星坐标将会用到此改正，即

$$\Delta T = a_0 + a_1(t_s - t_{oe}) + a_2(t_s - t_{oe})^2 \tag{2.57}$$

其中（a_0, a_1, a_2）为导航文件提供的该卫星的星钟偏差、频率偏差和频率漂移；t_{oe} 由导航文件提供；t_s 为 GNSS 卫星发射时刻的 GNSS 标准时。

目前利用当天的广播星历来计算时间，其精度大概可达到 20 ns，相应的等效偏差大概为 6 m 左右。星历改正后还可通过站际单差来进一步削弱卫星时钟误差。

3. 相对论效应

由于卫星钟和接收机钟所处的状态不一样而导致两台钟之间存在相对钟误差，我们称之为相对论效应。由此可见，将此误差归到与卫星有关的误差类中并不准确。然而因为相对论效应主要由卫星的运动速度和所处位置的重力位来决定，并且是以卫星钟差的形式出现，因此暂时放到与卫星有关的误差类中。此误差对测码伪距观测值和载波相位观测值的影响是相同的。

4. 美国 SA、AS 政策

美国政府在 GPS 的最初设计中，计划向社会提供两种服务：精密定位服务（PPS）和标准定位服务（SPS）。精密定位服务的主要对象是美国军事部门和其他特许民用部门，使用 C/A 码和双频 P 码，以消除电离层效应的影响，使预期定位精度达到 10 m。标准定位服务的主要对象是广大的民间用户，它只使用结构简单、成本低廉的 C/A 码单频接收机，预期定位精度只能达到 100 m 左右。但是，在 GPS 试验阶段，由于提高了卫星钟的稳定性和改进了卫星轨道的测定精度，使得只利用 C/A 码进行定位的 GPS 精度达到 14 m，利用 P 码的 PPS 的精度达到 3 m，远远优于预期定位精度。美国政府考虑到自身的安全，于 1991 年 7 月在 Block II 卫星上实施 SA 和 AS 政策，其目的是降低 GPS 的定位精度。

SA（Selective Avaibility）政策称为有选择可用性，它包括在 GPS 卫星基准频率上增加了 δ 技术和在导航电文上增加了 ε 技术两项措施。所谓 δ 技术，就是对 GPS 卫星的基准频率施加高频抖动噪声信号，而这种信号是随机的，从而导致测量出的伪距误差增大。所谓 ε 技术，就是人为地将卫星星历中轨道参数的精度降低到 200 m 左右。总之，采用这两项技术后，测量的 GPS 定位精度降低到原先估计的误差水平。

AS（Anti-Spoofing）政策称为反电子欺骗政策。其目的是保护 P 码，将 P 码与更加保密的 W 码模 2 相加形成新的 Y 码。实施 AS 政策的目的在于防止敌方对 P 码进行精密定位，也不能进行 P 码和 C/A 码码相位测量的联合求解。

任务 3.3　与信号传播路径有关的误差

3.3.1　任务描述

通过本次任务的学习,主要了解与信号传播路径相关的误差来源及减弱办法。

GNSS 与信号传播
路径有关的误差

3.3.2　相关知识

GNSS 卫星在地面以上 20 000 km 的高空,其信号往地面传输时要穿过大气层,因此会受到电离层、对流层和多路径效应的影响。

1. 电离层误差

电离层位于地球表面以上 50~100 km 的大气层。在太阳的辐射下,其中的部分气体被电离,产生自由电子。电波在真空中的传播速度大于在电离层中的传播速度,那么对于载波相位测量来说,载波通过电离层后其相位就比真空中滞后传播。当地时间、太阳黑子数、地理位置和信号频率归纳起来是信号传播路径,时间、频率将会使电离层延长时间不同,对于电离层延迟,测码伪距观测值和载波相位观测值所受到的大小相同,符号相反。因为电离层延迟造成的误差可达数 10 m,尤其在卫星接近地平线时,有可能大于 150 m,所以需要改正。通常是采用电离层模型改正,双频观测或同步观测求差的方式来减弱电离层的影响。

2. 对流层误差

对流层是指地球表面上 40 km 以下的大气层。通过对流层时,GNSS 信号会产生折射,从而导致传播延时,出现误差。对流层折射的大小取决于湿度、气温和气压,而和 GNSS 信号的频率无关。在 GNSS 测量中,对于相同时刻、相同传播路径,由对流层折射而引起的载波相位测量误差是相同的。对测码伪距和载波相位观测值来说,对流层延迟的影响是相同的。

大气层对于频率不大于 15 GHz 的电波是不散射的,所以通过双频观测组合的方法无法消去其影响。当要求定位精度较高,或基线长大于 50 km 时,这将是一个主要误差。在高精度的数据处理软件中主要采用对流层模型来加以改正,常用的有 Saastamoin-en 模型、HoPfield 模型、Marini 映射函数模型和改进的 Hopfield 模型。

3. 多路径效应

多路径误差是指直接来自卫星的信号与经某些物体表面反射后到达接收机的信号叠加干扰后进入接收机而使测量值产生的系统误差,如图 2.19 所示。多路径效应是 GNSS 测量中的主要误差源之一,它不仅会使调制到载波上的导航数据和伪随机噪声码失真,并且还会使载波相位畸变,最坏的情况是多路径会使接收机跟踪环失锁。测站周围的环境、接收机的性能以及观测时间的长短决定了多路径误差的大小。

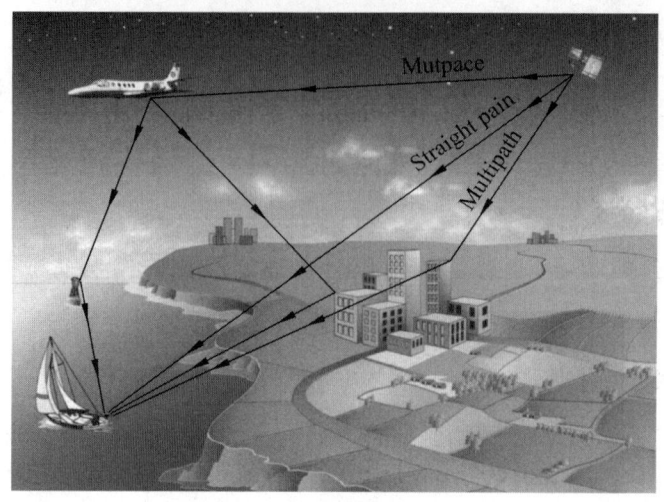

图 2.19　多路径效应

可采取下面的削弱措施：GNSS 测站不宜设在水面附近或盐碱地带、平坦光滑的地带或金属矿区等地，这些地方将会引起信号反射。应设在灌木丛、草地和其他地面植被能较好地吸收微波信号的能量的地方。翻耕后的土地这样粗糙的地面的反射能力较差，也可设站。选站时应远离高层建筑、汽车等反射能力强的物质，若是在高度角以下的建筑物附近也是可以的。测站还应远离雷达、电台、微波中继站等具有电磁波强辐射源的地方，因为它们不仅会反射电磁波，而且本身辐射的强电磁波会被极灵敏的 GNSS 天线所接收，从而"烧掉"天线单元。

假定 GNSS 测站已确定，且无法改变，而其又位于具有强反射波的地方，那么观测时就可适当变化天线高度来削弱影响。也可根据线相距的数值，进行大偏心观测来绕开强反射波，或在解算时删除多路径效应严重的卫星或观测时段。为了削弱多路径误差，还可采用性能良好的接收机天线，一般使用性能良好的微带天线，并在其天线底部安置抑径板。除此之外，因多路径误差是时间的函数，大小和符号随着卫星高度角的变化而变化，因此延长观测时间也可削弱多路径误差。

任务 3.4　与接收机有关的误差

3.4.1　任务描述

通过本次任务的学习，主要了解与接收机相关的误差来源及减弱办法。

GNSS 与接收机
有关的误差

3.4.2　相关知识

与接收机有关的误差主要有接收机钟差、天线相位中心误差、接收机噪声、天线安置误差。

1. 接收机钟误差

GNSS 接收机采用的是高精度石英钟，其稳定度大概是 10^{-9}。若接收机钟与卫星钟相差 1μs，则会引起 300 m 的等效距离。为了消除接收钟差，通常是把每个观测时刻的接收机钟差当作独立的未知数来处理，与观测站的位置参数一并求解。同时也可以利用观测数据的双差来削弱接收机的钟差。对测码伪距观测值和载波相位观测值来说，接收机钟差的影响是相同的。

2. 天线相位中心偏差

在 GNSS 定位中，实际上天线的相位中心位置随着信号输入的强度和方向不同而有所变化，即观测时相位中心的瞬时位置（称为视相位中心）与理论上的本单位中心位置将有所不同，天线相位中心的偏差对相对定位结果的影响，根据天线性能的优劣，可达数毫米至数厘米。所以对于精密相对定位，这种影响是不容忽视的。

在实际工作中，如果使用同一类型的天线，在相距不远的 2 个或多个观测站上，同步观测同一组卫星，那么便可通过观测值求差，以削弱相位中心偏移的影响。需要提及的是，安置各观测站的天线时，均应按天线附有的方位标进行定向，使之根据罗盘指向磁北极。

3. 测量噪声

测量噪声是指用接收机进行 GNSS 测量时，由于仪器设备及外界环境影响而引起的随机测量误差，其值取决于仪器性能及作业环境的优劣。一般而言，测量噪声的值远小于上述的各种偏差值。观测足够长的时间后，测量噪声的影响通常可以忽略不计。

4. 天线安置误差

接收机天线相对于观测站中心的安置误差，主要是天线的安置对中误差以及量取天线高的误差，在精密定位工作中，必须认真、仔细操作，以尽量减小这种误差的影响。

任务 3.5　其他误差

3.5.1　任务描述

通过本次任务的学习，主要了解其他误差来源及减弱办法。

3.5.2　相关知识

1. 周跳误差

周跳误差是指在载波相位测量中，由于卫星信号的失锁而导致的整周计数的跳变或中断而导致的定位误差。引起周跳的原因主要有：

（1）接收机故障。由于仪器线路的瞬间故障使基准信号无法和卫星信号混频而产生差频信号，或虽然产生了差频信号，但无法正确计数，从而导致周跳。

（2）信号障碍。由于卫星信号被各种障碍物，如高大建筑物、树木、山脉等遮挡，导致卫星信号中断，从而造成接收机计数发生不连续，于是产生周跳。

（3）信噪比太低。它主要由电离层、多路径反射或卫星高度角太低，或者动态环境中天线的过度旋转或倾斜等因素所致。信噪比太低会使相关接收和计算发生错误，造成周跳。

（4）码环失锁。由于外界干扰或接收机所处的动态条件恶劣，使得载波跟踪环路无法锁定信号而引起信号的暂时失锁，失去对载波信号的连续计数，从而造成周跳。

在某一观测历元，可能有一颗卫星产生周跳，也有可能是几颗卫星一起发生周跳。周跳的发生有可能是间断的，也有可能是连续的。周跳的变化范围可以从一周约 0.2 m 到数十米。

2. 其他方面

除了上述误差外，卫星钟和接收机钟振荡器的随机误差、卫星轨道摄动模型误差和大气折射模型以及地球潮汐等都会对 GNSS 定位产生影响。对于 GNSS 控制网基线测量，基线长度较短的情况下（10 km 左右，最大不超过 20~30 km），GNSS 的轨道误差（星历误差）、太阳光压影响及美国 SA 技术基本对测量精度不产生影响（它只能影响单点定位和长基线测量结果）。

作业过程中，在 GNSS 接收机满足作业精度要求的情况下，测量的主要误差源是多路径误差、周跳和点位的对中误差。作业中应尽量避免它们的发生并减少其误差。

电离层延迟和对流层延迟主要影响基线测量两点间的高差精度，两点间高差越大影响也越大。如果改正公式和参数不恰当，它可能产生每 1 m 高差就有 1 mm 的误差，即 1 mm/m（误差/高差）。电离层和对流层延迟对平面坐标（L、B 或 X、Y）影响甚微，几乎没有影响。电离层和对流层延迟具有相关性，基线越短相关性越强，在短基线测量中它们的影响会很好地消除。

推荐阅读 2　GNSS 技术在线路勘测中的应用

线路勘测、管线测量及公路测量是铁路、公路、交通、输电、通信等工程建设中重要的工作。以往大多采用传统的控制测量、工程测量方法进行控制网的建立及实测，由于该类测量控制网大多以狭长形式布设，并且周围已知控制点很少，使得传统测量方法在网形布设误差控制等多方面带来很大问题。同时，传统方法作业时间比较长，直接影响了工程建设的正常进展。随着我国国民经济的快速增长，对勘测设计提出了更高的要求，应用 GNSS 静态或快速静态方法建立沿线控制网，为勘测阶段测绘带状地形图、纵断面测量、横断面测量提供依据。因此，GNSS 技术在线路工程中的应用有着非常广阔的前景。

GNSS 技术在高铁控制测量中的应用

目前，GNSS 技术已广泛应用于线路控制测量，它具有常规测量技术不可比拟的技术优势：速度快、精度高、不必要求点间通视。不过，在 GNSS 的工程应用中，必须充分顾及服务对象的特点：线路是蜿蜒伸展的细长型工程构筑物，铁路、高等级公路常常长达几百千米甚至上千千米，对其建立的控制自然须紧随并贯穿全线，所测定的测量控制点必须可靠，并要求一定范围内的点之间具有较高的相对精度。

1. GNSS 线路控制网的布设

GNSS 控制网的技术设计是进行 GNSS 测量的基础，它应根据用户提交的任务书或测量合同所规定的测量任务进行设计，其内容包括测区范围、测量精度、提交成果方式、完成时间等。

对于工程建设的 GNSS 网，应当既考虑勘测设计阶段的需要，又要考虑到施工放样等阶段的需要。接收机的标称精度一般为 $[(5 \sim 10) \text{mm} + 2 \times D \times 10^{-6} \text{mm}]$，GNSS 网相邻点间弦长的实测精度一般均高于标称精度。但对于 GNSS 的观测值，也需要对其正确性作出检验，以排除可能出现的粗差。若在整条线路上按照初测导线点的边长（50~500 m）进行 GNSS 单一导线测量，就无法进行有效的检验。正确的做法是每隔若干点即需要构成闭合环形。由于控制网呈狭长线形，每个闭合环中必有一条长达数千米的长边，它由两个不相邻的导线点连接而成。

为此，可将线路控制网分为两级：

（1）用 GNSS 技术建立边长较长的高一级线路控制网。

（2）用 GNSS 技术或常规测量技术进行线路导线测量，各段导线两端的附合点即为高一级的 GNSS 控制网点。

分级布网能保证在几千米范围内的导线点间具有较高的相对点位精度、较大的可靠性（两端有高一级 GNSS 点所控制），同时由于高一级线路控制网的统一布设，使这种相对点位精度将在整条线路上顺次延续。长线路中导线点数很多，分级布网还可简化 GNSS 网的数据处理工作。

2. GNSS 线路控制网的网形

为提高 GNSS 网的可靠性，各级 GNSS 网必须布设成由独立的 GNSS 基线向量边构成的闭合图形网。闭合图形可以是三边形、四边形或多边形，也可以包含一些附合路线，但网中不允许存在支线。每个闭合网形的 GNSS 基线向量不宜超过 6 条，边长为 2~4 km，闭合边与国家三角点的联测边，其长度不受限制。

3. GNSS 线路控制测量应用实例

1）工程概况

西宝客运专线 XBZQ-1 标段起点里程 DK500+130、终点里程 DK560+993.25，线路里程长 60.863 25 km，位于陕西省咸阳市与杨凌市之间。测区地势平坦开阔，线路经过地表大部分为耕地和居民地。主要交通道路为城镇及乡村道路，交通较便利，控制点间两两可以通视。

2）布网形式

西宝客运专线精密工程平面控制网的布设由设计单位按分级布网的原则分基础控制网 CPⅠ和线路控制网 CPⅡ布设，精度分别为铁路二等和三等 GNSS 网。本标段 CPⅠ控制点沿线路约 4~5 km 左右布设 1 个或 1 对，共计 23 个 CPⅡ控制点沿线路走向布设，点间距 800~1 000 m，共计 65 个。CPⅠ控制网以 CPⅠ点作为连接边，采用边联式构网，控制网以三角形或大地四边形为基本图形组成带状网；CPⅡ控制网沿线路形成带状网，附合至相邻的 CPⅠ控制点构成附合网,全网采用边联式构网。西宝客专 GNSS 控制局部网形如图 2.20 所示。

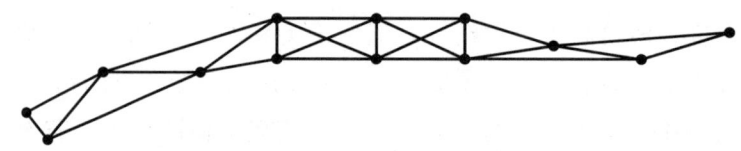

图 2.20　西宝客专 GNSS 控制局部网形

3）外业观测及数据处理

本次 GNSS 控制网复测采用 9 台双频 GNSS 接收机，按仪器制造商提供的 Trimble Geomatics Office 1.63 软件按静态相对定位模式进行，观测时段长度 90 min。GNSS 网基线解算与网平差采用商业软件。基线解算采用广播星历，网平差软件采用武汉大学《COSAGNSS 后处理软件》进行平差处理。经平差计算后，本次复测结果满足 GNSS 测量的精度要求，成果可靠。

小　结

本部分主要介绍了 GNSS 定位测量中伪距测量、载波相位测量、绝对定位测量、相对定位测量、差分定位测量的原理和方法；GNSS 信号接收机以及 GNSS 定位测量中误差的来源及减弱措施。

知识技能训练

1. 绘图并描述 GNSS 定位测量的基本原理。
2. GNSS 定位测量的方法有哪些？
3. 简述载波相位测量原理及载波相位测量观测值的组成。
4. 如何确定整周未知数？常用的方法有哪几种？

5. 什么叫相对定位？什么叫单差、双差、三差？它们能消除或减弱哪些误差？为什么双差模型应用最广泛？

6. 什么叫差分定位？差分定位的方法分为哪几种？各种方法的精度如何？

7. 试述 GNSS 测量定位误差的种类，并说明产生的原因。

8. 什么是星历误差？如何削弱其对 GNSS 测量定位所带来的影响？

9. 在 GNSS 测量定位中，多路径效应是怎样产生的？如何削弱多路径效应对 GNSS 测量定位所带来的影响？

10. 与接收机有关的误差包括哪几种？怎样削弱其影响？

第三部分　GNSS 测量技术设计与数据采集

GNSS 测量工作与传统测量工作类似，按其工作内容及性质可分为外业和内业两大部分。其中，外业工作主要包括选点（即观测站址的选择）、建立测站标识、野外观测作业及成果质量检核等；内业工作主要包括 GNSS 测量的技术设计、测后数据处理及技术总结等工作。

第三部分　PPT

项目一　GNSS 测量技术设计

项目描述

采用 GNSS 定位测量技术进行测区控制，应做好施测前的资料收集、器材准备、人员组织及测量技术设计等工作。通过测量技术设计，确定 GNSS 控制网的位置基准、方位基准和尺度基准，并进行控制网的精度、网形设计。完成 GNSS 控制测量技术设计后，应按要求编写技术设计书，技术设计书是开展测量作业的指导性文件。

教学目标

1. 能力目标

- 能够正确查询测绘行业技术规范；
- 能够描述 GNSS 测量技术设计的主要依据；
- 能够按要求进行 GNSS 控制网的精度、密度、网形和基准设计。

2. 知识目标

- 了解 GNSS 测量技术设计所依据的行业技术规范；
- 了解 GNSS 测量技术设计的主要内容；

- 掌握 GNSS 控制网精度、密度、网形和基准设计的方法。

3. 素质目标

- 具备严谨、认真的工作作风；
- 具有良好的质量意识、责任意识、安全意识；
- 具有良好的协作精神。

相关案例——某市高新区 GNSS 控制测量技术设计

为促进区域经济整体协调发展，某市政府规划部门决定进行该市高新区大比例尺地形图测绘工作，为后续城市基础设施建设、规划设计提供基础性测绘成果资料。承接该项任务的测量单位，首先进行覆盖整个区域的首级控制测量工作，再进行后续的图根控制和碎部点的坐标采集。因传统的控制测量方法易受地形、气候、通视等作业条件的限制，且作业强度大、工作效率低、设计周期长，根据规划部门的要求，在满足规范要求的情况下，决定采用 GNSS 测量方法在该地区建立测区 D 级 GNSS 控制网。施测工作开始前，测量单位对测区进行了实地踏勘，收集了测区已有的测量成果资料，进行了 GNSS 控制网的精度、密度、基准、网形设计，编制了项目 GNSS 测量技术设计书并报主管部门批准，以此作为进行测区首级控制测量工作的指导性文件。

测区基本情况：某市高新区地处东经 108°50′~110°38′和北纬 34°13′~35°52′，总面积达 300 km²。该地区地势平坦，平均海拔 450 m，全年平均降雨量为 500 mL，区域内房屋密集，主要为多层建筑，通视条件较差。控制测量宜采用任意带投影，设中央子午线为 109°45′，以减小投影变形。

任务 1.1　GNSS 测量技术设计的依据

1.1.1　任务描述

本次任务主要了解 GNSS 测量技术的相关术语和指标，熟知 GNSS 控制测量技术设计的依据、准则，为后续的技术设计进行知识储备。

GNSS 控制网的
技术设计（1）

1.1.2　相关知识

GNSS 测量技术设计及外业观测实施的主要技术依据是测量任务书和相关测绘法律法规、测量规范。测量任务书是测量任务实施单位上级主管部门下达的技术文件；测绘法律法规包括《测绘法》及相关行政法规、部门规章和重要规范性文件；相关测量规范则是国家测绘主管部门、各行业部门制定的 GNSS 测量技术标准，如国家测绘局发布并实施的《全球定位系统（GPS）测量规范》（GB/T 18314—2009），以下简称《规范》。由中华人民共和国住房和城乡建设部 2019 年发布并实施的中华人民共和国行业标准《卫星定位城市测量技术标准》

（CJJ/T 73—2019），以下简称《城市标准》。《城市标准》主要是为了适应城市各等级 GNSS 测量技术的要求，能够突出城市测量与工程测量应用的特点。

在 GNSS 测量项目作业中，以《规范》和《城市标准》为主要依据，进行 GNSS 网的精度、密度、基准、图形等设计。

1. GNSS 测量作业技术规定

GNSS 测量仪器和方法均与常规测量不同，因此，反映其技术要求的主要技术指标也不相同。为掌握 GNSS 测量外业观测和内业计算各个环节，需要熟悉有关术语和技术指标。

1）GNSS 定位测量术语

（1）观测时段（Observation Session）。

测站上开始接收卫星信号到停止接收，连续观测的时间间隔称为观测时段，简称时段。

（2）同步观测（Simultaneous Observation）。

两台或两台以上接收机同时对同一组卫星所进行的观测。

（3）同步观测环（Simultaneous Observation Loop）。

3 台或 3 台以上接收机同步观测所获得的基线向量构成的闭合环。

（4）独立观测环（Independent Observation Loop）。

由非同步观测获得的基线向量构成的闭合环。

（5）数据剔除率（Percentage of Data Rejection）。

同一时段中，删除的观测值个数与获取的观测值的观测数总数的比值。

（6）GPS 静态定位（Static GPS positioning）。

通过在多个测站上进行同步观测确定测站之间相对位置的 GPS 定位测量。

（7）卫星定位连续运行基准站（Continuously operating reference station）。

由卫星定位系统接收机、计算机、气象设备、通信设备及电源设备、观测墩等构成的观测系统。它长期连续跟踪观测卫星信号，通过数据通信网络定时、实时或按数据中心的要求将观测数据传输到数据中心。它可独立或组网提供实时、快速或事后的数据服务。

（8）单基线解（Single baseline solution）。

在多台 GPS 接收机同步观测中，每次选取 2 台接收机的 GPS 观测数据解算相应的基线向量。

（9）多基线解（Multi-baseline solution）。

从 m（$m \geq 3$）台 GPS 接收机同步观测值中，由 $m-1$ 条独立基线构成观测方程，统一解算出 $m-1$ 条基线向量。

（10）国际导航卫星系统服务（International GNSS service）。

提供 GPS、GLONASS、Galileo 等全球导航卫星系统的卫星星历、卫星钟差以及相应卫星系统的地面基准站坐标等方面信息的国际组织。

2）GNSS 定位测量技术指标

（1）卫星高度角。

GNSS 接收机与卫星之间连线和过接收机水平线之间构成的夹角。

（2）有效观测卫星总数。

将观测时段中任一卫星有效观测时间符合要求的卫星称为有效观测卫星。

（3）观测时段数。

每一测站的观测时段总数。

（4）时段长度。

GNSS 接收机一个时段观测，从开始记录数据到结束记录的时间段。

（5）数据采样间隔。

GNSS 接收机接收存储卫星信号数据的时间间隔。

A 级 GNSS 观测的基本技术规定依据 CH/T 2008 的有关规定执行。

B、C、D、E 级 GNSS 观测的基本技术规定如表 3.1 所示。

表 3.1 《规范》中 B、C、D、E 级观测的基本技术规定

项目	级别			
	B	C	D	E
卫星高度截止角/(°)	10	15	15	15
同时观测有效卫星数	≥4	≥4	≥4	≥4
有效观测卫星总数	≥20	≥6	≥4	≥4
观测时段数	≥3	≥2	≥1.6	≥1.6
时段长度	≥23 h	≥4 h	≥60 min	≥40 min
采样间隔	30	10~30	5~15	5~15
单频/双频	双频/全波长	双频/全波长	双频或单频	
观测量至少有	L_1、L_2 载波相位	L_1、L_2 载波相位	L_1 载波相位	
同步观测接收机数	≥4	≥3	≥3	

《城市标准》规定的各级 GNSS 测量作业的技术指标如表 3.2 所示。

表 3.2 《城市标准》GNSS 测量各等级作业的基本技术要求

项目	等级				
	二等	三等	四等	一级	二级
卫星高度角/(°)	≥15	≥15	≥15	≥15	≥15
有效观测同系统卫星数	≥4	≥4	≥4	≥4	≥4
平均重复设站数	≥2.0	≥2.0	≥1.6	≥1.6	≥1.6
时段长度/min	≥90	≥60	≥45	≥30	≥30
数据采样间隔/s	10~30	10~30	10~30	10~30	10~30
PDOP 值	<6	<6	<6	<6	<6

2. GNSS 基线向量网的设计指标

在进行 GNSS 控制网技术设计时，我们除了遵循一定的设计原则外，还需要一些定量的指标。如效率指标、可靠性指标和精度指标等来指导我们的工作。

1）效率指标

在进行 GNSS 网的设计时，我们经常采用效率指标来衡量某种网设计方案的效率，以及在采用某种布网方案作业时所需要的作业时间、消耗等。

在布设一个 GNSS 网时，在点数、接收机数和平均重复设站次数确定后，完成该网测设所需的理论最少观测期数（同步观测的时段数）就可以确定。但是，当按照某个具体的布网方式和观测作业方式进行作业时，要按要求完成整网的测设，所需的观测期数与理论上的最少观测期数会有所差异。理论最少观测期数与设计的观测期数的比值，称之为效率指标 e：

$$e = \frac{S_{\min}}{S_d} \tag{3.1}$$

式中　　$S_{\min}$——理论最少观测期数，

$$S_{\min} = \mathrm{INT}\left(\frac{R \cdot n}{m}\right)$$

其中，R——平均重复设站次数；

　　　　m——接收机数；

　　　　n——GPS 网的点数；

　　　　INT（ ）——凑整函数，$\mathrm{INT}(x) \geq x$；

　　　　S_d——设计观测期数。

该指标可用来衡量 GNSS 网设计的效率。

2）可靠性指标

GNSS 控制网的可靠性可以分为内可靠性和外可靠性。所谓 GNSS 网的内可靠性是指所布设的 GNSS 网发现粗差的能力，即可发现的最小粗差的大小；所谓 GNSS 网的外可靠性是指 GNSS 网抵御粗差的能力，即未剔除的粗差对 GNSS 网所造成的不良影响的大小。由于内、外可靠性指标在计算上过于烦琐，因此，在实际的 GNSS 网的设计中采用一个计算较为简单的反映 GNSS 网可靠性的数量指标，该指标就是整网的多余独立基线数与总的独立基线数的比值，称为整网的平均可靠性指标 η，即

$$\eta = \frac{l_r}{l_t} \tag{3.2}$$

式中　　l_r——多余的独立基线数，$l_r = l_t - l_n$，l_n 为必要的独立基线数，$l_n = n-1$；

　　　　l_t——总的独立基线数，$l_t = S \cdot (m-1)$（其中，S 为观测期数，m 为同步观测接收机的台数）。

3）精度指标

当 GNSS 网布网方式和观测作业方式确定后，GNSS 网的网形就确定了，根据已确定的

GNSS 网的网形，可以得到 GNSS 网的设计矩阵 $\boldsymbol{B}$，从而可以得到 GNSS 网的协因数阵 $\boldsymbol{Q} = (\boldsymbol{B}^{\mathrm{T}}\boldsymbol{P}\boldsymbol{B})$。在 GPS 网的设计阶段可以采用 tr($\boldsymbol{Q}$) 作为衡量 GPS 网精度的指标。

该指标可通过相关软件（如武汉大学测绘学院开发的 COSA 软件）计算得到。

3. GNSS 控制测量技术注意事项

技术设计总原则是在满足规范和用户要求的情况下，尽可能减少人力物力消耗，提高工作效率。在设计过程中，主要考虑以下几个方面：

（1）控制点。主要包括控制点密度，控制网图形结构，观测时段分配，重复设站和重合点的布置等。

（2）卫星运行。同观测卫星有关的主要包括卫星高度角、观测卫星数量、图形强度因子、卫星信号质量。

（3）仪器配备。同仪器有关的主要包括接收机型号、数量、定位精度，能够跟踪接收的卫星定位系统类别。

（4）后勤保障。后勤保障方面主要考虑测量作业人员的食宿，作业过程中交通工具的调度、安排，通信设备的配置及安全保障等。

GNSS 控制网设计的出发点是在保证质量的前提下，尽可能地提高效率，努力降低成本和劳动强度。因此，在进行 GNSS 控制网的设计和测量时，既不能脱离实际的应用需求，盲目地追求不必要的高精度和高可靠性；也不能为追求高效率和低成本，而放弃对质量的要求。

4. 技术设计主要内容

（1）项目来源。介绍项目的来源、性质，即项目由何单位、部门下达、发包，属于何种性质的项目。

（2）测区概况。介绍测区的地理位置、气候、人文、经济发展状况、交通条件、通信条件等。这可为今后工程施测工作的开展提供必要的信息。如在施测时作业时间、交通工具的安排，电力设备和通信设备的使用。

（3）工程概况。介绍工程的目的、作用、要求、GNSS 网等级（精度）、完成时间、有无特殊要求等在进行技术设计、实际作业和数据处理中所必须要了解的信息。

（4）技术依据。介绍工程所依据的测量规范、行业标准及相关的技术要求等。

（5）现有测绘成果。介绍测区及测区周边地区现有测绘成果，如已知点、测区地形图等。

（6）施测方案。介绍测量采用的仪器设备的种类、采取的布网方法、作业安排、调度。

（7）作业要求。规定选点埋石要求、外业观测时的具体操作规程、技术要求等，包括仪器参数的设置（如采样率、截止高度角等）、对中精度、整平精度、天线高的量测方法及精度要求等。

（8）观测质量控制。介绍外业观测的质量要求，包括质量控制方法及各项限差要求等，如数据删除率、RMS 值、RATIO 值、同步环闭合差、异步环闭合差、相邻点相对中误差、点位中误差等。

（9）数据处理方案。详细的数据处理方案包括基线解算和网平差处理所采用的软件和处理方法等内容。对于基线解算的数据处理方案，应包含基线解算软件、参与解算的观测值、解算时所使用的卫星星历类型等。对于网平差的数据处理方案，应包网平差处理软件、网平差类型、网平差时的坐标系、基准及投影、起算数据的选取等。

（10）提交成果要求。规定提交成果的类型及形式。

同时，在技术设计中应考虑的因素：

① 测区已有控制网的情况（三角网、导线网、GNSS 网）。
② 交通、车辆、通讯等因素。
③ 测站因素。
④ 卫星因素（星历预报、可见时段、卫星个数）。
⑤ 仪器因素。

任务 1.2　GNSS 网的精度与密度设计

1.2.1　任务描述

本次任务主要在掌握 GNSS 测量精度设计和密度设计的作用和要求基础上，根据 GNSS 控制网等级，进行控制网精度和密度设计，以满足后续测量的要求。

GNSS 控制网的技术设计（2）

1.2.2　相关知识

1. GNSS 控制网的精度设计指标

GNSS 控制网的精度指标，通常是以网中相邻点之间的距离中误差来表示，其具体形式为

$$\sigma = \sqrt{a^2 + (b \times D)^2} \qquad (3.3)$$

式中　σ——网中相邻点间的距离中误差，mm；
　　　a——固定误差，mm；
　　　b——比例误差，1×10^{-6}；
　　　D——相邻点间的距离，km。

2. GNSS 网的精度设计

进行 GNSS 控制网的精度设计，主要取决于控制网用途和卫星定位技术所能达到的精度指标。不同等级 GNSS 控制网的应用领域不同，精度指标也不相同。因此，GNSS 控制网精度设计应遵循规范要求，一般情况下不需要逐级进行控制。

按照修订后的《规范》规定，GNSS 控制测量按其精度划分为 A、B、C、D、E 五级，如表 3.3 所示。其中 A 级主要用于地壳形变测量、区域性地球动力学研究；B 级主要用于各种精密工程测量和局部变形监测；C 级主要用于大、中城市整体控制网布设及大型工程控制网布设；D、E 级多用于中小城市城镇规划控制测量、地籍测量、勘测及建筑施工等测量。

表 3.3 《规范》规定的 GNSS 测量精度分级

测量分类	固定误差 a/mm	比例误差系数 $b/(1\times10^{-6})$	相邻点间平均距离/km
A	≤5	≤0.1	300
B	≤8	≤1	70
C	≤10	≤5	10～15
D	≤10	≤10	5～10
E	≤10	≤20	2～5

为了对城市和工程 GNSS 测量工作进行规范指导，《城市标准》按相邻点的平均距离和精度划分为二、三、四等和一级、二级，如表 3.4 所示。在布网时可以逐级布设、越级布设或布设同级整体网。

表 3.4 《城市标准》规定的 GNSS 测量精度分级

等级	相邻点间平均距离/km	固定误差 a/mm	比例误差系数 $b/(1\times10^{-6})$	最弱边相对中误差
二	9	≤5	≤2	1/120 000
三	5	≤5	≤2	1/80 000
四	2	≤10	≤5	1/45 000
一级	1	≤10	≤5	1/20 000
二级	<1	≤10	≤5	1/10 000

注：当边长小于 200 m 时，边长误差应小于 20 mm

在符合规范要求的前提下，GNSS 测量精度设计还要根据用户的实际需要，综合考虑人力、物力、财力等因素。

研究表明，在地球上的任何地点和时间，如果用 2 台接收机在基线两端同时观测 4 颗及以上的共视卫星，2 台接收机所采集的 GNSS 测量数据经过求差处理，相对定位精度可以达到毫米级。在静态相对定位环境下进行载波相位测量，对于 3000 km 以内的测站间距 D，可以达到（$5\text{ mm}+1\times D\times10^{-8}$）的精度，空间三维位置精度能够达到 ±3 cm。以载波相位观测量为根据的静态相对定位，是目前 GNSS 测量的基本方式。这种方式可以提供很高的定位精度，能够满足大多数测量任务的精度需求。因此，精度设计应根据不同的任务要求，合理地安排精度标准，有效提高人力和物力的利用率。

3. 提高 GNSS 控制网可靠性的方法

（1）增加观测期数。

在布设 GNSS 网时，适当增加观测时段数对于提高 GNSS 控制网的可靠性非常有效。因为随着观测时段的增加，所测得的独立基线数就会增加，而独立基线数的增加，对控制网可靠性的提高是非常有益的。

（2）保证一定的重复设站次数。

保证一定的重复设站次数，可确保 GNSS 网的可靠性。一方面，通过在同一测站上的多次观测，可有效地发现设站、对中、整平、量测天线高等人为错误。另一方面，重复设站次数的增加，也意味着观测期数的增加。当同一台接收机在同一测站上连续进行多个时段的观测时，各个时段间必须重新安置仪器，以便更好地消除各种人为操作误差和错误。

（3）保证每个测站至少与 3 条以上的独立基线相连，这样可以使得测站具有较高的可靠性。在布设 GNSS 网时，各个点的可靠性与点位无直接关系，而与该点上所连接的基线数有关，点上所连接的基线数越多，点的可靠性则越高。

（4）在布网时要使网中所有最小异步环的边数不大于 6 条。在布设 GNSS 网时，检查 GNSS 观测值（基线向量）质量的最佳方法是异步环闭合差，而随着组成异步环的基线向量数的增加，其检验质量的能力将逐渐下降。

4. GNSS 控制点的密度设计

不同的任务要求和服务对象，对 GNSS 网点的分布要求不同。例如，A 级基准点主要用于提供国家级基准，有助于定轨、精密星历计算和大范围大地变形监测，要求能以几百千米的平均距离布满全国。一般工程测量所需要的网点则应满足测图加密和工程测量的需用，平均边长需要缩短到几公里以内。考虑到这些情况，《规范》和《城市标准》对 GNSS 网中相邻点间距离做了规定：相邻点间最小距离应为平均距离的 1/3～1/2；最大距离应为平均距离的 2～3 倍。《城市标准》还规定，特殊情况下个别点间距可超出表中规定。控制点密度可参照表 3.5 的规定执行。

表 3.5 《规范》对不同等级 GNSS 控制网相邻点间距离的规定　　　　（单位：km）

项　目	级　别				
	A	B	C	D	E
相邻点最小距离	100	15	5	2	1
相邻点最大距离	2 000	250	40	15	10
相邻点平均距离	300	70	15～10	10～5	5～2

相关规范中的技术要求，一般是在标准情况下的设计，具有原则性的指导意义。实际工作中，控制点精度和密度的确定还要根据用户的需要及人力、物力、财力情况进行综合考虑，也可根据本部门已有的规程和作业经验适当掌握。

任务 1.3　GNSS 网的基准设计

1.3.1　任务描述

首先，学习掌握 GNSS 测量基准设计的作用、方法和要求，充分认识联测设计的要求和作用。在此基础上，能够进行 GNSS 控制网的基准设计。

1.3.2　相关知识

所谓基准是指为描述空间位置而定义的点、线、面。在大地测量中，基准是指用以描述地球形状的参考椭球的参数，如参考椭球的长短半轴，以及参考椭球在空间中的定位及定向，还有在描述这些位置时所采用的单位长度的定义。

1. 概　述

1）基准设计的定义

在 GNSS 控制网的技术设计中，必须明确 GNSS 网的成果所采用的坐标系统和起算数据的工作，称为 GNSS 网的基准设计。GNSS 网的基准包括位置基准、方位基准和尺度基准。

2）基准设计应考虑的问题

（1）应在地面坐标系中选定起算数据和联测原有地方控制点若干个，用以转换坐标。

（2）对 GNSS 网内重合的高等级国家点或原城市等级控制点，除与未知点连接图形观测外，对它们也要适当地构成长边图形。

（3）联测的高程点需均匀分布于网中，对丘陵或山区联测高程点应按高程拟合曲面的要求进行布设。

（4）新建 GNSS 网的坐标应尽可能与测区过去采用的坐标一致。

2. GNSS 控制网的基准设计

GNSS 测量获得的是 GNSS 基线向量，它属于 WGS-84 坐标系或 CGCS2000 坐标系的三维坐标差，而工程应用实际需要的是国家坐标系或地方独立坐标系的坐标。所以在进行 GNSS 网的技术设计时必须明确 GNSS 成果所采用的坐标系和起算数据，即明确 GNSS 网所采用的基准，这项工作被称为 GNSS 控制网的基准设计。

GNSS 网的基准包括方位基准、尺度基准和位置基准。方位基准一般以给定的起算方位角的值确定，也可以由 GNSS 基线向量的方位为方位基准；尺度基准一般由地面的电磁波测距边确定，也可以由两个以上的起算点间的距离确定，同时也可以由 GNSS 基线的距离确定；GNSS 网的位置基准，一般都是由给定的起算点坐标来确定。GNSS 网的基准设计，实质上主要是确定网的位置基准的问题。

在基准设计时，应充分考虑以下几个问题：

（1）为求得 GNSS 点在地面坐标系中的坐标，应在地面坐标系中选定起算数据并联测原有的若干个地方坐标系下的控制点，用以进行坐标转换。在选择联测点时，既要充分利用旧资料,又要使新建的高精度 GNSS 网不受旧资料精度低的影响,因此,大、中城市 GNSS 控制网应与附近的国家控制点联测 3 个点以上,小城市或工程控制网可以联测 2~3 个点。

(2)为保证 GNSS 网进行约束平差后坐标精度的均匀性以及减小尺度比例误差的影响,对 GNSS 网内重合的高等级国家点或原城市等级控制网点,除与未知点连接进行观测外,对它们也要适当地构成长边进行观测。

(3)GNSS 网平差后,可以得到 GNSS 点在地面坐标系中的大地高。为求得 GNSS 点的正常高,可根据具体情况联测水准点。联测的高程点需均匀分布于网中,对丘陵或山区联测高程点应按高程拟合曲线的要求进行布设,具体联测宜采用不低于四等水准精度标准的方法进行。

有些测区采用地方独立坐标系或工程坐标系,因此在进行基准设计时需清楚与起算点坐标有关的以下参数:

① 所采用的参考椭球。
② 坐标系的中央子午线经度。
③ 纵横坐标加常数。
④ 起算坐标值。
⑤ 坐标系的投影面高程及测区平均高程异常值。

3. GNSS 控制网的联测设计

GNSS 接收机所测得的点位原始坐标值隶属于地心坐标系,为将点位坐标转换成国家或地方坐标系下坐标,必须联测一定数量的常规控制点或基准点,这些点称为联测点。联测点作为 GNSS 定位测量成果转换的基准点,在 GNSS 观测测量数据处理中具有重要意义。联测点是 WGS-84 或 CGCS2000 坐标系下坐标转换至国家或地方坐标系下坐标的起算数据,因此,要求联测点坐标值具有较高的精度。

进行技术设计时,可以选用测区内以下几种类型的控制点作为联测点。

① 测区内现有保存完好且高一等级的常规地面控制点。
② 地方独立坐标系下控制网定位、定向所用的起算点。
③ 国家坐标系和地方坐标系的连接点。
④ 高等级国家水准点。

1)联测点的密度和分布

(1)高等级平面控制点联测。GNSS 控制网平面联测点应多于 2 个,其中一个点作为 GNSS 控制网定位的起算点,两个点间的方位和距离作为 GNSS 控制网的定向、长度起算数据。为了较好地解决 GNSS 控制网与地面常规控制网之间的成果转换,应联测较多数量的高等级控制点。研究及实践表明,一个 GNSS 控制网应联测 3~5 个点精度较高、分布合理的地面常规控制点,当测区范围较大时,还应适当增加联测点数量。

(2)高等级水准点联测。GNSS 控制点三维坐标中的高程为大地高,实际使用的高程主要为正常高系统下的正常高。因此,需要在 GNSS 控制网中施测或重合若干个几何水准点,拟合出测区的似大地水准面,继而内插出其他 GNSS 控制点的高程异常值,以求出其正常高。研究表明,大部分联测水准点应分布在 GNSS 控制网的四周,个别点位设置在控制网的中部,以达到最佳拟合效果,提高成果精度。

2）布设 GNSS 控制网时起算点的选取与分布

（1）若要求所布设的 GNSS 网的成果与旧成果吻合最好，则起算点数量越多越好；若不要求所布设的 GNSS 网的成果完全与旧成果吻合，则一般可选 3~5 个起算点，这样既可以保证新老坐标成果的一致性，也可以保持 GNSS 网的原有精度。

（2）为保证整网的点位精度均匀，起算点一般应均匀地分布在 GNSS 网的周围。要避免所有的起算点分布在网中一侧的情况。

3）布设 GNSS 控制网时起算边长的选取与分布

在布设 GNSS 网时，可以采用高精度激光测距边作为起算边长，激光测距边的数量在 3~5 条左右，可设置在 GNSS 网中的任意位置。但激光测距边两端点的高差不应过分悬殊。

4）布设 GNSS 控制网时起算方位的选取与分布

在布设 GNSS 网时，可以引入起算方位，但起算方位不宜太多，可布设在 GNSS 控制网中的任意位置。

任务 1.4　GNSS 测量的图形设计

1.4.1　任务描述

按照同步图形扩展式的构网方式进行 GNSS 控制网图形设计，并按照规范要求判断网形设计结果是否满足设计要求。

GNSS 网的图形设计

1.4.2　相关知识

根据所布设的 GNSS 网的精度要求、用途、实地自然地理环境等，设计出独立 GNSS 基线边构成的多边形网，称为 GNSS 网的图形设计。GNSS 控制网主要采用同步图形扩展式的布网形式，即多台接收机在不同测站上进行同步观测，在完成一个时段的同步观测后，再迁移到其他的测站上进行同步观测，每次同步观测都可以形成一个同步图形。在测量过程中，不同的同步图形间一般有若干个公共点相连，整个 GNSS 控制网由这些同步图形构成。同步图形扩展式的布网形式具有扩展速度快、图形强度较高、作业方法简单的优点。同步图形扩展式是布设 GNSS 网时最常用的一种布网形式。

1. 图形设计准则

在常规测量中，控制网图形设计是一项关键工作。在 GNSS 网图形设计时，因 GNSS 同步观测不要求通视，所以其图形设计灵活。GNSS 网图形设计主要取决于用户的要求、经费、人力以及所投入的接收机类型、设备数量和后勤保障等因素。

图形设计时应遵守的原则：

（1）GNSS 测量技术的最大优点是在 GNSS 网中点与点间不要求通视，所以在图上选点时尽可能考虑方便测量作业，但如果以后要用常规测量方法加密控制网，则每个 GNSS 控制点和相邻控制点间应有一个以上的通视方向。

（2）为了有效利用原有测绘成果资料以及各种比例尺地形图，对符合 GNSS 网选点要求的原有控制点，应充分利用其标石，也可节省选点埋石费用。

（3）GNSS 控制网中必须包含若干由非同步观测边构成的独立闭合环或附合路线。在不同等级 GNSS 网中，最简独立闭合环或附合路线的边数应符合规定，《规范》的要求如表 3.6 所示，《城市标准》的要求如表 3.7 所示。

表 3.6 《规范》最简独立闭合环或附合路线边数的规定

等级	A	B	C	D	E
闭合环或附合路线的边数	≤5	≤6	≤6	≤8	≤10

表 3.7 《城市标准》最简独立闭合环或附合路线边数的规定

等级	二	三	四	一级	二级
闭合环或附合路线的边数	≤6	≤8	≤10	≤10	≤10

2. GNSS 网图形构成特征条件的确定

在进行 GNSS 网图形设计前，应进行 GNSS 网特征条件的计算。

1）GNSS 网特征条件的计算

首先，最重要的是要确定完成整个 GNSS 网的图形构成所需要的最少观测时段数，其计算公式为

$$C = n \cdot m / N \tag{3.4}$$

式中　C——完成整个 GNSS 网的图形构成所需要的最少观测时段数；

n——GNSS 网的观测点个数；

m——每个平均设站次数；

N——使用的接收机台数。

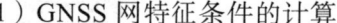

GNSS 网特征条件的计算

GNSS 网点的个数 n 可通过图上选点确定，根据本网的设计精度等级，每点平均设站次数 m 可以在规范里找到相应规定。如表 3.8 中的技术要求，接收机台数就是设计投入观测的接收机台数，由测量单位自行确定，确定上述数据后根据公式即可求出整个 GNSS 网的图形构成所需要的最少观测时段数。

表 3.8　各级 GNSS 测量基本技术要求

项目级别	A	B	C	D	E
观测时段数	≥6	≥3	≥2	≥1.6	≥1.6

实际观测时段数小于最少观测时段数就满足不了规范要求。低于这个时段数，虽然也可以完成整体控制网图形的构成，但可靠程度不高。最终的观测时段数 C' 由测量单位在最少观测时段数的基础上结合图形设计来确定。

在 GNSS 网中，确定了最终观测时段数 C' 后，就可以得到以下特征条件。

（1）总基线数：$J_T = C' \cdot N \cdot (N-1)/2$；

（2）必要基线数：$J_N = n - 1$；

（3）独立基线数：$J_D = C' \cdot (N-1)$；

（4）多余基线数：$J_S = C' \cdot (N-1) - (n-1)$。

依据上述公式进行计算，就可以确定出一个具体 GPS 网图形结构的主要特征。

2）GNSS 网同步图形及独立边的选择

对于一个时段，由 N 台 GNSS 接收机构成的同步图形中包含的 GNSS 基线数为

$$J_T = N \cdot (N-1)/2$$

其中，只有 $N-1$ 条是独立的 GNSS 基线，其余的是非独立的 GNSS 基线。

当同步观测的 GNSS 接收机台数 $N \geq 3$ 时，需要检查一个时段里由 3 条同步观测基线所构成的同步闭合环的闭合差。理论上，同步闭合环中各 GNSS 边的坐标差之和（即闭合差）应为 0，但由于观测误差的存在，同步闭合环中的闭合差并不等于零。《规范》规定了同步闭合差的限差，原则上应遵守此限差的要求，但当由于某种原因导致不能较好同步时，应适当放宽此项限差的要求。

若同步闭合环的闭合差较小，通常只能说明这一时段的 GNSS 基线向量的处理模型和过程没有问题，但不能确认没有因接收的信号受到干扰而产生的某些粗差或人为的粗差（或仪器高量错）。

为了确保 GNSS 观测效果的可靠性，有效地发现观测成果中的粗差，必须使 GNSS 网中的独立边构成一定的几何图形。这种几何图形可以是由数条 GNSS 独立边构成的非同步多边形（或称独立闭合环），也可以是当 GNSS 网中有若干个起算点时，由两个起算点之间的数条 GNSS 独立边构成附合路线。GNSS 网的图形设计，也就是根据对所布设的 GNSS 网的精度要求和其他方面的要求，设计出由独立 GNSS 边构成的多边形网。对于独立闭合环的构成，一般应按所设计的网图选择，必要时也可根据具体情况适当调整。

3. 同步图形扩展方式

同步图形扩展式是布设 GNSS 网时最常用的一种布网形式，多台接收机在不同测站上进行同步观测，在完成一个时段的同步观测后，再迁移到其他测站上进行同步观测，每次同步观测都可以形成一个同步图形。在测量过程中，不同的同步图形间一般有若干个公共点相连，整个 GNSS 网由这些同步图形构成。同步图形扩展式具有扩展速度快，图形强度较高，且作业方法简单的优点。

在选择测设方案时，应从所具备的接收机数量和精度、工作量大小、卫星运行状态、测区条件等方面进行权衡。通常 GNSS 相对定位精度较高，比较容易达到工程的期望精度，这

时也就没有必要以高额投入换取更高的精度。

采用同步图形扩展方式布设 GNSS 控制网，其观测作业方式主要有点连式、边连式和混连式几种形式。

1）点连式

所谓点连式就是在观测作业时，相邻的同步图形间只通过一个公共点相连。这样，当有 m 台仪器共同作业时，每观测一个时段，就可以测得 $m-1$ 个新点，当这些仪器观测了 s 个时段后，就可以测得 $1+s\cdot(m-1)$ 个点，如图 3.1 所示。

特点：点连式观测作业方式的优点是作业效率高，图形扩展迅速；缺点是图形强度低，如果连接点发生问题，将影响到后面的同步图形。

2）边连式

所谓边连式就是在观测作业时，相邻的同步图形间有一条边（即 2 个公共点）相连。这样，当有 m 台仪器共同作业时，每观测一个时段，就可以测得 $m-2$ 个新点，当这些仪器观测了 s 个时段后，就可以测得 $2+s\cdot(m-2)$ 个点，如图 3.2 所示。

特点：边连式观测作业方式具有较好的图形强度和较高的作业效率。

3）混连式

在实际的 GNSS 作业中，一般并不是单独采用上面所介绍的某一种观测作业模式，而是根据具体情况，有选择地灵活采用这几种方式作业。这样一种观测作业方式就是所谓的混连式，如图 3.3 所示。

特点：混连式观测作业方式是我们实际作业中最常用的作业方式，它实际上是点连式、边连式和网连式的一个结合体。

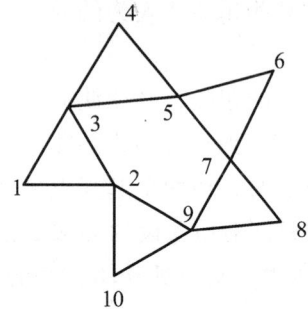
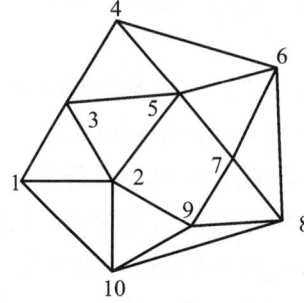
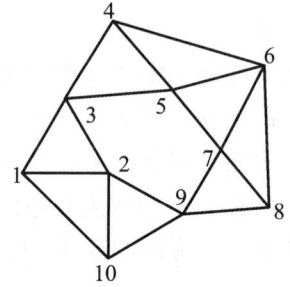

图 3.1　点连式异步网　　图 3.2　边连式异步网　　图 3.3　混连式异步网

在实际工作中当只有 3 台 GNSS 接收机时，整个网的布设连接方式存在较多选择，需要多做些图形优化设计的工作；有 4 台 GNSS 接收机时，一般采取边连式来完成图形连接；有 5 台或更多 GNSS 接收机时，多采取网连式，每个同步图形间通过 2 个或 3 个共同点来完成图形连接。在图形设计过程中，可以采取从网的某一端开始，向其他待测地域扩展的方式；也可以采取从网的中间向四周扩展的图形设计方式。具体情况应结合实际地形、交通情况、工作安排，在后续的外业观测调度工作中，也可酌情修改图形设计。

4. 提高 GNSS 控制网精度的方法

（1）为保证 GNSS 网中相邻点具有较高的相对定位精度，对网中距离较近的点一定要进行同步观测，以获得它们间的直接观测基线。

（2）为提高 GNSS 网的整体精度，可在全面网之上布设框架网作为整个 GNSS 控制网的骨架。

（3）在布网时，要保证网中所有异步环的边数均不大于 6 条。

（4）GNSS 网测量时，可引入高精度激光测距边作为观测值与 GNSS 观测值（基线向量）同时进行联合平差，或将它们作为起算边长，可提高数据处理成果精度。

（5）若采用高程拟合测定网中各点的正常高（正高），则需在布网时选定一定数量的高等级水准点。水准点的数量应尽可能多，且应在网中均匀分布，保证有部分点分布于控制网的四周。

（6）为提高 GNSS 网的尺度精度，可增设长时间、多时段的基线向量。

任务 1.5　GNSS 测量技术设计书的编写

1.5.1　任务描述

结合具体项目完成 GNSS 控制测量任务技术设计书的编写工作，技术设计书的内容、格式应满足规范要求。同时，结合具体案例进行技术设计书的编写练习。

1.5.2　相关知识

相关资料收集整理完毕并完成精度、密度、网形等设计后，应按要求编写 GNSS 控制测量技术设计书。主要编写内容如下：

1. GNSS 测量技术设计书的内容

一个完整的技术设计书，主要应包含如下内容：

（1）项目来源。介绍项目的来源、性质，即项目由何单位、部门下达、发包，属于何种性质的项目等。

（2）测区概况。介绍测区的地理位置、气候、人文、经济发展状况、交通条件、通信条件等。这可为今后工程施测工作的开展提供必要的信息，如在施测时作业时间、交通工具的安排，电力设备使用，通信设备的使用等。

（3）工程概况。介绍工程的目的、作用、要求、GNSS 网等级（精度）、完成时间、有无特殊要求等在进行技术设计、实际作业和数据处理中所必须要了解的信息。

（4）技术依据。介绍工程所依据的测量规范、工程规范、行业标准及相关的技术要求等。

（5）现有测绘成果。介绍测区内及与测区相关地区的现有测绘成果的情况，如已知点、测区地形图等。

（6）施测方案。介绍测量采用的仪器设备的种类、采取的布网方法等。

（7）作业要求。规定选点埋石要求、外业观测时的具体操作规程、技术要求等，包括仪器参数的设置（如采样率、截止高度角等）、对中精度、整平精度、天线高的量测方法及精度要求等。

（8）观测质量控制。介绍外业观测的质量要求，包括质量控制方法及各项限差要求等。如数据删除率、RMS 值、RATIO 值、同步环闭合差、异步环闭合差、相邻点相对中误差、点位中误差等。

（9）数据处理方案。详细的数据处理方案包括基线解算和网平差处理所采用的软件和处理方法等内容。

对于基线解算的数据处理方案，应包含基线解算软件、参与解算的观测值、解算时所使用的卫星星历类型等。

对于网平差的数据处理方案，应包含网平差处理软件、网平差类型、网平差时的坐标系、基准及投影、起算数据的选取等。

（10）提交成果要求。规定提交成果的类型及形式；若有国家技术质量监督总局或行业发布新的技术设计规定，应据之编写。

2. 技术设计书编写示例

某市高新技术开发区 D 级 GNSS 控制测量技术设计书

1. 任务概述

为促进区域经济整体协调发展，某市政府规划部门决定进行该市高新区大比例尺地形图测绘工作，为后续城市基础设施建设规划设计提供基础性测绘成果资料。根据任务要求和测区情况，可先进行覆盖整个区域的首级控制测量工作，再进行后续的图根控制和碎部点坐标采集。因传统的控制测量方法易受地形、气候、通视等作业条件的限制，且作业强度大、工作效率低、设计周期长，在满足规范要求的情况下，决定采用 GPS 测量方法在该地区建立测区 D 级 GNSS 控制网。

测区总面积达 300 km^2，该地区地势较为平坦，平均海拔 450 m，全年平均降雨量为 500 mL，测区树木较多，通视条件较差。

测区地理位置为：东经 108°50′~110°38′，北纬 34°13′~35°52′。

2. 测量依据

GB/T18314—2009《全球定位系统（GPS）测量规范》
CJJ/T73—2010《卫星定位城市测量技术规范》
CH 1002—95《测绘产品检查验收规定》
CH 1003—95《测绘产品质量评定标准》

3. 已有资料

测区有已知的国家高等级三角点，可考虑联测国家高等级点，将 GNSS 网点的坐标转换到国家坐标系中。若测区无已知的国家高等级三角点，采用测区独立坐标系。

本次 GNSS 控制测量任务实施可考虑利用测区内国家高等级控制点 2 个。国家等级控制点具有西安 1980 坐标系下已知坐标，可作为 GNSS 控制网的起算数据。

4. 坐标系统、高程系统和时间系统

GNSS 基线向量为 WGS-84 坐标系，GNSS 网平面平差成果为西安 1980 坐标系坐标，并转换为测区相应的坐标系。

高程系统采用 1985 国家高程基准，时间系统采用北京时间或 UTC 时间系统。

5. GNSS 网的布设

按边连式的布网形式布设 GNSS 控制网，等级为 D 级。

6. GNSS 网的选点

GNSS 点位的选择应符合技术要求，有利于使用其他测量方法进行联测；点位的基础应坚定稳固，易于长期保存，并有利于安全作业；点位应便于安置接收设备和操作，视野开阔，被测卫星的地平高度角应大于 15°；点位应远离大功率无线点发射源（如电视塔、微波站、通讯塔等），其距离不得小于 200 m，并应远离高压输电线，其距离不得小于 50 m；点位附近不应有强烈干扰接收卫星信号的物体。

7. GNSS 控制网外业观测

（1）采用设备。4 台 Trimble R8 双频 GPS 接收机（标称精度 5 mm＋1×D×10^{-6}）。

（2）外业观测要求：

① 观测组应严格按调度表规定的时间进行作业，保证同步观测同一卫星组。每一时段开机前，作业员要量取天线高，并及时输入测站名、天线高等信息。关机后再量取一次天线高作校核，两次量得的天线高互差不大于 3 mm，取平均值作为最后结果，记录在手簿中。

② 仪器工作正常后，作业员及时逐项填写测量手簿中的各项内容。

③ 观测员在作业期间不得擅自离开测站，并应防止仪器受振动及被移动；防止非工作人员或其他物体靠近天线，遮挡卫星信号。观测过程中，不应在接收机近旁使用对讲机；雷雨过境时应关机停测，并取下天线，以防雷电。

④ 每日观测结束后，应及时将数据转存到计算机上，以确保观测数据不丢失；同时应进行当天的基线计算，记录雨、晴、阴、云等天气情况。

外业作业调度安排。

（略）。

（3）外业观测数据的检核。

外业观测数据检核主要进行同步观测边、重复观测边、独立观测环闭合差和同步观测环闭合差检核，判断其是否符合相应等级 GNSS 控制网精度要求，确保观测数据质量，作为重测和补测的依据。

8. GNSS 控制网的数据处理

（1）基线解算。基线数据解算采用随机软件包 GPS（Ver 5.2）或 Solution（Ver 2.1）软件求解，采用消电离层的双差浮点解或加电离层改正的双差整数解（固定解）。其主要技术参数如下：

卫星截止高度角≥150°；

电离层模型：Standard 模型；

对流层模型：Hopfiled 或 Computed 模型；

星历为广播星历或精密星历；

采用 L_1 频率或 L_1、L_2 2 个频率。

（2）网平差。GNSS 网的平差计算应使用 Solution2.6 软件在 WGS-84 空间直角坐标系下进行三维无约束平差，以检查本次 GNSS 网的内符合精度。同时将 WGS-84 坐标系下的 GNSS 基线观测值投影到高斯平面上，并转换到 1980 西安坐标系下，然后采用 GPS ADJ 软件包或 Solution 软件包进行二维约束平差。

9. 提交成果资料

（1）野外 GNSS 观测记录手簿。

（2）野外 GNSS 观测原始数据磁盘文件。

（3）基线解算成果磁盘文件。

（4）野外 GNSS 观测数据 RINEX 格式磁盘文件。

（5）外业数据检核文件，包括同步环、重复基线和异步环闭合差磁盘文件。

（6）测区控制网 GNSS 测量观测方案略图。

（7）外业观测技术总结和成果检验报告。

项目二　GNSS 测量的数据采集

项目描述

采用 GNSS 定位测量技术进行测区控制时，在完成测量技术设计并经上级技术主管部门审批之后，即可开始进行外业数据采集工作。按照工作流程，主要进行 GNSS 控制网点的实地选点和埋石、外业观测前的接收机选择与检验、星历预报和观测调度计划编制、数据采集和技术总结编写等工作。

教学目标

1. 能力目标

- 能够正确进行 GNSS 控制网的实地选点与埋石；
- 能够进行 GNSS 外业数据采集前的接收机检验；
- 能够按要求进行卫星星历预报和观测调度计划编制；
- 能够按要求编制技术总结并提交成果资料。

2. 知识目标

- 掌握 GNSS 控制网的实地选点与埋石的基本要求；
- 掌握 GNSS 外业数据采集前的接收机检验标准；
- 掌握卫星预报和观测调度计划编制的要求；
- 掌握 GNSS 测量技术总结编制内容及要求。

3. 素质目标

- 培养学生较强的团队精神；
- 培养学生严谨认真的工作作风；
- 培养学生独立学习的能力；
- 具有良好的质量意识、安全意识、环保意识与协作意识。

相关案例——某市高新区 GNSS 控制网测量数据采集

在完成某市高新区 D 级 GNSS 控制网测量技术设计之后，测量人员按工作流程进行 GNSS 控制网点的实地选点和埋石、外业观测前的接收机选择与检验、星历预报和观测调度计划编制，然后使用 4 台 Trimble R8 双频 GNSS 接收机同步观测，进行控制网数据采集，并按技术设计书的要求进行高等级控制点联测，为后续的测量数据处理做好准备。与传统测量方法相比，GNSS 测量方法具有定位精度高、作业受限少、效率高等优点，测量数据采集工作需要的人手也大大减少。

测区概况：某市高新区地处东经 108°50′~110°38′北纬 34°13′~35°52′，总面积达 300 km²。该地区地势平坦，平均海拔 450 m，全年平均降雨量为 500 mL，区域内房屋密集，主要为多层建筑，通视条件较差。控制测量宜采用任意带投影，设中央子午线为 109°45′，以减小投影变形。

任务 2.1　选点与埋石

2.1.1　任务描述

首先，按照规范和 GNSS 测量技术设计书的要求进行实地选点、做好标识，然后根据控制网等级，按照规范要求埋设标石。

2.1.2　相关知识

GNSS 外业数据采集（1）

1. 野外选点

GNSS 测量不要求测站之间通视，GNSS 控制网图形结构比较灵活，野外选点工作受限较少。但是，点位的选择对后续观测工作的顺利进行和观测结果的可靠性具有重要意义。因此，在实地选点工作开始之前，必须收集测区的有关资料，充分了解测区情况，做好技术设计工作，严格遵守选点要求。

1）GNSS 选点要求

（1）点位应选在视野开阔，易于安置 GNSS 接收机的地方。为保证对卫星的连续跟踪观测和信号质量，要求测站上空大于 15°高度角的范围内不能有成片的障碍物。

（2）为减少各种电磁波对 GNSS 卫星信号的干扰，在测站周围约 200 m 范围内不能有强电磁场，如大功率无线电发射设备、高压电线、通讯塔等。

（3）为避免或减少多路径效应影响，测站应远离对电磁波信号反射强烈的地形、地物，如高层建筑、大面积水域，以减小多路径误差。

（4）为便于观测作业和使用，点位应选在交通便利、上点方便的地方，并有利于用其他测量手段联测或扩展。

（5）测站应选择在地面基础稳定、利于点位保存的地方，便于后续使用。

（6）应充分利用符合要求的已有控制点，以便节省建设费用。

2）选点作业

作业人员按照技术设计书和规范要求在实地选定的点位上打上木桩或以其他方式加以标定，同时竖立测旗，以便埋石及观测人员能迅速找到点位，开展后续测量工作。有条件的单位可用手持GNSS接收机进行点位坐标采集，方便后续找点。根据GNSS控制点所处位置特征，点名可取村名、山名、地名、单位名，应向当地政府部门或群众核实后确定。当利用符合要求的已有控制点时，点名不宜更改。

GNSS控制点位选定后，应按《规范》或《城市标准》规定的格式在实地绘制GNSS点之记，如表3.9所示。测区选点全部完成后，还应绘制GNSS控制网选点图，最后对选点工作进行总结，包括详细的交通情况、通讯、供电等情况。

表3.9 《规范》所要求GNSS点之记记录表

所在图幅						
点号						
点名		类级		概略位置		
所在地				最近住所及距离		
地类		土质		冻土深度		解冻深度	
最近邮电设施				供电情况		
最近水源及距离				石子来源		砂子来源	
本点交通情况（至本点通路与最近车站、码头名称及距离）				交通路线图		
选点情况				点位略图		
单位						
选点员		日期				
是否需联测坐标与高程						
建议联测等级与方法						
起始水准点及距离						

2. GNSS 控制点标石埋设

为了长期保存和使用 GNSS 测量成果，GNSS 控制点标石埋设必须稳定、坚固。标石规格及埋设如图 3.4 所示。

按照《规范》要求，根据 GNSS 控制网的等级及地质条件等，控制点标石有多种规格。高等级控制点的标石由两块组成，下面一块叫盘石，上面一块叫柱石，其上均设有金属中心标志。埋设标石时，须使各层标志中心在同一铅垂线上，其偏差不得大于 2 mm。盘石和柱石一般用钢筋混凝土预制，然后运到实地埋设。预制时，应在柱石顶面印字注明埋设单位及时间。标石也可用石料加工或用混凝土在现场浇制。

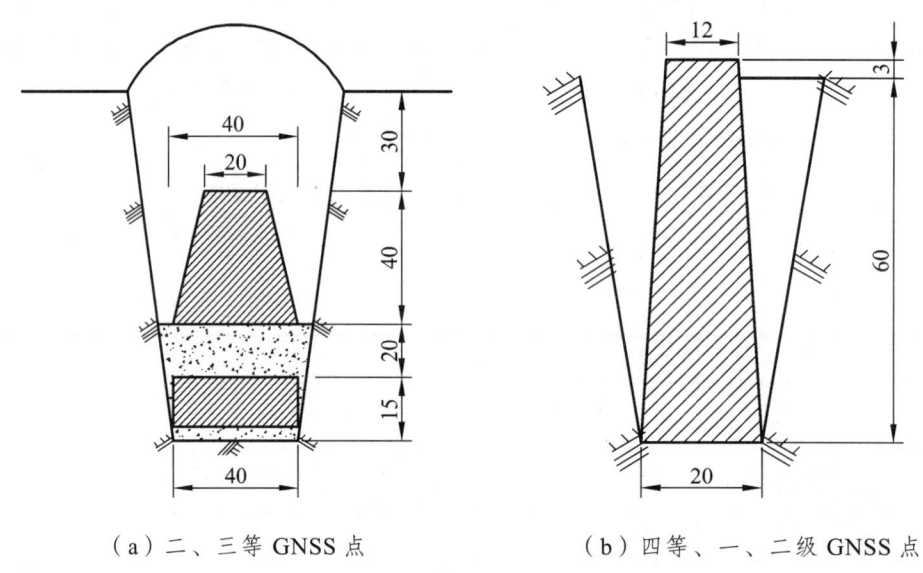

（a）二、三等 GNSS 点　　　　（b）四等、一、二级 GNSS 点

图 3.4　GNSS 普通标石埋设示意图

任务 2.2　GNSS 卫星预报与观测调度计划

2.2.1　任务描述

在熟知 GNSS 卫星星历预报所用工具及方法的基础上，根据星历预报进行观测调度计划编制，为后续的观测工作做好准备。

星历预报与作业调度

2.2.2　相关知识

1. 卫星状况预报

根据测区的地理位置，以及最新的卫星星历，对卫星状况进行预报，作为选择最佳观测时间段的依据。所需预报的卫星状况有卫星的可见性、可供观测的卫星星座、随时间变化的 PDOP 值、随时间变化的 RDOP 值等。对于个别有较多或较大障碍物的测站，需要评估障物对 GNSS 观测可能产生的不良影响。

GNSS 接收机对卫星的观测，是待 GNSS 卫星升离地平线一定的角度才开始的，这个角度就是卫星高度截止角。高度角越小，越有利于减小三维位置图形强度因子（PDOP），从而延长最佳观测时间；但是卫星高度截止角越小，对流层影响越显著，测量误差随之增大。在精密定位测量时，卫星高度截止角宜选定在 15°左右。当卫星高度截止角大于等于 15°时，利用测站概略经纬度和现有 GNSS 卫星星历所做出的 PDOP 预测，用以选择最佳观测时段。一般情况下需要 PDOP 大于等于 6，LGO 可使用 LEICA Satellite Availability 功能进行星历预报，以便选择最佳观测时段。

由于卫星的轨道运动和地球的自转，卫星相对于测站的集合图形在不断变化。一些卫星从地平线升起至一定高度，可以投入观测作业；另一些卫星观测高度角越来越小，无法继续观测，考虑到作业中要选取图形强度较好的卫星进行观测。因而在一个观测时段要几次更换跟踪卫星。我们将时段中任一卫星有效观测时间符合要求的卫星，称为有效观测卫星。测量等级越高，有效观测卫星总数需要得越多，时段中任一卫星有效观测时间需要越长，观测时段应该越多，时段长度也应该越长。

2. 编排作业调度表

GNSS 测量技术设计是在室内完成的，它注重 GNSS 控制网的科学性和完整性。施测方案则是依据接收机的台数和点位分布特点，充分考虑测区交通和地理环境，合理安排多台接收机进行的同步观测作业方案。

根据卫星状况、测量作业进展情况以及测区的实际情况，确定出具体的作业方案，以作业指令的形式下达给各个作业小组。根据情况，作业指令可逐天下达，也可一次下达多天的指令。作业方案的内容包括作业小组的分组情况、GNSS 观测的时间段以及测站等。

作业小组应在观测前根据测区地形、交通状况、仪器数量、星历预报表、测区天气、地理环境等编制作业调度表，提高工作效率。GNSS 作业调度如表 3.10 所示。

表 3.10 GNSS 外业观测作业调度表

时段编号	观测时段	观测站/名	观测站/名	观测站/名	观测站/名	观测站/名
		机号	机号	机号	机号	机号
0						
1						
2						
3						

任务 2.3　GNSS 测量的数据采集

2.3.1　任务描述

按照 GNSS 测量规范和技术设计书的要求，进行外业数据的采集。在观测过程中，正确进行接收机的安置、测站记录和观测数据的检核等工作，保证观测数据的有效性。

GNSS 外业数据采集（2）

2.3.2　相关知识

观测作业的主要任务是捕获 GNSS 卫星信号，并对其进行跟踪、处理和量测，以获得所需要的定位信息和观测数据。符合要求的高质量 GNSS 测量数据采集，需要测量人员严格细致地操作和一丝不苟的工作作风。GNSS 测量项目作业组织结构如图 3.5 所示，各 GNSS 观测小组在得到作业指挥员所下达的作业指令后，应严格按照作业指令的要求进行外业观测。在进行外业观测时，外业观测人员除了严格按照作业规范、作业指令进行操作外，还要根据一些特殊情况，灵活地采取应对措施。外业中常见的情况有不能按时开机、仪器故障和电源故障等。

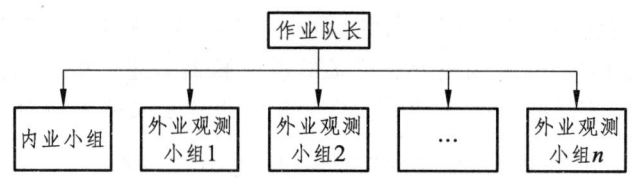

图 3.5　GNSS 测量项目作业组织结构

1. 天线安置

为确保 GNSS 观测数据质量，避免重影及多路径效应干扰卫星信号接收，必须按《规范》要求安置 GNSS 接收机天线。天线需用三脚架安置，直接在控制点上对中整平。GNSS 接收机天线的定向标志线应指向正北，其中 A、B 级 GNSS 控制网测量时，接收机天线定向标志线定向误差应小于 ±5°，天线底盘上的圆水准器泡必须居中。

天线安置后，需要在每时段观测前后分别量取天线高一次。对备有专门测高标尺的接收机，应将标尺插入天线的专用孔中，直接读出天线高。对其他接收机，可采用倾斜测量方法。从脚架互成 120° 的 3 个空档分别测量天线底盘下表面至标石中心的距离，互差小于 3 mm 时，取平均值 L。

1）天线安置

GNSS 接收机天线的安置，应按照以下的过程和要求来进行。

（1）天线通常应该按它上面的方向标识进行定向，所有测站上的天线均采用罗盘使其指向同一方向，这样可以确保任何天线的中心偏移（由其机械中心量测到相位中心）以系统性的方式传递到基线解（地面标识到地面标识）中。

（2）同一天线、接收机和电缆应集中到一起，保存到仪器箱中。

（3）由于 GNSS 测量的精度很高，因而天线的对中非常重要，如果对中不好，整个测量的精度都将受到影响。应避免采用垂球对中，要对带有光学对中器的基座经常进行检校。

（4）天线应安置在带有光学对中器的标准测量基座上，并安放在高质量的测量脚架上。

（5）将天线安置在观测墩上既省力又能保证观测质量。

（6）如果接收机需要在原地观测 2 个或多个时段，每次都应该重新安置天线。

2）天线高量测

由于 GNSS 的观测值是相对于 GNSS 天线的相位中心得来的，因而 GNSS 定位软件最初计算出的位置就是天线相位中心的位置。但是用户所需要的位置通常是一个物理标识，它直接在天线的下方。天线的相位不是一个物理点，而是相对于天线上的一个物理特性，它可以通过一组校正观测值来确定。天线上还有一个被称为天线参考点的特殊点，它位于天线底部中央，从天线参考点到相位中心的向量称为天线偏移量。另外，对于 L_1 和 L_2 载波相位数据来说，天线偏移量是不同的。

不同类型的天线有不同的量高方法，应该对所有的天线高量测值加以仔细的记录，最好附加图示。由天线外罩上的标准参考点量测至点标志，需要精确至毫米，而且需要在每一时段的开始和结束时进行。由于这是一个常见的误差源，因而需要对量测值进行检查。例如由另外的人独立观测量测或采用英制单位来量测，进行交叉检验。

2. 外业观测记录

在外业观测过程中，所有信息资料和观测数据都要妥善记录。观测记录由接收设备自动完成，记录在存储介质上，如磁卡等。记录项目主要有：载波相位观测值及其相应的 GNSS 时间、GNSS 卫星星历参数、测站和接收机初始信息（测站名、测站号、时段号、近视坐标及高程、天线、接收机编号、天线高）。存储介质的外面应贴制标签，注明文件名、网区名、点名、时段号、采集日期、测量手簿编号等。接收机内存数据文件转录到外存介质上时，不得进行任何剔除和删改，不得调用任何对数据实施重新加工组合的操作指令。测量手簿是在接收机启动前与作业过程中，由测量员签写。D、E 级测量手簿格式如表 3.11 所示。

表 3.11　GNSS 外业观测记录手簿

观测者姓名_____ 日　期_____年_____月_____日
测　站　名_____ 测站号_____时段号_____
天　气　状　况_____

测站近似坐标 经度：E_____°_____′ 纬度：N_____°_____′ 高程：_____	本测站为 _____新点 _____等大地点 _____等水准点

记录时间：（　）北京时间（　）UTC（　）区时
开机时间：_____　结束时间_____
接收机号_____　天线号_____
天线高：（m）_____　测后校核值_____
1._____　2._____　3._____　平均值_____

天线高量取方式略图	测站略图及障碍物情况

观测状况记录： 1.电池电压_____（快、条） 2.接收卫星号_____ 3.信噪比_____ 4.故障情况_____ 5.备注

3. 野外数据检核

GNSS 观测数据检核是外业工作的关键环节。每天外业观测结束后，应及时地将接收机内观测数据下载到计算机中备份。数据下载时需要对照外业观测记录手簿，检查测站记录是否正确，及时发现问题，并对所获得的外业数据及时进行基线向量解算，对解算结果进行质量评估。项目负责人根据基

外业数据检核

线解算情况作下一步 GNSS 观测作业的安排及调整。整个项目观测任务结束后，要对野外观测数据资料进行复查，检查观测成果是否符合调度命令和规范的要求，然后逐项进行下列项目的检核，以确保观测成果的预期精度。

1）同步观测边检核

在基线的两端点安置 GNSS 接收机，经过同步观测、基线解算的边称为同步边。同步观测边检核主要进行数据剔除率和平差值中误差检查。

同一时段观测值的数据剔除率应小于 10%，同步边各时段观测平差值中误差应小于 0.1 m，相对中误差应符合《规范》相关规定要求。

2）重复观测边检核

对同一基线边进行多个时段同步观测可得到多个观测结果。重复观测边任意两个时段的成果互差均应小于接收机标称精度的 $2\sqrt{2}$ 倍。

3）独立观测环检核

独立观测的同步边构成闭合环，各边坐标差分量之和应为零。但是由于测量误差的存在，闭合环中独立观测边坐标差分量之和不为零，设其为

$$\begin{cases} \omega_x = \sum_{i=1}^{n} \Delta x_i \\ \omega_y = \sum_{i=1}^{n} \Delta y_i \\ \omega_z = \sum_{i=1}^{n} \Delta z_i \end{cases} \tag{3.5}$$

式中　n——闭合环中同步边数。

此时环闭合差的定义是：$\omega = (\omega_x^2 + \omega_y^2 + \omega_z^2)^{\frac{1}{2}}$。

环闭合差的大小是评价观测成果质量的重要标志之一。《规范》规定，若干个独立边组成闭合环时，各坐标差分量闭合差应小于 $3\sqrt{n}\sigma$，其中 σ 为相应等级控制网按平均距离算出的标准差。

4）同步观测环检核

闭合环中各基线边为多台接收机同步观测时，由于各边不是独立的，所以其闭合差应恒为零。例如，三边同步环中只有两条同步边可以视为独立的成果，第三边成果应为其余两边的代数和。但是由于模型误差和 GNSS 测量数据处理软件的缺陷，使得同步观测环闭合差实际上仍然不为零。同步环闭合差数值一般很小，不至于对定位结果产生较大影响，所以可把它作为成果质量的一种检核标准。

《规范》规定，三边同步环中第三边处理结果与前两边的代数和之差应小于下列数值：

$$\omega_x \leqslant \frac{\sqrt{3}}{5}\sigma, \quad \omega_y \leqslant \frac{\sqrt{3}}{5}\sigma, \quad \omega_z \leqslant \frac{\sqrt{3}}{5}\sigma, \quad \omega = (\omega_x^2 + \omega_y^2 + \omega_z^2)^{\frac{1}{2}} \leqslant \frac{3}{5}\sigma \tag{3.6}$$

式中　σ——相应等级控制网按平均距离算出的标准差。

超过 3 台接收机进行 GNSS 控制网测量，可构成大量同步观测环，在各基线边解算完成后，应检查所有同步观测环闭合差。由 N 台 GNSS 接收机构成的同步图形，同步观测环个数大于 $T = J - (N-1) = (N-1)(N-2)/2$，其中 J 为基线边个数，$J = N*(N-1)/2$。图 3.6 为 4 台接收机同步观测，共构成了 7 个同步观测环。所有闭合环的分量闭合差不应大于 $\frac{\sqrt{n}}{5}\sigma$，而环闭合差

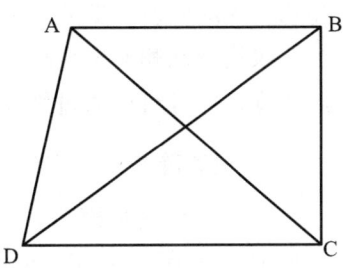

图 3.6　同步环闭合差

$$\omega = (\omega_x^2 + \omega_y^2 + \omega_z^2)^{\frac{1}{2}} \leqslant \frac{\sqrt{3n}}{5}\sigma \tag{3.7}$$

式中　n——闭合环中的边数。

如果基线边闭合差或环闭合差超出《规范》规定的限值，应分析原因并对其中部分或全部观测成果重测。为节省时间和费用，应尽量安排在一起，统一进行同步观测。

对外业观测所得到的基线向量进行质量检验，并对由合格的基线向量所构建成的 GNSS 基线向量网进行平差解算，得出网中各点的坐标成果。如果需要利用 GNSS 测定网中各点的正高或正常高，还需要进行高程拟合。

GNSS 控制网测量项目在确定作业方案基础上，重复进行外业观测、数据传输与转储、基线处理与质量评估 4 步，直至完成所有 GPS 观测工作。

最后，根据整个 GNSS 控制网的布设、观测和数据处理情况，全面进行技术总结，并进行成果验收。

任务 2.4　GNSS 测量的作业模式

2.4.1　任务描述

在掌握 GNSS 定位测量作业模式的基础上，根据 GNSS 测量任务的需要正确选用测量作业模式进行外业观测数据采集。

2.4.2　相关知识

1. 静态相对定位模式

使用两台及以上接收机，分别安置在一条或多条基线的两端，同步观测 4 颗以上卫星，观测时段长度根据测量精度要求确定，作业布置如图 3.7 所示。基线的相对定位精度可达 $5\ mm + 1 \times D \times 10^{-6}\ mm$。

该模式用于建立全球性或国家级大地控制网、地壳运动监测网、长距离检校基线，进行岛屿与大陆联测、钻井定位和精密工程控制网建立等。

采用静态相对定位模式，所有观测基线构成一系列封闭图形，利于外业检核，提高成果可靠度，并且可以通过平差进一步提高定位精度。

2. 快速静态相对定位模式

采用这种测量模式，要求在测区中部架设 1 个基准站、安置 1 台接收机连续跟踪所有可见卫星；另一台 GNSS 接收机依次到流动站（用户站）上，静止进行观测数分钟。作业布置如图 3.8 所示。在观测过程中，流动站接收机接收到的卫星信号连同接收到的基准站同步观测数据，实时地解算整周未知数和用户站的三维坐标，流动站相对于基准站的基线中误差为 $5\ mm \pm 1 \times D \times 10^{-6}\ mm$。如果解算结果的变化趋于稳定，且其精度已满足设计要求，便可适时结束观测。

采用这种作业模式，流动站接收机在转移过程中，可以不保持对 GNSS 卫星的连续跟踪，关闭电源以降低能耗,其定位精度能达到 1~2 cm。但要求测量时段内应确保有 5 颗以上卫星可供观测,流动点与基准点相距应不超过 20 km。

快速静态相对定位可应用于城市、矿山等区域性的控制测量、工程测量、地籍测量等。

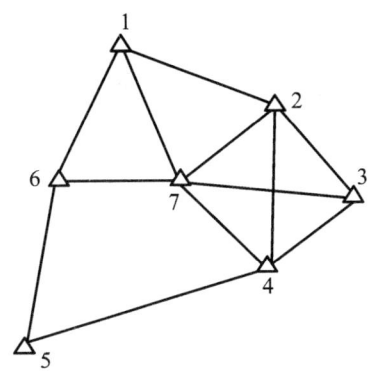

图 3.7　静态相对定位模式

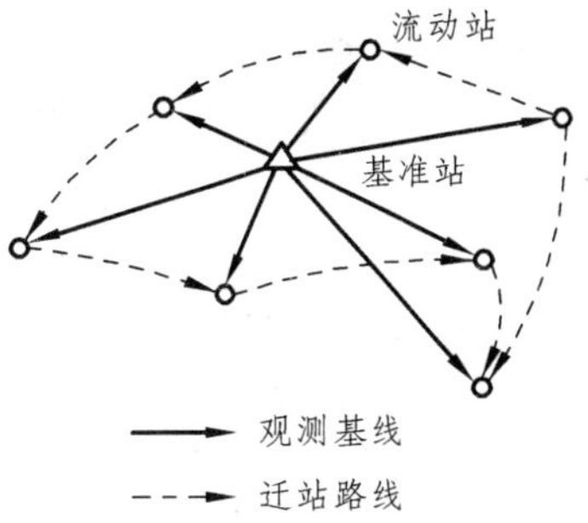

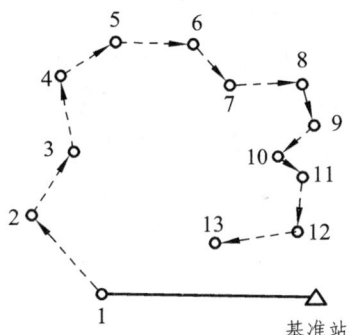

图 3.8　快速静态相对定位模式

3. 准动态定位模式

采用准动态定位模式,要求在测区选择一个固定基准点,安置接收机连续跟踪所有可见卫星,将另一台流动接收机先置于 1 号点,在保持对可见卫星连续跟踪的情况下,将流动接收机分别在 2,3,4…点位观测数秒钟,如图 3.9 所示。通过数据处理,基线中误差约为 1~2 cm。该模式主要用于开阔地区的控制网加密测量、工程测量放样、坐标采集测量及线路测量等。测量时应确保有 5 颗以上的卫星可供观测,流动点与基准点距离不超过 20 km,观测过程中流动接收机不能失锁,否则应在失锁的流动站点上延长观测时间 1~2 min。

图 3.9　准动态定位模式

4. 往返式重复设站模式

采用往返式重复设站模式,要求选定一个固定基准点安置接收机,保持连续跟踪所有可见卫星。选定起始观测点,流动接收机依次到各点观测 1~2 min,观测完成后逆序返测各点 1~2 min,其作业布置如图 3.10 所示。流动站相对于基准点的基线中误差为 $5\ mm + 1 \times D \times 10^{-6}\ mm$。该种作业模式主要用于较低等级的控制网加密,工作时流动站与基准站距离不能超过 20 km,基准点上空开阔,能正常跟踪 4 颗以上卫星。

5. 动态定位模式

采用动态定位模式,要求先选定一个固定基准点安置接收机,保持连续跟踪所有可见卫星。选定起始点,流动站接收机先在起始点上观测数分钟,然后开始连续运动观测,按设定的时间间隔自动测定运动载体的实时位置,其作业布置如图 3.11 所示。流动站相对于基准点的瞬时定位精度能达到 1~2 cm。该种作业模式主要应用于测定运动目标的轨迹测量、道路中心线测量、航道测量等,测量时需同步观测至少 4 颗卫星,并要保持连续跟踪,流动站与基准点距离不超过 20 km。

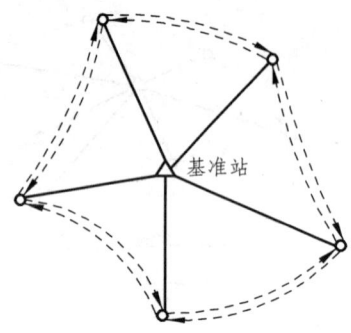

图 3.10　往返式重复设站模式

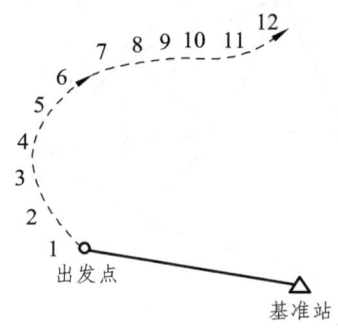

图 3.11　动态定位模式

6. 实时动态测量作业模式

实时动态(Real Time Kinematic,RTK)测量作业是以载波相位观测量为根据的实时差分 GNSS 测量技术,它是 GNSS 测量技术发展中的一个新突破。

实时动态测量的基本思想是:在基线上安置一台 GNSS 接收机,对所有可见 GNSS 卫星进行连续地测量,并将其观测数据通过无线电传输设备,实时地发送给用户观测站。在用户站上,GNSS 接收机在接收 GNSS 卫星信号的同时,通过无线电接收设备接收基准站传输的观测数据,然后根据相对定位的原理,实时地计算并显示用户站的三维坐标及其精度。

任务 2.5　技术总结与成果资料提交

2.5.1　任务描述

在掌握 GNSS 技术总结编写的内容和要求基础上,完成 GNSS 测量任务技术总结的编写,整理、上交相关资料。

GNSS 控制测量
技术总结

2.5.2　相关知识

1. 技术总结

GNSS 测量项目任务结束后,应按要求编制技术总结,主要内容包括:

(1)测区概况。测区范围、位置、自然地理条件、气候特点、交通等情况。

(2)作业依据及已有测量资料。项目精度要求,测区已有测量成果资料。

（3）仪器设备和软件。接收机设备类型、数量及检验情况。
（4）外业观测。观测方法，补测、重测情况，作业发生与存在的问题说明。
（5）数据检核。起算数据情况，数据处理方法和软件说明。
（6）数据处理。基线解算、网平差结果及成果质量分析。
（7）结论及建议。上交成果需要说明的其他问题。
（8）各种附表与附图。

2. 上交资料

GNSS 测量项目任务完成后，应提交以下资料：
（1）GNSS 测量技术设计书。
（2）点之记、点位埋设电子照片、选点图和测量标志委托保管书。
（3）外业观测记录手簿及其他记录。
（4）GNSS 接收机及其他仪器的检验证书等资料。
（5）野外观测数据检核计算资料。
（6）原始数据文件，数据处理生成的报告资料和成果表（含 U 盘文件）。
（7）GNSS 控制网图。
（8）GNSS 测量技术总结和成果验收报告。

3. 技术总结编写示例

某隧道工程洞外 GNSS 平面控制测量技术总结

1. 任务概况

某新建铁路段内有一隧道工程，进口里程 DK51+225，出口里程 DK69+443，隧道全长 18.218km，设 2 座斜井。为了满足隧道施工要求，受施工单位委托，测量单位对隧道进行了洞外平面控制测量。

测区沿线地形、地质条件极为复杂，有活动断裂与地震、岩溶、滑坡、顺层、砂土液化、有害气体、高地温与高地应力等不良地质现象，控制点通视条件一般，交通相对便利。

2. 技术标准、测量方法及已有成果资料

（1）技术标准：
《全球定位系统（GPS）测量规范》（GB/T 18314—2009）
《铁路工程卫星定位测量规范》（TB 10054—2010）
《高速铁路工程测量规范》（TB 10601—2009）
《测绘技术总结编写规定》（CH/T 1001—2005）
《测绘成果质量检查与验收》（GB/T 24356—2009）
《某新建铁路段内某隧道工程洞外 GNSS 控制测量技术方案》等

（2）测量方法：

洞外平面控制测量采用 GNSS 测量方法施测，按一等 GNSS 控制网精度要求进行。根据《高速铁路工程测量规范》（TB10601—2009）规定的精度指标执行，要求基线边方向中误差 ≤0.9″，最弱边相对中误差 ≤1/250 000。

（3）已有控制点成果：

标段内有设计单位交接的二等 GNSS 控制点 6 个、三等 GNSS 控制点 1 个，经现场检查和复测确认，设计院交接控制点的标石均完好、点位中心标志清晰，控制点精度稳固可靠，满足规范要求。

3. 仪器和人员组织

（1）投入使用的测量仪器。

根据规范和工期要求，本次控制测量共投入 Trimble 双频 GNSS 接收机 6 套，所有测量仪器均经过国家计量授权的仪器鉴定机构检定，且均在有效使用期内，满足规范要求。仪器设备进场后，按规范要求统一进行了常规检查，所有仪器设备的精度及其技术状态均满足控制测量要求。

（2）主要测量人员。

根据工期和技术方案的要求，本次控制测量投入的主要测量人员有：高级工程师 2 名、工程师 2 名、助理工程师 4 名、技术员 2 名、测量工 2 名。

（3）测量时间及主要完成工作。

本次洞外平面控制测量从 2010 年 7 月 16 日开始，至 8 月 1 日结束，历时 15 天。主要完成隧道洞外 GNSS 控制网外业观测、数据处理，并提交控制测量技术总结以及控制测量成果报告。

4. 控制测量选点、埋石

（1）选点。

根据设计要求，在隧道进口埋设 3 个平面控制点，2 座斜井附近各埋设 3 个平面控制点，出口埋设 3 个平面控制点。相邻点间要求尽量相互通视，保证每一个点至少有 1 个通视方向。控制点距线路中线 50~100 m，稳固可靠，平均点间距不短于 300 m，进洞边不短于 500 m。所有的洞口控制点都按规定的一等网精度要求进行了 GNSS 观测，并一同纳入隧道整体 GNSS 控制网进行平差处理。

控制点标石上注记控制点编号，以方便后续使用。

（2）标石埋设。

控制桩点以不锈钢质球面中心圆点为桩芯，制作材料上部为不锈钢、下部采用普通钢筋焊接而成。标石表面用统一制作的模具进行表面修饰和标识，标石和字头统一大致指北。控制点埋设完后采用统一的混凝土盖盖上，以防桩芯破坏。全线基本没有冻土，鉴于平面控制点与水准点共桩，所以控制点统一埋深 1.2 m。埋设采用现场浇筑混凝土桩，混凝土的配合比为 1∶2∶3（水泥∶砂子∶碎石）。

标石埋设规格（略）。

5. 外业观测

（1）洞外观测构网。

洞外 GNSS 平面控制测量采用同步静态观测模式，采用网联式构网，由三角形组成带状网。每个环同步观测 2 个时段，每时段有效观测时间至少 120 min。网形如图 3.12 所示。

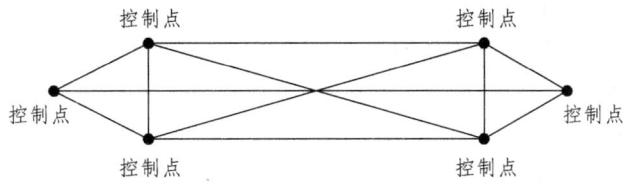

图 3.12　GNSS 测量网形示意图

（2）控制点联测。

为提供起算依据，需要联测设计院交接的 GNSS 控制点，使建立的隧道洞外平面控制网既能满足施工要求，又使其基准和设计单位保持一致。

联测时采用不少于 4 台 GNSS 双频接收机同步观测 2 个时段，其中 1 台 GNSS 接收机架设于设计单位交接的 GNSS 控制点上，其余的 GNSS 接收机架设于埋设的控制点上，如图 3.13 所示。洞外控制网与设计院交接的 GNSS 控制点联测时，按高铁一等 GNSS 测量作业的技术要求执行。

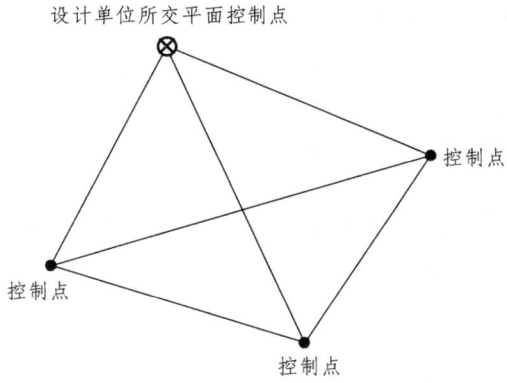

图 3.13　GNSS 控制点联测示意图

（3）GNSS 观测操作。

天线安置均严格对中整平，对中误差不大于 1 mm，并正确量取天线高（桩点中心标志至厂商指定的天线参考点的高度）。每个时段观测结束后，重新安置仪器，将基座转动 120°或者升降三脚架，然后重新对中整平，进行下一时段的观测。

观测期间测量员始终守护着仪器，防止观测数据受到人为因素的影响。观测结束后，测量员认真检查各规定作业项目是否符合要求，记录资料是否完整无缺，并将点位恢复原状后再迁站。

6. GNSS 观测数据处理

采用接收机自带的数据传输软件将原始观测数据传输到电脑上并备份，然后采用 TBC 软件统一进行基线解算，基线解算合格后输出基线向量文件供平差计算使用。GNSS 网平差计算采用武汉大学测绘学院编制的 COSAGPS 后处理软件进行。

（1）基线解算。

经采用 TBC 软件进行基线解算和检查，基线向量的各项质量指标均满足规范要求，所有独立环闭合差、重复基线较差均符合限差要求。

（2）三维无约束平差。

以某一点的原测三维坐标成果（空间直角坐标）作为起算数据，对 GNSS 平面控制网进行三维无约束平差。三维无约束平差后，所有基线分量的改正数绝对值均满足：$V_{\Delta X} \leq 3\sigma$，$V_{\Delta Y} \leq 3\sigma$，$V_{\Delta Z} \leq 3\sigma$。

（3）二维约束平差。

洞外 GNSS 平面控制网数据处理采用"一点一方向"的平差方法进行，建立的隧道洞外平面控制网能够满足施工要求和隧道的正确贯通。

以联测的某两控制点平面坐标成果反算的方位角和其中一点的平面坐标成果作为约束条件，采用"一点一方向"对洞外 GNSS 平面控制网进行二维约束平差。约束平差后，基线向量各分量改正数与无约束平差同一基线改正数较差的绝对值满足：$dV_{\Delta X} \leq 2\sigma$，$dV_{\Delta Y} \leq 2\sigma$。

洞外 GNSS 平面控制网经二维约束平差计算后，单位权中误差、最弱点点位误差、最弱边方向中误差、边长相对中误差、所有相邻点的坐标分量及其相对中误差均满足限差要求。

由上可知，洞外 GNSS 平面控制网的各项指标均满足规范要求，达到一等 GNSS 控制网的精度要求。

7. GNSS 控制测量结论

经过外业观测和内业计算，本次洞外 GNSS 平面控制测量达到一等 GNSS 控制网的精度，所建立的隧道洞外控制网能够满足施工和规范要求。

8. 附 件

（1）洞外 GNSS 平面控制测量示意图。

（2）洞外 GNSS 平面控制测量异步环闭合差计算统计表。

（3）洞外 GNSS 平面控制测量重复基线较差计算表。

（4）三维无约束平差后点位精度统计。

（5）三维无约束平差后边长及精度。

（6）二维约束平差的起算数据。

（7）二维约束平差坐标及精度统计。

项目三　实时动态定位测量

项目描述

GNSS-RTK 实时动态定位测量

GNSS 测量已经成为大地测量与控制测量的主要手段，广泛应用在工程测量中。实时动态测量（GNSS RTK）技术也广泛地应用于实践十余年。GNSS RTK 技术在工程测量中的迅速推广，主要依赖于其可以向全球任何用户全天候地连续提供高精度三维坐标、三维速度和时间信息，大大减少了测量人员的劳动强度，其自动化程度高、省工省时、精度高、全天候提高了工作效率，使工程变得更经济。

教学目标

1. 能力目标
- 学会正确设置 GNSS RTK 测量系统的基准站和流动站并在点位上进行实时动态测量；
- 能按要求进行各种 GNSS RTK 测量。

2. 知识目标
- 了解 GNSS RTK 动态定位系统的组成；
- 了解 GNSS RTK 定位测量作业模式；
- 了解网络虚拟参考站技术；
- 掌握 GNSS RTK 测量的外业及内业工作流程；
- 掌握连续运行参考站（CORS）系统的应用。

3. 素质目标
- 具备严谨、一丝不苟的工作作风；
- 具备较好的质量意识、规范意识。

相关案例——南方 RTK 应用于某矿区 1∶1000 地形图测量

1. 任务来源及测区概况

受某矿区委托测量该地区新建矿区东西 500 m、南北 1 000 m 范围内的地形图。该测区位于太行山东麓，地理坐标为东经 113°～114°18′、北纬 37°42′～38°18′，东邻石家庄，西靠山西煤炭基地。境内山峦起伏，河谷盆地错落，属温带大陆性气候。

GNSS-RTK
数字测图

2. 资料收集及主要测量内容

本次控制网采用 1980 西安坐标系，附近有国家高等级 GNSS 控制点 GNSS1、GNSS2、GNSS3 可作为控制测量的起算资料。中央子午线为 114，高斯 3 度带投影，投影面采用 1985 国家高程基准。地形图测绘比例尺为 1∶1 000。

3. 测量技术依据

《1∶500、1∶1 000、1∶2 000 地形图图式》
GB/T 18314—2009《全球定位系统（GPS）测量规范》
CH/T 2009—2010《全球定位系统实时动态（RTK）测量技术规范》

4. 仪器选择

本次地形测量选用经检定合格的南方测绘灵锐 S86T 双频双星 RTK 测量系统施测，仪器标称点位水平精度 $10\ \text{mm} + 1 \times D \times 10^{-6}\ \text{mm}$，高程精度 $20\ \text{mm} + 1 \times D \times 10^{-6}\ \text{mm}$。

5. 具体观测

1）坐标转换

在测区中间架设 S86T 基准站，尽量缩减由于基站与移动站距离引起的误差。移动站分别在提供的高等级已知控制点和布设的平面控制点上使用工程之星 3.0 软件提供的控制点测量程序观测，观测数据采集时限制 HRMS＜2 cm，VRMS＜3 cm，PDOP＜4 cm，卫星高度截止角≥15°。

坐标转换参数获取：使用求转换参数程序添加提供的 GNSS1、GNSS2、GNSS3 控制点已知坐标和对应观测得到的经纬度原始坐标求取测区内的转换参数并且应用到该工程。注意：转换的平面残差应≤±2 cm，高程残差≤±3 cm，并且查看计算出来的转换参数比例尺应该为 0.99999*****或者 1.00000****。

数据处理：使用数据后处理功能，应用当前的转换参数可以及时计算出布设的其他平面控制点的当前西安 1980 坐标。

2）地形图测量

此次碎部测量采用 S86T RTK 进行测量，所有仪器使用一个测区的转换参数，多天作业使用仪器的单点校正功能到图根点上校正后，再使用电子手簿 S730 快速采集存储"A"键测量。由于本次测区地物要素较少，使用编码法测量，在测点存储的时候输入地物要素的编码如陡坎输入 k，与陡坎相连的其他点编码输入"+"，直到该段坎结束。内业将外业测量的坐标数据导入南方 CASS 软件，使用简码识别功能，CASS 软件自动绘出地形图，再去检查核对，出错的地方手动绘图修正。

由于本次地形图测量实施分组作业，实地选择明显的地物作为分界比如道路，同时使用手簿显示测区范围程序设置各组的测量范围，并且地形图接边限差不应大于本次规定的平面、高程中误差的 $2\sqrt{2}$ 倍，接边时线状地物的拼接不得改变其真实形状及相关位置，地貌的拼接不得产生变形。

6. 成果提交

（1）控制测量部分包括控制点展点略图，控制点坐标表，观测手簿，计算手簿及成果表，原始观测数据*.rtk 文件、*.dat 文件，转换参数文件*.cot。

（2）地形图测量部分包括地形测量手簿，原始观测数据*.rtk 文件、*.dat 文件、1∶1 000 测区地形图。

（3）测区技术设计书、技术总结及检查验收报告。

任务 3.1　RTK 动态定位系统的组成

3.1.1　任务描述

本任务主要介绍了 RTK 动态定位系统的设备组成、RTK 基准站和流动站特点、RTK 测量系统的维护与精度指标、局域差分、广域差分及 CORS 系统等内容。

3.1.2　相关知识

在日常测量工作中，RTK 技术被频繁使用，也是工程测量项目中最常见最方便的测量方法。RTK（Real-Time-Kinematic）技术是 GNSS 实时载波相位差分的简称，其基本原理是：由基准站通过数据链实时地将其载波相位观测量及基准站坐标信息一同发送到用户站，并与用户站的载波相位观测量进行差分处理，适时地给出用户站的精确坐标。

RTK 实时动态测量系统是集计算机技术、数字通信技术、无线电技术和 GNSS 定位技术为一体的组合系统，具有定位精度高、可全天候作业等特点。RTK 由基准站和流动站两个部分组成。

1. RTK 系统基准站的组成和作用

RTK 系统基准站由基准站接收机、蓄电池、外挂电台及外挂电台天线等组成。

GNSS RTK 基准站的作用是接收 GNSS 卫星数据，解算本地定位误差，外挂电台将基准站数据及误差信息通过外挂电台天线进行播发，蓄电池进行供电。GNSS RTK 作业能否顺利进行，关键的问题是无线电数据链的稳定性和作用距离是否满足要求。它和无线电数据链电台本身的性能、发射天线的类型、参考站的选址、设备的架设及环境的干扰情况有直接的关系。架设基准站时应尽可能将基准站架高，保证基准站周边不存在遮挡物，数据链电台及发射天线连接良好，且发射天线和基准站间保持一定距离。

2. RTK 流动站的组成和作用

流动站的组成如图 3.15 所示。流动站的作用：自身接收 GNSS 卫星的数据，同时利用棒状天线接收基准站发出的误差数据，接收机手簿实时解算流动站所在位置的精确坐标。流动站的内置数据链电台功率较低，其电源和卫星接收机共用，无须另配电池。接收机手簿功能丰富，其中配备测量软件，其有设备连接、任务创建、坐标系选择、数据导入导出、点测量及点放样等功能。在实际测量工作中，测量员仅携带流动站进行实地测量，为达到测量精度达到厘米级，一般要求其定位状态保持为固定解，并要提前设置好相应的坐标系及坐标分带参数，实时关注接收机状态。

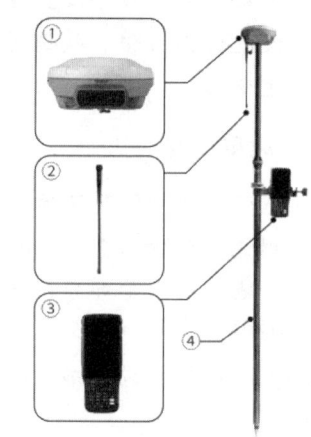

①—流动站接收机；②—棒状接收天线；
③—接收机手簿；④—测量对中杆。

图 3.15 流动站的组成

RTK 流动站和基准站间也可使用内置电台进行数据通信。使用内置电台时流动站设备没有变化，而基准站设备一般不需要蓄电池及外挂电台天线，但内置电台下基准站服务范围不如外挂电台服务范围大，信号也易受到干扰。

3. RTK 测量系统的特点

RTK 系统相比传统测量的优点及注意事项：

（1）精度高，作业方便。RTK 作业不受通视条件限制，基准站设置好进行点检核后，即可开测，如用虚拟基站则更简便。

（2）速度快，效率高，节约人力。RTK 作业每组一般 1~2 人，采用测记法时，1 人操作、1 人画图；采用编码法时，1 人即可。每站测图采点仅需 3 s 左右，工作效率大大提高。

（3）基准站的设置及作业半径对 RTK 的测量精度和作业速度有直接影响。基准站应尽量架设在地势较高的地方，而且要远离强电磁干扰源和大面积的信号反射物。流动站距基准站不能超过 15 km，因为在 15 km 内 RTK 数据处理的载波相位的整周模糊度能够得到固定解，这样定位精度才能达到厘米级。根据实际情况作业时将流动站和基准站的距离控制在 6 km 之内。

（4）虽然 RTK 有这么多的优点，但也有自身的局限性。在有大面积信号反射物的地方是无法定位的，如高层建筑附近、茂密的森林等；强电磁源也会干扰信号，如高压输电线附近、变电站等；在云层较厚的时候也有影响。要达到高精度的固定解状态，需要同时接收 6~7

颗以上的卫星信号，且卫星空间分布因子 PDOP 值要合理。

4. RTK 测量系统的维护与精度

（1）接收机的一般检验要求：

① 接收机及天线型号应与标称一致，外观良好。

② 各种部件及其附件应匹配、齐全和完好，紧固的部件应不得松动或脱落。

③ 设备使用手册和后处理软件操作手册及磁（光）盘应齐全。

④ 接收机的检定按 CH 8016 执行，并应在有效的使用周期内。

（2）接收设备的维护要求：

① 接收设备应有专人保管、专人押送，并应采取防振、防潮、防晒、防尘、防腐蚀和防辐射等措施，软盘驱动器在运输中应插入保护片或废磁盘。

② 接收设备的接头和连接器应保持清洁；电缆线不应扭折，不应在地面拖拉、碾砸；连接电源前电池正负极连接应正确；观测前电压应正常。

③ 当接收设备置于楼顶、高标或其他设施顶端作业时，应采取加固措施；在大风和雷雨天气作业时，应采取防风和防雷措施。

④ 作业结束后，应及时对接收设备进行擦拭，并放入有软垫的仪器箱内。仪器箱应置于通风、干燥阴凉处，保持箱内干燥。

⑤ 接收设备在室内存放时，电池应在充满状态下存放，并每隔 1~2 个月充放电 1 次。

⑥ 仪器发生故障，应转交专业人员维修。

（3）RTK 测量系统的精度指标：

$$\delta = a + b \times d \tag{3.8}$$

式中　a——固定误差，mm；

　　　b——比例误差系数，mm/km；

　　　d——流动站至基准站的距离，km。

以司南导航的 N5 惯导版 RTK 为例，其精度指标中，固定误差 a 为 8 mm、比例误差系数 b 为 1 mm。当获得流动站到基准站间的距离时，便可估算其 RTK 设备测量的精度。

5. 局域差分与广域差分

在实际测量工作中，RTK 测量往往为单基准站模式。单基准站 RTK 受到基准站至用户距离的限制，距离越长，精度越低，且精度分布不均匀，服务范围小。为解决此问题，单基准站 RTK 技术发展成局域差分和广域差分定位技术。单基准站 RTK 结构和算法简单，技术上较为成熟，主要适用于小范围的差分定位工作；对于较大范围的区域，则应用局域差分技术；对于一国或几个国家范围的广大区域，则应用广域差分技术。

（1）局域差分：在局域中应用差分 GNSS 技术，就是在区域中布设一个差分 GNSS 网，该网由若干个差分 GNSS 基准站组成，通常还包含 1 个或数个监控站。位于该局域网中的用户，接收多个基准站所提供的修正信息，采用加权平均法或最小方差法进行平差计算求得自己的修正数，从而对用户的观测结果进行修正，获得更高精度的定位结果。这种差分 GNSS

定位系统称为局域差分 GNSS 系统，简称 LADGNSS。LADGNSS 系统包括多个基准站，每个基准站与用户之间均有无线电数据通信链。

（2）广域差分：广域差分 GNSS 的基本思想是对 GNSS 观测量的误差源加以区分，并单独对每一种误差源分别加以模型化，然后将计算出的每种误差源的数值，通过数据链传输给用户，以便对用户 GNSS 定位的误差加以改正，达到削弱这些误差源、改善用户 GNSS 定位精度的目的。GNSS 误差源主要表现在星历误差、大气延迟误差、卫星钟差 3 个方面。广域差分 GNSS 系统就是为削弱这 3 种误差源而设计的一种工程系统，简称 WADGNSS。该系统的一般构成包括：一个中心站、几个监测站及其相应的数据通信网络，覆盖范围内的若干用户。其工作原理是：在已知坐标的若干监测站上跟踪观测 GNSS 卫星的伪距、相位等信息，监测站将这些信息传输到中心站，中心站在区域精密定轨计算的基础上，计算出 3 项误差改正模型，并将这些误差改正模型通过数据通信链发送给用户站，用户站利用这些误差改正模型信息改正自己观测到的伪距、相位、星历等，从而计算出高精度的 GNSS 定位结果。

6. CORS 系统

CORS（Continuous Operational Reference Station，连续运行参考站）系统，也称为多基准站 RTK 技术、网络 RTK 技术，是对普通 RTK 方法的改进，是重大地理空间基础设施。CORS 系统是在一定区域（县级以上行政区）布设若干个 GNSS 连续运行基站，对区域 GNSS 定位误差进行整体建模，通过无线数据通信网络向用户播发定位增强信息，将用户终端的定位精度从 3~10 m 提高到 2~3 cm，且定位精度分布均匀、实时性好、可靠性高；同时，CORS 系统是区域高精度、动态、三维坐标参考框架网建立和维护的一种新手段，为区域内的用户提供统一的定位基准。目前最成熟的 CORS 系统数据处理方法是虚拟参考站法（Virtual Reference Station，VRS），其工作原理如图 3.14 所示。

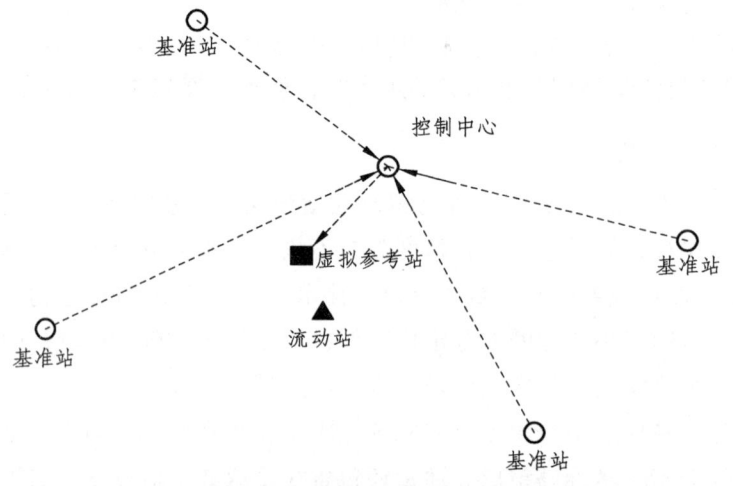

图 3.14　VRS 虚拟参考站法工作原理

VRS RTK 的工作原理：在一个区域内建立若干个连续运行的 GNSS 基准站，根据这些基准站的观测值，建立区域内的 GNSS 主要误差模型（电离层、对流层、卫星轨道等误差）。系统运行时，将这些误差从基准站的观测值中减去，形成"无误差"的观测值，然后利用这些无误差的观测值和用户站的观测值，经有效的组合，在移动站附近（几米到几十米）建立起一个虚拟参考站，移动站与虚拟参考站进行载波相位差分改正，实现实时高精度定位。由于其差分改正是经过多个基准站观测资料有效组合求出的，可以有效地消除电离层、对流层和卫星轨道等误差，哪怕用户站远离基准站，也能很快地确定自己的整周模糊度，实现厘米级的实时快速定位。

CORS 系统由基准站网、数据处理中心、数据传输系统、定位导航数据播发系统、用户应用系统 5 个部分组成，各基准站与监控分析中心间通过数据传输系统连接成一体，形成专用网络。RTK 仅是由卫星信号接收系统、数据传输系统和软件处理系统 3 部分组成的。CORS 系统在连续运行的 GNSS 基准站进行 GNSS 观测，并实时将观测值传输至数据处理中心，处理中心根据这些观测值计算区域电离层、对流层、卫星轨道误差改正模型，并实时地将各基准站的观测值减去其误差改正，得到无误差观测值；再结合移动站的观测值，计算出在移动站附近的虚拟参考站的相位差分改正，并实时地传给数据传输系统，数据传输系统实时接收处理中心的相位差分改正信息，并实时播发，用户站接收到数据播发中心发布的相位差分改正信息，结合自身 GNSS 观测值，组成双差相位观测值，快速确定整周模糊度参数和位置信息，完成实时定位。因此，CORS 系统是集互联网技术、无线电通信技术、计算机网络管理和 GNSS 定位技术于一身的系统。

7. 商业 CORS 系统

近年来，测绘行业产生了很多商业 CORS 系统，现做一简单介绍，可在其官方网站进行详细了解。

（1）千寻位置：千寻位置以"互联网＋位置（北斗）"的理念，通过北斗地基一张网的整合与建设，基于云计算和数据技术，构建位置服务云平台，以满足国家、行业、大众市场对精准位置服务的需求。千寻位置定位为一家面向企业和开发者、提供精准位置服务运营的平台型公司，致力于让位置创造价值，将公司打造成为提供精准位置服务、数据积累与挖掘、数据融合增值服务、具有全球竞争力的新兴产业集团。千寻位置计划以卫星定位为基础，融合各类定位技术，针对特定的应用场景，不同的应用终端，推出与实际场景相结合的解决方案，向各类终端和应用系统提供高精准位置服务。千寻位置分享对位置相关的海量数据接入、存储、融合和开放的能力，为企业和开发者的集成开发、应用推广提供一站式的服务支撑，让精准位置服务成为连接、激活和驱动位置（北斗）生态发展的新的互联网基础设施。

（2）司南导航：上海司南卫星导航技术股份有限公司是中国首家完全自主掌握北斗/GNSS 核心技术，并成功实现规模化市场应用的卫星导航企业，集研发、生产、销售、服务于一体，致力于为全球用户提供全方位、多领域的高精度北斗/GNSS 芯片、板卡、终端和系统解决方案。公司秉承"知行合一、止于至善"的企业理念，集中国高精度 GNSS 技术之大成，时刻保持创新技术迭代研发，融合 5G、大数据、人工智能等高新技术，全面布局高精度 GNSS 生态圈，产品应用涵盖测量测绘、精准农业、形变监测等领域。其司南罗网是基于 RTK 技术的厘米级差分数据播发服务，满足勘测、施工、交通、无人机、精准农业等行业的高精度导航定位需求。

（3）中国移动高精度定位产品：2020 年 10 月 22 日，中国移动在苏州举办了主题为 "5G 新基建·智驾新未来" 的 5G 自动驾驶峰会，会上，中国移动发布了全球最大的 "5G+北斗高精定位" 系统，启动了国家 5G 新基建车路协同项目。在高精度定位分论坛上，中国移动发布了 "OnePoiNT" 高精度定位产品及应用示范，同期还发布了高精度定位生态合作 "纵横" 计划，着力建设开放统一的合作平台，与伙伴深度协同、相互赋能，建立和共同繁荣高精度定位产业生态。在发布 "OnePoiNT" 高精度定位产品时，中移（上海）产业研究院负责人表示，2019 年 10 月起，中国移动依托数百万个通信基站和北斗卫星，着力开展基于 5G+北斗的高精度定位能力建设。一方面，充分发挥 "5G+" 能力优势，结合 AICDE 等新领域技术积累，推进 PNTC（定位、导航、授时、通信）能力建设，搭建高精度定位系统；同时面向差异化市场需求，开展核心技术攻关、服务产品开发、解决方案定制及应用示范落地，集中构建亚米级至毫米级定位及短报文通信能力。

任务 3.2　RTK 定位测量作业模式

3.2.1　任务描述

本任务根据 RTK 设备实例，详细介绍多种 RTK 测量模式中的硬件设备及软件设置。

GNSS-RTK 作业模式

3.2.2　相关知识

以司南导航 N5 型接收机为例，详细学习 RTK 测量作业模式，常用的作业模式有内置电台模式、网络模式、外挂电台模式及 CORS 模式等。RTK 测量系统即包含了基准站及流动站在内的接收机系统。现在基准站与流动站在硬件设备上没有区别，只是在具体应用时设备处于不同的工作状态。基准站接收机不移动，实时接收卫星信号并播发改正参数；流动站接收机接收改正参数并进行具体定位测量工作。

司南 N5 是一款惯导型接收机，采用先进的一体化板卡设计理念，数据更可靠，产品更优越。N5 接收机全星座全频点接收，全面支持北斗三号卫星信号。具备恶劣环境融合算法，大幅度提升遮挡环境下的固定率。N5 接收机如图 3.15 所示，N 系列接收机指示灯和按键说明如表 3.12 所示。

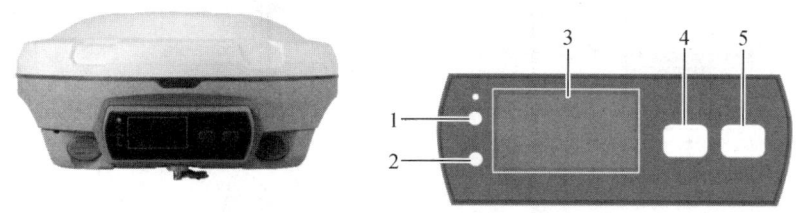

图 3.15 N5 接收机

表 3.12 N 系列接收机（N5 接收机）指示灯和按键说明

功能	提示信息
1 差分灯	RTK 模式下收发差分数据，橙色差分信号灯 1 s 闪烁 1 次
2 卫星灯	正在搜星快速闪烁；搜到 N 颗卫星，每间隔 5 s 绿色 LED 灯闪烁 N 下
3 显示屏	第一页： 第一行左侧显示接收机状态，通过面板配置接收机或手簿配置接收机，显示接收机状态；第一行右侧显示 WIFI 和 4G 状态；WIFI 关闭/打开，4G 信号强度； 第二行显示卫星颗数，左侧为参与解算卫星数量，右侧为跟踪卫星数量； 第三行左侧显示 PDOP 卫星位置精度值，右侧显示直流电源供电图标，没有直流源供电图标不显示； 第四行显示 A、B 电池电量状态。 第二页： 通过面板配置接收机或手簿配置接收机，接收机显示数据链、通信协议、模式、频率状态。 第三页： 清理内存、静态切换、WIFI 控制、上电自启配置、恢复出厂设置以及退出设置功能
4 功能键	按 FN 键可执行 LED 显示屏翻页操作
5 电源键	开关机或确认某一功能时可按此键； 关机状态下按下此键开机，全部灯亮，自检完成后熄灭； 开机状态下长按此键 4 s 关机，显示屏指示"正在关机"，蜂鸣器持续鸣响

1. 内置电台模式

RTK 所使用的差分是靠内置电台来进行的。基准站将接收到的数据与设置基准站的数据进行计算，得出每时每刻的差分数据，并将这些数据通过内置电台发送出去。流动站也能通过内置电台接收基准站发送的差分数据，并进行计算，最终得出我们所需要的坐标数据。

1）内置电台硬件设备

在内置电台模式下，硬件设备由基准站接收机、流动站接收机、棒状发射与接收天线、手簿、三脚架及对中杆组成，如图 3.16 所示。其中①为 GNSS 接收机，分为基准站接收机与流动站接收机；② 为棒状天线，具有发射与接收功能；③ 为手簿，拥有软件设置及测量记录功能；④ 为对中杆，可精确对中测量。

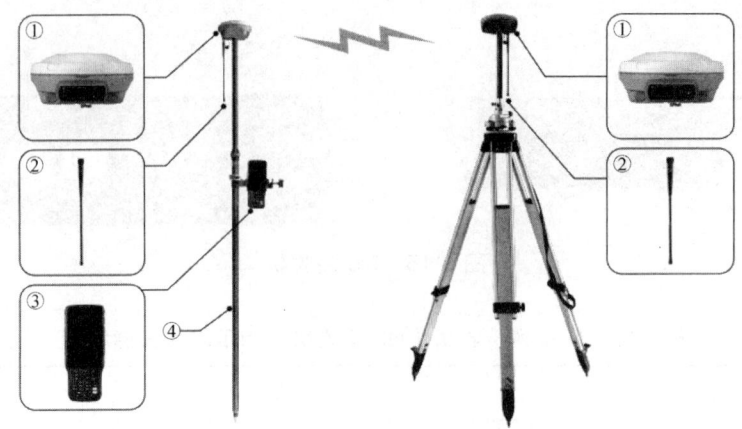

图 3.16　内置电台硬件设备

2）内置电台软件设置

（1）手簿连接基准站接收机，点击【基准站】，选择默认：使用内置电台启动基站，启用，基准站启用成功后，状态显示为基准站。

（2）手簿连接移动站接收机，点击【移动站】，选择默认：电台接收差分，启用。

内置电台模式软件设置如图 3.17 所示。

图 3.17　内置电台模式软件设置

默认模式设定的频率为 460.050 MHz，若周围无其他基准站选用此频率，可选择上述快捷操作。若基站要更改频率参数发射，可选择左下角【添加】进行添加模式，通过修改信道设置内置电台模式参数，设置完成后【保存】，自定义模式名称，点击【启用】即可。需要注意的是，移动站也需添加相应启动模式，协议频率等参数设置必须与基准站一致。

2. 外挂电台模式

RTK 所使用的差分是靠外挂电台来进行的。基准站将接收到的数据与设置基准站的数据进行计算,得出每时每刻的差分数据,并将这些数据通过外挂电台发送出去。流动站接收基准站发送的差分数据,并进行计算,最终得出我们所需要的坐标数据。外挂电台的功率相对更高,可以覆盖更远的距离,并且其信息传播的稳定性更好。

1)外挂电台硬件设备

在外挂电台模式下,硬件设备由基准站接收机、流动站接收机、棒状发射与接收天线、蓄电池、外挂电台、手簿、三脚架及对中杆组成,如图 3.18 所示。其中①为 GNSS 接收机,分为基准站接收机与流动站接收机;② 为蓄电池,提供电能;③ 为外挂电台,整理数据信息准备发射误差信息;④ 为 UHF 天线,发射误差信息;⑤ 为棒状天线,具有发射与接收功能;⑥ 为手簿,拥有软件设置及测量记录功能;⑦ 为对中杆,可精确对中测量。

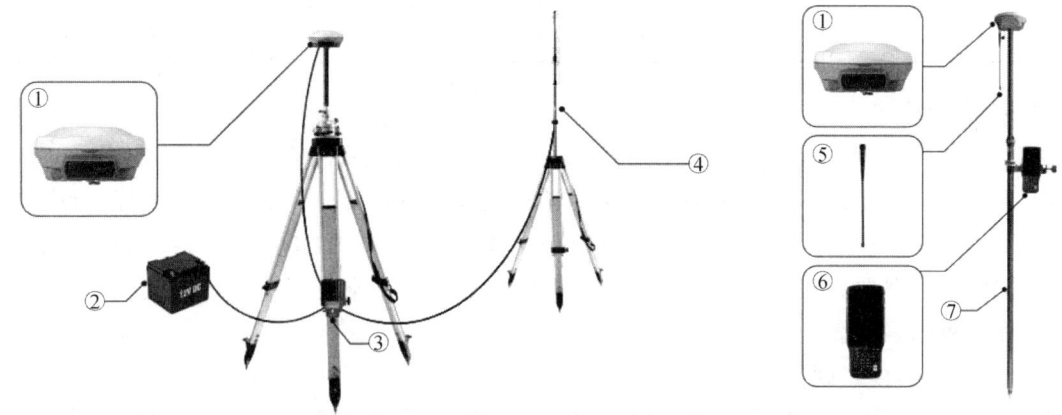

图 3.18　外挂电台模式硬件设备

2)外挂电台模式软件设置

(1)手簿连接基准站接收机,点击【基准站】,选择默认:使用外置电台启动基站,启用,基准站启用成功后,状态显示为基准站。

(2)手簿连接移动站接收机,点击【移动站】,选择默认:电台接收差分,启用。

外挂电台模式软件设置如图 3.19 所示。

图 3.19　外挂电台模式软件设置

默认模式设定的频率为 460.050 MHz，若需修改外挂电台发射频率，可在外挂电台上更改，修改后移动站选择对应频道接收差分。CDL 外挂电台"频道-频率"对照表如表 3.13 所示。

表 3.2 CDL 外挂电台"频道-频率"对照表

频道	发射频率/MHz	频道	发射频率/MHz
0	454.0500	5	459.0500
1	455.0500	6	460.0500
2	456.0500	7	461.0500
3	457.0500	8	462.0500
4	458.0500	9	463.0500

3. 主机网络模式

RTK 主机网络模式是指基准站和移动站之间利用移动互联网来进行数据通信。相对于传统的无线电通信模式，移动互联网通信模式具有配置简单轻便、作业距离增加等优点，越来越受到测量用户的欢迎。网络模式 GSM/GPRS/CDMA 数据链 RTK 是通过移动和联通的网络进行数据传输，只要处于网格基站范围之内，传输就可以正常进行，且传输过程不受区域、距离、环境等因素的影响。

1）主机网络模式硬件设备

内置电台模式下，硬件设备由基准站接收机、流动站接收机、手机卡、棒状发射与接收天线、手簿、三脚架及对中杆组成，参见图 3.16。

2）主机网络模式软件设置

（1）手簿连接基准站接收机，点击【基准站】，选择默认：接收机网络服务差分，启用，基准站启用成功后，状态显示为基准站。

（2）手簿连接移动站接收机，点击【移动站】，选择默认：接收机网络服务差分，启用，基站名称填基准站接收机的 SN 号。

主机网络设置如图 3.20 所示。

图 3.20 主机网络设置

主机网络模式（网络 1+1 模式）需要内置 SIM 卡，默认 IP 地址为 211.144.120.104、端口 8888、源列表为接收机 SN 号码（如 03XXXXXX）、APN 为 CMNET。

4. CORS 模式

连续运行基准站网络系统（CORS）是在一定范围内建立若干个连续运行的永久性基站，通过网络互联，构成网络化的 GNSS 综合服务系统。CORS 系统是建立和维持相应地区高精度静态和动态地心三维坐标参考框架的基础设施，同时还可以提供厘米级、分米级精度的实时准实时定位，提供毫米级的后处理精度定位，为各行各业提供需要的静态和动态的空间位置。

CORS 连续运行参考站系统

1）CORS 模式硬件设备

在 CORS 模式下，硬件设备由 CORS 基准站、流动站接收机、棒状发射与接收天线、手簿及对中杆组成，如图 3.21 所示。其中①为 GNSS 流动站接收机；②为棒状天线，具有接收信息功能；③为手簿，拥有软件设置及测量记录功能；④为对中杆，可精确对中测量；⑤为 CORS 基准站。

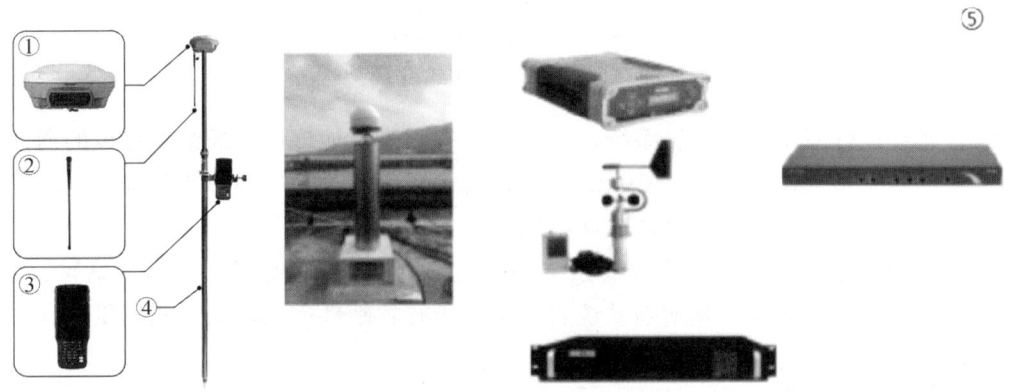

图 3.21 CORS 模式硬件设备

2）CORS 模式软件设置

手簿连接移动站接收机，点击【移动站】，自定义添加模式，点击左下角【添加】按钮，数据链路选择主机网络或手簿网络，在通讯模式中选择 CORS，输入服务器名称，域名/IP 地址和端口。点击源列表最右边的获取按键，获取所需的源列表，输入用户名、密码，保存模式并启动。CORS 模式设置如图 3.22 所示。

该模式需要使用网络，手机卡插在移动站接收机里，数据链路选择主机网络；手机卡插在手簿或手簿连接 WiFi 时，选择手簿网络。

3）我国的 CORS 系统建设

四川省北斗地基增强系统共建有 100 个站，是目前国内站点数目最多、覆盖范围最广的省级北斗基准站网络。该系统基准站接收机采用华测自主研发的北斗参考站接收机，基站数据处理及服务平台采用华测自主研发的 CPS，整套系统建设坚持"自主可控"原则。2015 年

4月11日，由中国工程院院士刘经南为组长的专家组对该系统完成验收。一致认为四川北斗地基增强系统建设填补了四川省在北斗高精度位置服务领域的空白，全面提升了北斗卫星定位系统在测绘基准维持中的作用，充分发挥了北斗卫星定位导航系统在国家安全、国防建设、国民经济建设中的重要作用。

图 3.22　CORS 模式设置

浙江省连续运行卫星定位综合系统，是由浙江省测绘与地理信息局组织建设的浙江省现代化测绘基准体系基础设施。浙江 CORS 由浙江省内省级基准站、地市级基准站、海洋基准站、地震基准站和江苏、福建共享基准站组成。

2014年，浙江省第一测绘院在原有系统基础上，选择萧山、余杭、海盐、嘉兴、桐乡5个站点建设完成浙江省北斗地基增强系统实验网，所有软硬件产品均为华测提供，标志着浙江省测绘行业进入北斗时代。

浙江省北斗地基增强系统于 2014 年 8 月完成设备安装和调试，并于 2014 年 12 月完成测试验收。

任务 3.3　RTK 定位常规测量功能及使用方法

3.3.1　任务描述

本任务根据 RTK 设备实例，详细介绍 RTK 定位测量中新建任务、参数计算、点测量、点放样等常用功能及具体使用方法。

3.3.2　相关知识

以司南 N5 接收机为例，介绍 RTK 设备常规测量功能及使用方法。市面上其他品牌型号

RTK 控制测量

接收机的使用过程大同小异，对比学习后可以融会贯通。常用功能有新建任务、参数计算、点测量、点放样等。

1. 新建任务

【任务】→【任务管理】→点击下方"+"创建，输入任务名称→选择坐标系统，在投影里获取或输入当地中央子午线，最后确认。在选择坐标系时要注意：当前没有设置任务时，显示默认坐标系参数；当设置有任务时，默认上一任务坐标系。上一任务坐标系参数，即套用上一任务所设置的任务坐标系参数。如图 3.23 所示。

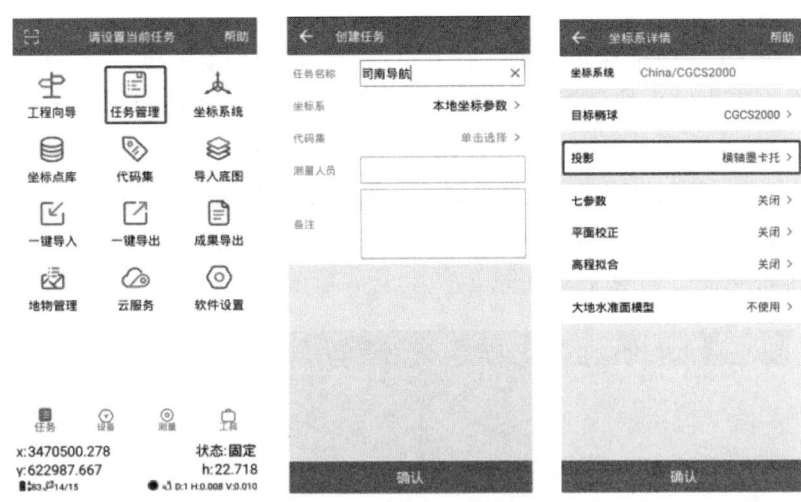

图 3.23 新建任务设置

2. 参数计算

参数计算就是求出 WGS-84 和当地平面直角坐标系统之间的数学转换关系（转换参数）。在工程应用中使用 GNSS 卫星定位系统采集到的数据是 WGS-84 坐标系数据，而目前我们测量成果普遍使用的是以地方(任意|当地)独立坐标系为基础的坐标数据。因此必须将 WGS-84 坐标转换到地方（任意）独立坐标系。坐标系统之间的转换可以利用现有的 7 参数或 3 参数，也可以利用司南测量大师（Survey Master）软件进行参数计算求水平校正和高程拟合。

1）参数转换控制点个数

一般工作情况下，需要先在测量区域内选择控制点做参数计算进行坐标系参数转换，然后再进行测量作业。

（1）单点计算：利用一个点的 WGS-84 坐标和当地坐标可以求出 3 个平移参数，旋转为 0，比例因子为 1。在不知道当地坐标系统的旋转、比例因子的情况下，单点校正的精度无法保障，控制范围更无法确定，因此建议尽量不要使用这种方式。

（2）两点计算：可求出 3 个坐标平移参数、旋转和比例因子，各残差都为 0。比例因子至少在 0.9999***至 1.0000****之间，超过此数值，精度容易出问题或者已知点有问题；旋转的角度一般都比较小，都在分以下如 0°0′0.03″，如果旋转上度，就要注意是不是已知点有问题。

(3) 三点计算：3个点做参数计算，有水平残参，无垂直残差。

(4) 四点计算：4个点做参数计算，既有水平残参，也有垂直残差。

2) 参数计算操作方法

(1) 输入控制点坐标：【任务】→【坐标点库】→点击右下角"+"→【键入】→点名称、代码（可不输）、属性类型勾选控制点、坐标类型为当地平面坐标→依次输入3个控制点坐标→确认。坐标输入后须做详细检查，避免输入错误导致之后的转换问题。

(2) 采集控制点坐标：【测量】→【点测量】界面，点击采集坐标按钮采集坐标，注意杆高与实际保持一致。

(3) 【工具】→【参数计算】→点击右下角添加，选择手动配对，【控制点】库选对应的控制点（之前在点库中输入的已知的控制点）或直接输入，【GNSS点】库选已知控制点上测量的点，【校正方法】选择水平和垂直，按此方法循环添加控制点数据，控制点要与测量点一一对应，【确定】，点击【计算】，查看水平残差（残差要在2cm内），精度符合要求后点击【应用】。如果选择自动配对，在控制点上测量的GNSS点名需要与该控制点名保存一致。参数计算完成后可进行作业。如图3.24所示。

图3.24 参数计算设置

3) 基站平移

常规作业模式下，需要测区至少3个控制点进行参数计算后才可进行测量工作。该测区已存在转换参数后，若出现以下两种情况，需要进行基站平移工作。

(1) 基站重新架设或脚架被人为移动。

(2) 基站接收机重启（自启动模式）。

设置移动站为固定解状态后，进入【基站平移】，到控制点上通过点测量在控制点采集一个GNSS点（即到已知控制点去采集坐标），然后选择【已知点】（或输入该控制点已知坐标）→【计算】→【应用】。操作完成后，需复测其他控制点，测量坐标与已知坐标比较一致，表明基站平移成功，可继续进行测量放样工作。

4）参数计算时的注意事项

（1）已知点最好分布在整个作业区域的边缘，能控制整个区域，并避免短边控制长边。例如，如果用 4 个点做参数计算的话，那么测量作业的区域最好在这 4 个点连成的四边形内部。

（2）一定要避免已知点的线形分布。例如，如果用 3 个已知点进行参数计算，这 3 个点组成的三角形要尽量接近正三角形；如果是 4 个点，就要尽量接近正方形。一定要避免所有的已知点的分布接近一条直线，这样会严重影响测量的精度，特别是高程精度。

（3）如果在测量任务里只需要水平的坐标，不需要高程，建议用户至少要用 2 个点进行参数计算；如果要检核已知点的水平残差，那么至少要用 3 个点进行参数计算；如果既需要水平坐标又需要高程，建议用户至少用 3 个点进行参数计算；如果要检核已知点的水平残差和垂直残差，那么至少需要 4 个点进行参数计算。

（4）注意坐标系统、中央子午线、投影面（特别是海拔比较高的地方），控制点与放样点是否是一个投影带。

（5）已知点之间的匹配程度也很重要。比如 GNSS 观测的已知点和国家的三角已知点，如果同时使用的话，检核的时候水平残差有可能会很大。

（6）如果有 3 个以上的点做参数计算，应检查一下水平残差和垂直残差的数值，看其是否满足用户的测量精度要求。如果残差太大，残差不要超过 2 cm。如果太大先检查已知点输入是否有误，如果无误的话，就是已知点的匹配有问题，要更换已知点了。

（7）对于高程要特别注意控制点的线性分布（几个控制点分布在一条线上），特别是做线路工程，参与计算的高程点建议不要超过 2 个（即在参数计算时，校正方法里不要超过 2 个点选垂直平差的）。

（8）如果一个区域比较大，控制点比较多，要分区做校正，不要一个区域十几个点或更多的点全部参与计算。

（9）注意一个区域只做一次参数计算，后面的再测量只需要重设当地坐标即可。

3. 点测量

1）点测量操作方法

点测量时可进行常规测量，也可进行倾斜测量。RTK 倾斜测量技术，是通过在流动站的 GNSS 接收机上集成进行倾斜改正的装置，使对中杆在垂直或是保持倾斜状态时，改正归算出仪器定位坐标。倾斜测量在进行改正的时候，测量仪器在当前状态下获取 3 个数据：倾斜角，即对中杆与杆尖位置铅垂线的角度；方位角，即对中杆倾斜时投影到平面坐标系中的方位角；相位中心坐标，即当前 RTK 获取的天线坐标。

GNSS-RTK 点测量

（1）【测量】→【点测量】界面，修改杆高与实际保持一致，气泡居中即可测量。

（2）若要进行倾斜测量，在【点测量】界面点击倾斜图标 可开启倾斜测量功能，此时会提示倾斜测量初始化，按照手簿界面提示进行初始化，提示初始化完成后，倾斜图标由红色变为绿色即可进行倾斜测量。

（3）测量后数据自动保存到坐标点库中。点测量设置如图 3.25 所示。

图 3.25 点测量设置

2）点测量注意事项

（1）根据产品规格，需要判断 RTK 是否支持倾斜测量功能。

（2）惯导倾斜测量初始化前，需设置杆高值与实际一致。

（3）初始化时前后摇晃过程中需保持对中杆底部位置不变。

（4）勿在惯导倾斜测量使用时太快转动仪器，否则需重新初始化。

4. 点放样

1）点放样操作方法

【测量】→【点放样】，进入放样点库，点击右下角"+"添加、【库选】或通过导入，添加待放样点，选中所需放样的点，点击【放样】开始放样。

如需修改提示数据的显示方式，可以点击右上角设置按钮进行修改，如距离提示可以为东西南北或前后左右，高程有正负或填挖。点放样设置如图 3.26 所示。

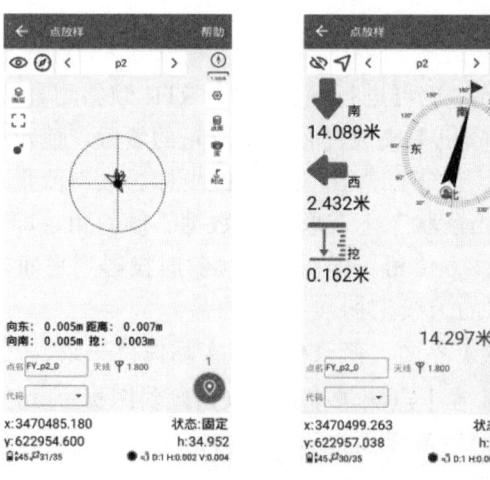

图 3.26 点放样设置

2）CAD 放样操作方法

【测量】→【CAD 放样】，文件选择所需的 CAD 图，文件类型为 dxf 或 dwg 格式。打开图后，点击右上角的选点放样符号，在图中选择一个需要放样的点，弹出该点的坐标信息，点击确认后，即可放样该点。CAD 放样设置如图 3.27 所示。

GNSS-RTK
施工放样

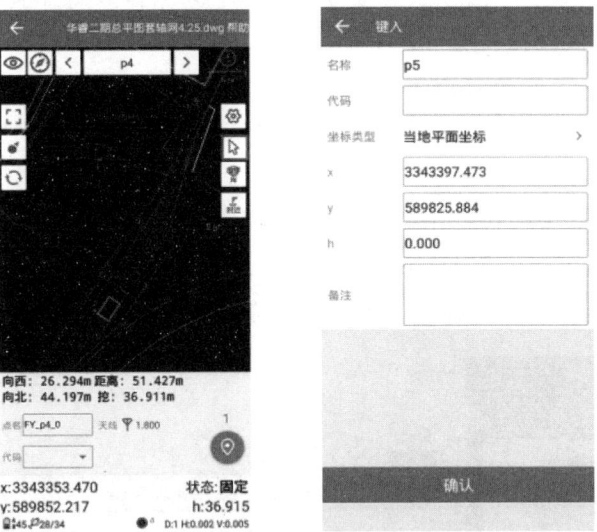

图 3.27　CAD 放样设置

3）曲线放样操作方法

【测量】→【曲线放样】，进入曲线库，点击"+"添加，进入曲线设计界面，选择线型，输入曲线名称和相关参数。以一点法为例，输入起点里程，输入或测量起点坐标，输入方位角、线长、半径和偏向，点击确定即可进行放样。曲线放样设置如图 3.28 所示。

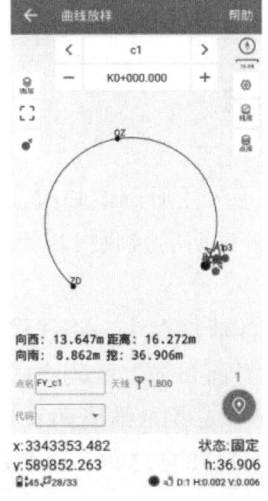

图 3.28　曲线放样设置

5. 数据导入与导出

1）数据导入

【任务】→【一键导入】→选择文件格式和点类型，根据路径选择所需文件（选择的文件格式需与实际文件一致）。

2）数据导出

【一键导出】界面，输入文件名，选择文件目录、需要导出的点类型和数据格式，确定即可导出 csv、txt、dat 等多种格式。

【成果导出】→【测量成果导出】→注意文件名和导出路径，确认即可。文件中包含详细的数据信息。

3）数据传输

将司南手簿（以 R550 手簿为例）用配套数据线连接到电脑，手簿顶端下拉选择"传输文件"方式后，电脑界面会出现 R550 存储盘符，测量数据路径为 Sinognss/ sm / Export，测量任务路径为 Sinognss/ sm / Project。数据传输设置如图 3.29 所示。

图 3.29　数据传输设置

6. RTK 设备常见问题

1）过期提醒

如果接收机未输入永久注册码或临时注册码已过期，蓝牙连接接收机成功时，会有提示信息"RTK 功能过期"，过期后接收机将无法进行作业。

2）设备注册

点击【设备】→【注册信息】→将注册码输入注册码框中→点【注册】→重启接收机后注册完成。也可通过此界面扫描二维码方式进行注册。

注册码一般为字符串或者二维码两种形式，字符串为 10 位数字一组的多组字符，如 2259639206-2544851768-1170751387。设备注册设置如图 3.30 所示。

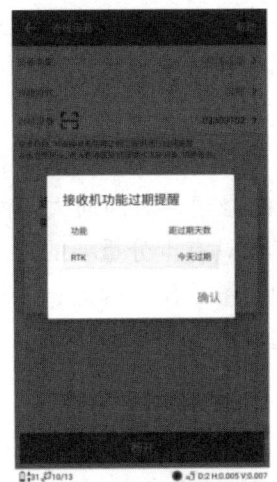 

图 3.30 设备注册设置

3）RTK 设备常见故障

RTK 设备在使用时若出现故障，接收机会出现一些提示，用户可以根据提示进行故障分析并进行问题解决。RTK 常见故障解决方法如表 3.14 所示。

表 3.3 RTK 常见故障解决方法

故障现象	故障分析/解决方法
CDL 外置电台屏幕显示异常： 显示 E01 表示供电电压过高； 显示 E02 表示供电电压过低； 显示 E03 表示配置参数丢失	电压过低时需充电后使用； 参数丢失时可使用 CRU 软件通过串口重新设置后使用
基站接收机反复重启	蓄电池电量不足（主机使用外置蓄电池供电时），给蓄电池充电后即可正常使用
基站启动后差分灯不亮	检查主机注册码是否过期，如过期请联系分销商申请注册码
网络 1+1 模式作业时，移动站"固定"状态不稳定	检查当地手机信号强度，如果信号不好，可更换到内置电台或外置电台模式作业
其他异常现象无法确定原因	可在手簿软件中点击"软件设置"→"意见反馈"进行技术问题反馈

推荐阅读 3 GNSS 技术在桥梁工程中的应用

桥梁工程测量是以桥梁及桥址区域内地表为实体对象，以桥梁结构和形状、地形（地貌和地物）、水文、气象为元素而进行的观测、计算及分析研究，涵盖工程设计、施工及运营等各个阶段，主要包括桥梁控制测量、定线测量、断面测量、水下地形测绘、施工定位放样测量和变形

GNSS 技术在桥隧工程中的应用

监测等测量任务,具有工程范围小、测量内容广、相对精度要求高等特点。目前,GNSS 技术的逐步应用,使桥梁工程测量迈进自动化、一体化、数字化和信息化的发展时代。

随着我国国民经济的飞速发展和科学技术水平的迅速提高,各种新型的特大跨径桥梁正不断地建设,构成我国现代交通网络的新格局。例如:杭州湾跨海大桥,全长 36 km,主跨 318 m,其单塔斜拉跨度居国内第一。新型桥梁的修建,对沟通大江南北,形成现代化交通网络起着极为重要的作用,对国民经济可持续发展具有十分重要的意义。在现代新型、大型桥梁的施工及运营管理中,都需要进行高精度的测量工作。因此,测量工作的精度对保证大桥施工建设的高质量,保证大桥长久正常运营起着极为重要的作用。

1. GNSS 应用于桥梁控制测量

桥梁主要控制测量工作包括:① 桥梁勘测设计阶段,为测绘桥址和隧道地表的大比例尺地形图而建立必要精度的控制网;② 桥梁施工阶段,为施工建立必要精度的施工控制网;③ 桥梁工程竣工后,为监测工程建筑物的变形,需提供变形观测控制网。

桥梁施工控制网作为整个大桥建设的基础必须保证高精度与高可靠度,这种控制网的特点:网点间边长较短,点位精度要求却很高。传统桥梁工程控制网一般都是布设成三角网、导线网,利用全站仪对外业数据进行采集,特别耗费人力、物力、财力。由于桥梁工程控制网的边长都比较长,尤其是近年来桥梁跨径越来越大,对测量的要求越来越高,常规测量仪器在测程、精度和可靠性方面逐渐不能胜任,而 GNSS 的特点弥补了常规测量方法的不足,GNSS 用于桥梁控制网的建立也逐渐从最初的试验尝试到现在的普遍应用,取得了越来越显著的成绩。

桥梁工程施工 GNSS 控制网一般由三角形或四边形构成,因此,接收机的数量一般为 3~6 台,宜采用双频接收机。

(1)布网方案。工程施工控制网的精度和可靠性要求高,因此,GNSS 控制网的图形多采用边连式或网连式。

① GNSS 测量对控制网图形强度没有特别要求,但宜避免连续几个点接近于成一条直线,尤其是位于长大直线段的桥梁工程控制网。

② 桥梁控制网每 1~2 km 布设一对控制点,两点间距离尽量控制在 300~500 m。隧道则在每个洞口布设 3 个以上的控制点,并尽可能相互通视。

③ 为了保证桥轴线与设计位置相吻合,并与相邻构筑物衔接平顺,应尽量采用设计控制点,并向相邻标段延伸 2 个控制点,且距离不短于 500 m。

(2)选点及埋标。所有控制点应满足 GNSS 观测要求,便于施工放样或常规测量联测、扩展,点位稳定、坚固。

(3)编制观测计划。为了保证观测作业高效、有序、结果准确可靠、减少返工,在外业观测前应制订周密的计划。

① 编制依据:控制网的精度、卫星星历文件(不得超过 20 天)、接收机数量以及交通状况。

② 确定最佳观测时段:首先设置测区地理位置和卫星高度角,选择卫星多于 5 颗且分布

均匀、卫星的几何图形强度 PDOP 值小于 6 的时段。

③ 编制内容：包括测量顺序及时间、人员分工、用车计划等。

（4）外业测量。观测应符合规定的基本技术要求（时段长、采样间隔、重复设站数等），并严格遵照仪器操作规程，按制订的计划实施。作业过程中应指定一人担任总调度，以便根据情况及时调整观测计划。

（5）数据处理。

① 数据预处理。主要任务是检查外业记录填写是否完整、是否按计划完成、有无漏测、原始数据上传至电脑并转换为 Rinex 标准格式，同时输入点名和天线高，方便后期数据处理。

② 基线解算。首先设置基线处理形式（卫星高度角、电离层改正方式、对流层改正模型等）；其次进行解算，检查基线质量控制参数（比率 Ratio、参考变量、均方根 RMS）、有效同步卫星数及同步时长、残差是否满足要求，如不满足，则通过调整卫星高度角或对卫星信号进行删减等手段使基线解算结果满足要求；最后导出合格的基线解算结果。

③ 控制网平差及坐标转换。在数据处理软件中，先进行控制网平差设置，然后进行平差，检查重复基线差、环闭合差等是否满足要求。输入已知点坐标（施工坐标系中的坐标）和方位角、已知边长等约束条件，进行约束平差（一点一方向或二维联合平差），检查最弱点、最弱边、误差椭圆等是否满足测量设计要求。

（6）成果整理。

2. RTK 技术在桥梁工程中的应用

GNSS 静态、快速静态、动态测量都需要事后进行解算才能获得厘米级的精度，而 RTK 是能够在野外实时得到厘米级定位精度的测量方法。它采用了载波相位动态实时差分（Real Time Kinematic）方法，是 GNSS 技术的新突破。它的出现为工程放样、地形测图以及各种较低等级控制测量带来了新曙光，极大地提高了外业作业效率。

目前，在桥梁工程中对完成精度要求不是特别高，但在需实时提供定位结果的测量工作中已应用 RTK 技术。如在杭州湾大桥、东海大桥和苏通大桥的施工中，施工单位采用 RTK 技术进行宽海域的桩基施工定位测量，不仅解决了超长距离施工定位的难题，而且提高了测量定位的精度。通过专门研制的海上 GNSS 打桩定位系统，实现了测量定位的自动化，大大缩短了施工工期。

RTK 技术也广泛地应用在桥梁工程的定线放样、桥址地形的测绘、纵横断面测量和桥梁变形的监控中。该技术能够应用于 10 km 以外，甚至还可以使在更远距离的基准站定位数据改变流动站的定位结果，以达到提高定位精度的目的。大量实践发现，RTK 对山区测量的全站仪数字测图难题也能够有效地解决，而且还不需要提前建立大量的测图控制网，大大提高了工作效率，降低了成本。

推荐阅读 4　GNSS 技术在隧道工程中的应用

隧道、地铁等地下工程，一般采用对向施工，有时还需采用立井施工，以提高贯通速度。为了保证贯通精度，必须建立地面精密控制网。隧道纵向跨度大，其上方周围多为崇山峻岭，地铁上方,高楼大厦林立。用 GPS 技术建立隧道、地铁工程控制网解决了这类工程一大难题。

1. GNSS 应用于隧道洞外控制测量

隧道控制测量的主要目的是控制隧道横向和高程贯通误差,确保隧道开挖中线正确贯通。隧道控制测量分为地上、地下以及地上与地下联测 3 个部分。地面控制测量的精度直接影响隧道的贯通误差,决定隧道施工的顺利贯通和工程质量。

在隧道两端的开挖面处和中间开挖面处,通过联测建立起始的基准方向,以控制隧道开挖的方向,保证隧道的准确贯通,这是隧道贯通测量的基本要求。经典的测量方法,由于要求控制点间必须通视,致使测量工作变得比较复杂。而 GNSS 测量比传统测量的一个显著优点是无须通视,且不受图形强度的限制,从而使选点工作具有很大的灵活性,特别是贯穿树木茂密通视困难地区,GNSS 系统表现出传统的测量技术无法比拟的优越性。

1) GNSS 隧道洞外控制网的布设

隧道控制网网形设计应考虑整个控制网的伸展性,尽量减少控制网的弯曲程度。控制网的选择,一方面优先考虑各控制点的观测条件,另一方面考虑整个控制网的直伸条件。洞口的控制点一方面要满足进洞的需求,另一方面考虑尽量靠近隧道主轴线,以减少点位中误差对隧道横向贯通误差的影响。平面控制网应结合隧道长度和平面形式以及通过地区的地形情况,减少对植被的破坏,合理地选择控制网。常用的 GNSS 网有点连式、边连式、星形布设、导线网形连接(环型网)。

根据点少、实用的原则,合理地选择布网形式。应根据踏勘的结果,在选点、埋点上应符合有关要求。还应根据隧道的埋深、偏压、地形及为日后进行变形观测方便,合理地选择控制点,确保 GNSS 观测质量,提高工作效率,方便施工测量。

2) 石林隧道洞外 GNSS 施工控制网的建立

石林隧道进口里程 DK651 + 225,出口里程 DK669 + 443,隧道全长 18.218 km,设 2 座斜井。测区地处云贵高原,沿线地形、地质条件极为复杂,交通相对便利,控制点通视条件一般。

洞外平面控制测量采用 GNSS 同步静态观测模式,采用网联式构网,由三角形组成的带状网,所有的洞口平面控制点都按规定的一等网精度要求进行了 GNSS 观测,并一同纳入隧道整体 GNSS 平面控制网进行平差处理。测量使用 6 台 Trimble SPS780 接收机,平面标称定位精度为 $5 \text{ mm} + 1 \times D \times 10^{-6} \text{ mm}$。

(1) GNSS 网的精度设计。

根据隧道长度和横向贯通误差精度要求,该隧道洞外平面控制测量采用 GNSS 测量方法施测,按 GNSS 网一等精度要求进行。根据《高速铁路工程测量规范》(TB 10601—2009)规定的精度指标执行。技术指标如下:

① 卫星高度截止角 $\geq 15°$。
② 数据采集间隔 ≥ 15 s。
③ 观测时间 ≥ 120 min。
④ 点位几何图形强度因子(GDOP)≤ 6。

⑤ 重复测量的最少基线数≥5%。
⑥ 观测时段数≥2。
⑦ 有效观测卫星总数为 6。

（2）GNSS 网的网型优化。

与常规地面平面控制网一样，GNSS 网布设的原则是保证隧道按设计精度正确贯通，从洞口投点给出精确的进洞方向以指导隧道开挖。

洞外控制测量在隧道进口、出口分别埋设 3 个平面控制点，2 座斜井附近各埋设 3 个平面控制点，相邻点间要求尽量相互通视，保证每一个点至少有 1 个通视方向。用于向洞内传递方向的洞外联系边不短于 500 m，进洞联系边最大俯仰角不大于 5°。隧道 GNSS 控制网如图 3.31 所示。

GPS 控制点点位选择得好坏，对控制网的精度影响很大。通过对隧道进出口进行实地踏勘，所选控制点布设在不易被破坏的范围内，点位便于安置仪器，周围视野开阔，对天通视情况良好，高度角 15°以上，无障碍物阻挡卫星信号；远离高于安置天线高度的树木、建筑物等阻挡卫星信号的障碍物；点位远离大功率无线电发射源、高压输电线，避免电磁场对卫星信号的干扰；在点位附近无大面积水域，避免多路径效应的影响；点位布设于交通方便，基础稳定，易于保存，有利于导线联测的地方。用于向洞内传递方向的洞外联系边不短于 500 m，进洞联系边最大俯仰角不大于 5°。

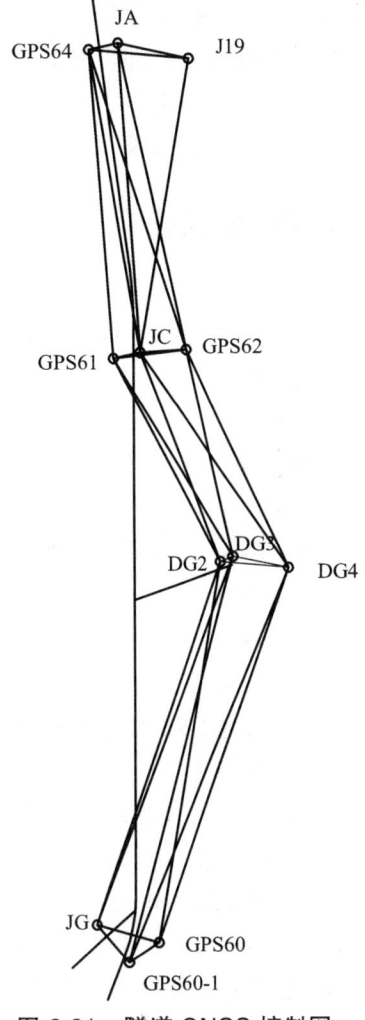

图 3.31 隧道 GNSS 控制网

2. 数据处理过程和结果

由于本次洞外平面控制测量所采用的接收机均为天宝系列，所以不存在数据的格式转换问题。

观测数据采用接收机自带的数据传输软件，将原始观测数据传输到电脑上并备份，然后采用 TGO1.63 软件统一进行基线解算，基线解算合格后输出形成基线向量文件供平差计算使用。

GNSS 网平差计算采用武汉大学测绘学院编制的 COSAGPS 后处理软件进行。

小 结

本部分介绍了 GNSS 定位测量外业实施的主要工作。采用 GNSS 定位测量技术进行测区控制时，应提前做好 GNSS 控制网的密度、精度、基准和网形设计，并按要求编写 GNSS 测量技术设计书，技术设计书是开展作业的指导性文件。在完成测量技术设计并经过上级技术主管部门审批之后，即可开始进行外业数据采集工作。按照工作流程，主要进行 GNSS 控制网点的实地选点和埋石、外业观测前的接收机选择与检验、星历预报和观测调度计划编制、数据采集和技术总结编写等工作。

知识技能训练

1. GNSS 控制测量技术设计书编制的主要依据有哪些？
2. 《规范》规定，GNSS 控制测量按精度划分为五级，其中 B 级和 C 级控制网的主要应用领域有哪些？
3. GNSS 测量技术设计应该遵循哪些原则？
4. GNSS 控制测量精度通常用哪项指标表示？
5. GNSS 控制网图形设计应满足哪些要求？
6. 在 GNSS 控制网设计和测量时，需要联测一定数量的高等级控制点。联测点应如何选择？其作用有哪些？
7. GNSS 定位测量精度主要与哪些因素有关？
8. GNSS 控制点野外选点应符合哪些要求？
9. 目前，GNSS 接收机最多能接收哪几种全球定位系统的卫星信号？接收机选择应该综合考虑哪些因素？
10. 什么是同步观测环？同步观测环之间的连接方式有哪几种？
11. 为什么要对新购置的 GNSS 接收机进行全面检验？检验项目包括哪几种？
12. GNSS 测量作业时，如何选择最佳观测时段？
13. GNSS 测量作业调度表编制应考虑哪些因素？
14. GNSS 接收机天线定向标志有什么作用？
15. GNSS 外业观测数据检核项目主要有哪些？数据检核对保证观测成果质量有什么重要意义？

第四部分　GNSS 测量数据处理

由 GNSS 测量所获得的测量数据，需要经过数据处理才能得到最终的成果。GNSS 测量采集的数据与经典常规测量数据相比有一些特点，如数据量大、处理过程复杂、自动化程度高等。

GNSS 测量数据处理就是将采集到的数据，经测量平差后，归化到参考椭球面上并投影到所采用的平面上，得到点的准确位置。GNSS 测量数据处理流程可分为数据预处理、基线解算和网平差 3 个阶段。

第四部分　PPT

项目一　GNSS 观测数据预处理

项目描述

数据预处理的主要目的是对原始观测数据进行编辑、加工与整理，剔除粗差，删除无效无用数据，分流出各种专用的信息文件，为下一步的平差计算做准备。

预处理工作的主要内容有：数据传输—数据分流—平滑滤波检验—统一数据格式。

预处理的准备工作包括数据传输、数据分流、数据解码。

预处理所采用的数学模型、评价数据质量的标准和方法的优劣，对随后的平差计算以及平差结果的精度都将产生重要的影响，是提高 GNSS 定位作业效率和精度的重要环节。

教学目标

1. 能力目标

- 能够应用软件进行数据传输和存储；
- 能够对不同数据进行格式统一；
- 能够用软件实现数据预处理。

2. 知识目标

- 理解常用接收机的数据格式及命名规则；

- 理解数据传输和存储的基本要求；
- 掌握数据处理的基本流程；
- 了解常用接收机的数据下载及传输的软件实现方法；
- 了解数据预处理的基本内容。

3. 素质目标

- 具备一定的计算机应用能力；
- 养成求实、严谨的工作作风。

相关案例——某线路 GNSS 控制网数据处理

我国在中南与西南地区拟修建一条东西走向的铁路，设计单位提供了线路的首级控制网数据。中铁某工程局中标铁路线上一标段的施工任务，该标段长近 63 km，标段所在测区地势崎岖，线路经过地表大部为山地。主要交通道路为城镇及乡村道路，交通不便，大部分控制点间两两可以通视。为保证施工的需要，在线路首级控制的基础上，按 D 级网观测的要求布设了隧道的地面施工控制网，沿线路约 4 km 布设一对，共计 28 个平面控制点。本次任务依据《铁路工程测量规范》（TB 10101—2009）要求完成。

本标段 D 级 GNSS 网的扩展是通过同步图形间以边连接的方式布设成空间三角形和空间大地四边形组成混合网来实现的，如图 4.1 所示。

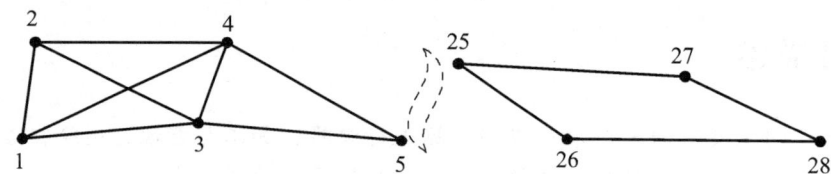

图 4.1 D 级 GNSS 控制网构网方式

平面坐标系统采用施工坐标系，形式为任意带高斯投影平面直角坐标系，参考椭球为 1954 国家基本椭球。

基线解算采用广播星历，根据仪器制造商提供的 TBC 软件按静态相对定位模式进行。外业观测结束后首先对观测基线进行处理和质量分析，检查基线质量是否符合规范要求。对所有基线进行解算并进行精度分析，基线解算合格后进行网平差和坐标转换。

任务 1.1 观测数据解析

1.1.1 任务描述

GNSS 测量是以 GNSS 接收机接收来自定位卫星的无线电信号并通过解码而得到相关数据的，这些数据以二进制码方式存储在接收机或计算机

GNSS 数据格式

中。在用接收的数据进行定位解算时，必须以符合码排列方式（规律）恢复（读取）各个数据量才能获得正确的位置值，而要对数据进行正确解码就必须了解解码数据的排列方式，即数据格式。本次任务主要是认识 GNSS 测量应用中常用的数据格式，掌握 RINEX 格式文件的构成及命名规则，能够对常用数据进行标准化转化。

1.1.2 相关知识

1. 本机格式

GNSS 接收机野外采集到的数据通常记录在接收机的内部存储器或可移动的存储介质中。观测完成后需要将这些数据传输到计算机中进行分析处理。这一过程是利用 GNSS 接收机厂商所提供的数据传输软件来进行的。传输到计算机中的数据采用 GPS 接收机厂商所定义的专有格式以二进制文件的形式进行存储。一般不同接收机厂商所定义的专有格式各不相同，有时同一厂商不同型号仪器采用的专有格式也不相同。出于保护自家产品竞争能力的目的，不同厂家生产的 GNSS 接收机存储的数据格式不同，通常只有对应厂家生产的软件才能处理。随着 GNSS 产品应用范围的拓宽及技术的发展和成熟，数据处理软件也随之发展和完善。

由于 GNSS 接收机类型多种多样，不同的接收机存储数据格式不同，就产生了对应接收机的本机数据格式。例如，华测系列接收机的.HCN 数据，南方系列接收机的.sth 数据，天宝系列接收机的.DAT 数据等。本机格式的特点如下：

（1）不同厂家接收机的本机格式各不尽相同。

（2）与接收机配套的数据处理软件（随机软件）一般可以直接读取自身本机格式的数据，而不能读取其他厂家本机格式的数据。

（3）数据存储紧凑，含有一些专有信息。

（4）不利于多种型号的接收机联合作业。

2. RINEX 格式

RINEX 是英文 The Receiver Independent Exchange Rormat（与接收机无关的数据交换格式）的缩写。RINEX 格式采用文本文件存储数据，数据记录格式与接收机的制造厂商和具体型号无关。该数据格式具有通用性强、有利于多种型号的接收机联合作业、大多数软件都支持的特点，是一种在 GNSS 测量应用中普遍采用的标准数据格式。

1）RINEX 格式的由来

RINEX 格式由瑞士伯尔尼大学天文学院（Astronomical Institute，University of Berne）的 Werner Gurtner 于 1989 年提出。提出该数据格式的主要目的是能够综合处理在 EUREF89 中所采集的 GPS 数据。该项目采用了来自 4 个不同厂商共 60 多台 GPS 接收机。1989 年 3 月，在美国新墨西哥州举行的第五届国际卫星定位大地测量学术讨论会上，成立了GPS交换格式的专题研究机构，讨论了各种数据交换格式的差异。经过讨论决定，形成了 RINEX（版本1.0）数据交换格式。1989 年 8 月在英国爱丁堡举行的国际大地测量协会上，RINEX 格式被推荐为通用的测量 GPS 数据的标准交换格式。在随后一年半的应用中，RINEX 被证明为 GPS 数据交换的一种有效途径。1990 年 9 月 5 日，在加拿大渥太华举行的第二届国际 GPS 精密定位学术讨论会上，提出了 RINEX 格式（版本 2.0）的建议。经过多年不断修订完善，目前应用最为普遍的是 RINEX 格式（版本 2.0），该版本能够用于包括静态和动态 GNSS 测量在内的不同观测模式数据，已经成为 GNSS 数据处理软件的一种标准数据输入格式。

2）RINEX 格式文件的构成及命名

通常的 RINEX 文件包括 4 种类型的 ASCⅡ码文件，它保证了不同计算机系统之间可以很容易地进行数据交换。这 4 种类型的文件分别是观测数据文件（ssssdddf.yyo）、导航数据文件（ssssdddf.yyn）、气象数据文件（ssssdddf.yym）和 GLONASS 导航文件（sssssdddf.yyg）。文件名由主文件名和扩展名组成，其中主文件名由 8 个字符组成、扩展名由 3 个字符组成。主文件名的前 4 个字符为测站名，第 5 至第 7 字符为儒略日（年积日），第 8 位为观测文件序号；扩展名前 2 个字符为年份，第 3 个字符为文件类型。例如：53920971.12N。命名规则如图 4.2 所示。

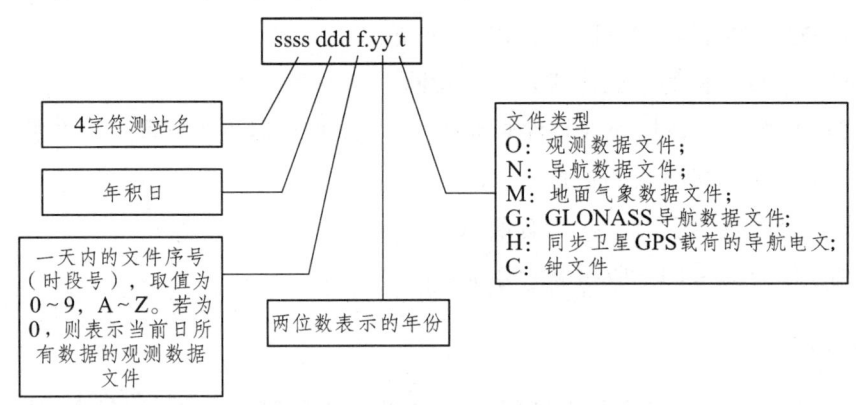

图 4.2　RINEX 格式文件命名规则

（1）观测数据文件。

观测数据文件都由 1 个字头块和 1 个数据主体两部分组成。字头块中每行的第 61～80 列为字头标识符，这些标识符具有强制性，有关说明和例子中必须正确显示。这种格式通过在字头部分指示要存储的观测类型得到优化，以满足最小空间的需求。它与某一特定的接收机的不同观测类型无关。字头块形式如表 4.1 所示，数据主体部分形式如表 4.2 所示。

表 4.1 观测数据文件字头块说明

字头名称 第 61~80 列	说 明	格 式
RINEX VERSION/TYPE	格式版本（2.0） 文件类型 O——观测数据 定位系统 G——GPS R——GLONASS M——Mixed GPS/GLONASS	I6, I4X, A1, 19X, A1, 19X
PGM/RUN BY/DATE	文件纲要名称 文件机构名称 文件建立日期	A20, A20, A20
COMMENT	注释行	A60
MARKER NAME	测量点名称	A60
MARKER NUMBER	测量点编号	A20
OBSERVER/AGENCY	观测员姓名/观测单位名称	A20, A40
REC#/TYPE/VERS	接收机编号、型号和软件版本	3A20
ANE#/TYPE	天线编号和型号	2A20
APPROX POSITION XYZ	测量点概略坐标（WGS-84）	3F14.4
ANTENNA:DELTA H/E/N	天线高 H 天线向东偏心 E 天线向北偏心 N	3F14.4
WAVELENGLH FACT1.1/2	L1 和 L2 的波长因子 1：整周模糊度 2：半周模糊度 0：L1 单频 跟踪卫星数（最大为 7 颗，超过 7 颗重复记录） PRN 卫星编号	2I6, I6, 7（3X, A1, I2）
#/TYPES OF OBSERV	文件中不同观测类型数	I6, 9（4X, A2）
USTERVAL	观测间隔，单位为 s	I6
TIME OF FIRST OBS	观测开始时间（年，月，日，时，分，秒）	5I6, F12.6, 6X, A3
TIME OF LAST OBS	观测结束时间（年，月，日，时，分，秒）	5I6, F12.6, 6X, A3
LEAP SECONDS	跳秒	I6
#OF SATELLITES	包含在文件中的卫星观测数目	I6
PRN/OF OBS	卫星编号 如果多于 9 种观测量则重复记录	3X, A1, I2, 9I6, 6X, 9I6
END OF HEADER	文件头节的最后一个记录	60X

表 4.2 观测数据文件数据主体部分说明

观测记录	说 明	格 式
EPOCH/SAT Or EVENT FLAG	历元：年，月，日，时，分，秒 历元标志　0：正常 　　　　　1：历元间中断 　　　　　>1：特征标识 当前历元中卫星数目 当前历元中卫星编号，如果超过 12 颗，则另起一行（A1，A2） 接收机偏差（s） 如果超过 12 颗卫星，应用连续记录 如果特征标志 Epoch Flag>1：则 特征标志：	5I3，F11.7，I3，I3， I2（A1，I2），F12.9，32X， I2（A1，I2）
EPOCH/SAT Or EVENT FLAG	2：开始移动天线 3：安置在新点位，移动结束 4：字头信息 5：异常（历元太大） 6：周跳记录 标志 2~5 中都记录卫星编号	
ORSERVATIONS	观测量 LLI 信号强度： 在 EPOCH/SAT 中记录了每一颗卫星的上述数据，如果超过 5 个观测（80 byte），继续下一个记录 观测量： 　相位：以整周计 　伪距：以米计 表示观测量丢失 LLI：表示卫星锁定状态（0~7） 正常 缺省值 有 AS 存在 信号强度： 　1：信号强度最小 　5：信号强度适中 　9：信号强度最大 　0：不考虑	m（F14，3，N，U）

（2）导航数据文件。

卫星星历取自卫星的广播导航电文。在导航电文中，包含有卫星的轨道根数、卫星钟参数等，这些参数被记录在导航数据文件中。导航数据文件包含字头块和数据主体两部分，如表 4.3、表 4.4 所示。

表 4.3 导航文件字头块说明

字头名称 第 61~80 列	说 明	格 式
RINEX VERSION/TYPE	格式版本（2.0） 文件类型 N—导航数据	I6, I4X, A1, 19X
FGM/RUN BY/DATE	文件纲要名称 文件机构名称 文件建立日期	A20, A20, A20
COMMENT	注释行	A60
TON ALPHA	电离层参数 A0-A3	2X, 4D12.4
TON BETA	电离层参数 B0-B3	2X, 4D12.4
DELTA-UTC:A0, A1, T, W	计算 UTC 时间的历元参数 A0, A1: 计算时间改正参数 T:UTC 数据的参考时间 W:UTC 参考星期数	3X, 2D19.12, 2I9
LEAP SECONDS	由于跳秒引起的时间变化	I6
END OF HEADER	文件头节的最后一个记录	60X

表 4.4 导航文件数据块说明

观测记录	说 明	格 式
PRX/EPOCH/SV CLK	PRN 卫星编码 历元：Toc-时钟时间 年 （两位数字） 月 日 时 分 秒 卫星时钟偏移　　　　　（s） 卫星时钟漂移　　　　　（s/s） 卫星时钟漂移率　　　　（s/s^2）	I2, 5I3, F5.1, 3D19.12
BROADCAST ORBIT-1	IODE 星历数据有效期 Crs　　　　　　　　　（m） Δn　　　　　　　　　（rad/s） Mo　　　　　　　　　（rad）	3X, 4D19.12
BROADCAST ORBIT-2	Cuc　　　　　　　　　（rad） e 扁率 Cus　　　　　　　　　（rad） √A　　　　　　　　　（√m）	3X, 4D19.12

续表

观测记录	说 明	格 式
BROADCAST ORBIT-3	Toc 星历参考时间 Cic （rad） Ω （rad） Cis （rad）	3X，4D19.12
BROADCAST ORBIT-4	I （rad） Crc （m） ω （rad） Ωdot （rad/m）	3X，4D19.12
BROADCAST ORBIT-5	Idot （rad/s） L_2 GPS 星期数（TOE） L_2P 数据标志	3X，4D19.12
BROADCAST ORBIT-6	卫星精度 （m） 卫星健康 （MSB） TGD （s） IODC 时钟数据有效期	3X，4D19.12
BROADCAST ORBIT-7	电文发送时间(GPS 星期秒由字 HOW 的 Z 计数算起) 空 空 空	3X，4D19.12

（3）气象数据文件。

每一个完整的 RINEX 文件还包含有气象数据文件。气象数据文件包含字头块和数据库主体，如表 4.5、表 4.6 所示。

表 4.5 气象文件字头块说明

字头名称 第 61~80 列	说 明	格 式
RINEX VERSION/TYPE	格式版本（2.0） 文件类型 M——气象数据	I6，I4X，A1，19X
FGM/RUN BY/DATE	文件纲要名称 文件机构名称 文件建立日期	A20 A20 A20
COMMENT	注释行	A60
MARKER NAME	测站名称（可能与观测文件同名）	A60
MARKER NUMBER	测量数（可能与观测文件同数）	A20
#/TYPES OF OBSERV	不同观测类型数 观测类型，符号如下： PR：大气压力（MPa） TD：干温（°C） HR：相对湿度（%） ZW：湿分量天顶路径延迟（mm）	I6，9（4X，A2）
END OF HEADER	文件头节的最后一个记录	60X

表 4.6 气象文件数据主体部分说明

观测记录	说明	格式
EPOCH/NET	GPS 时间历元（非当地时间） 年（2 位），月，日，时，分，秒 气象数据	6I3，mFD7.1

任务 1.2 观测数据的传输与存储

1.2.1 任务描述

GNSS 测量数据处理的对象是 GNSS 接收机在野外所采集的观测数据。由于在观测过程中这些数据都是存储在接收机的内部存储器或可移动存储介质上的，因此在完成观测后，如果要对它们进行处理分析，就必须首先将其下载到计算机中，这一数据下载过程即为数据传输。数据传输就是在接收机与计算机之间进行数据交换。

TBC 数据导入

1.2.2 相关知识

数据是指计算机处理的数字、字母和符号等，它是信息的一种载体。在数据源设备和数据接收设备之间传送数据的过程称为数据通信。数据传输是信息传输的一种形式，主要指与计算机有关的信息传输。

定位、导航数据由 GNSS 的空间系统发布，地面上的接收机接收后或直接存储在接收机中，或通过数据传输通信方式（有线或无线）存储到存取介质中。

1. 数据的存储与传输形式

1）数据的存储形式

接收机接收到来自卫星的相关数据后直接存储在接收机的内存中，待接收完成后导入计算机中，然后存入各种介质中。有时在接收机接收数据时直接将接收到的数据存储到计算机中，无须等到全部数据接收完成后再将数据导入到计算机中。

2）数据的传输形式

数据传输的形式可分为同步传输和异步串行传输。同步传输是用单独的时钟信号来对传送的数据进行定时，要求有严格的时间控制和同步协议；异步串行传输则不要求严格的时间控制和同步协议，只需要设定开始位和停止位。在计算机和 GPS 接收机之间的数据通信（传输）都采用异步串行传输方式。

大多数的 GNSS 接收机如 ASHTECH，TRIMBLE 等型号，采集的数据记录在接收机的内存模块上。数据传输是用专用电缆将接收机与计算机连接，并在后处理软件的菜单中选择传输数据选项后，将观测数据传输至计算机。

2. 数据分流

在进行数据传输的同时，利用数据处理软件将原始记录中的各项观测数据进行分类整理，剔除无效观测值和冗余信息，自动生成 4 个数据文件，如图 4.3 所示。

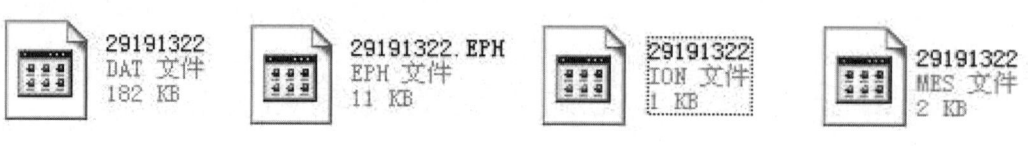

图 4.3 数据分流生成文件

（1）观测值文件。包含观测历元时间、卫星编号、测码伪距、载波相位观测值、积分多普勒记数。

（2）星历文件。被测卫星的轨道位置信息。

（3）电离层参数和 UTC 文件。电离层参数用于改正观测值的电离层影响；UTC 参数用于将 GPS 时修正为 UTC 时。

（4）测站信息文件。包括测站名、测站号、测站的概略坐标、接收机编号、天线号、天线高、观测的起止时间、记录的数据量等。

3. TBC 软件数据传输

在 TBC 数据处理软件中，主要是将不同数据源的数据装入到特定的项目（工程）中，用于进行数据处理。最常用的操作是从接收机或数据文件中装入数据，用于基线解算。

1）导入 GNSS 数据

（1）选择"文件"→"Import"，或者点击工具栏上的导入标签 ，在 TBC 窗口右侧导入窗口打开，如图 4.4 所示。

图 4.4 导入数据

（2）在导入窗口点击浏览按钮 ，浏览文件夹对话框显示。

（3）浏览到指定的包含数据的文件夹，点击"确认"，如图 4.5 所示。

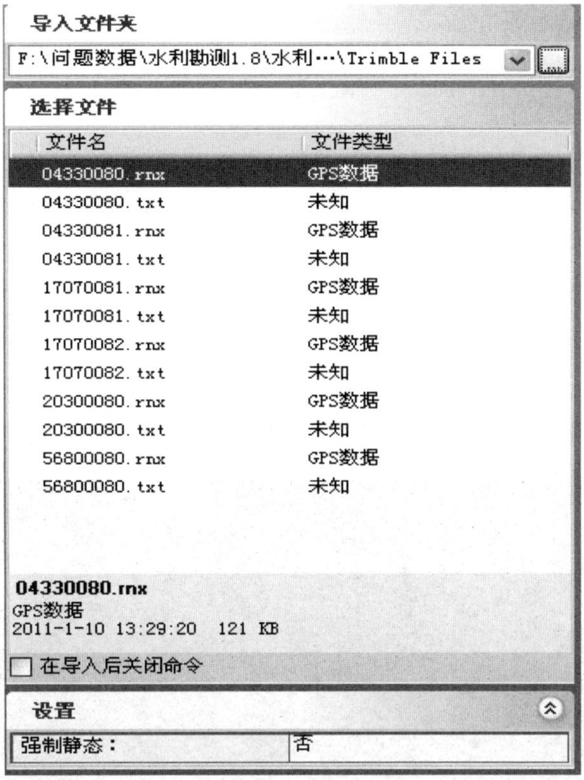

图 4.5　导入文件夹

（4）在选择文件清单中选择正确的文件目录，然后点击"导入"按钮。如图 4.6 所示。

图 4.6　接收机原始数据检查

2）修改属性

在"点""天线"标签下分别编辑点名、天线高、天线量高方式等信息，编辑好后点击"确认"按钮，如图 4.7、图 4.8 所示。

图 4.7 编辑天线高

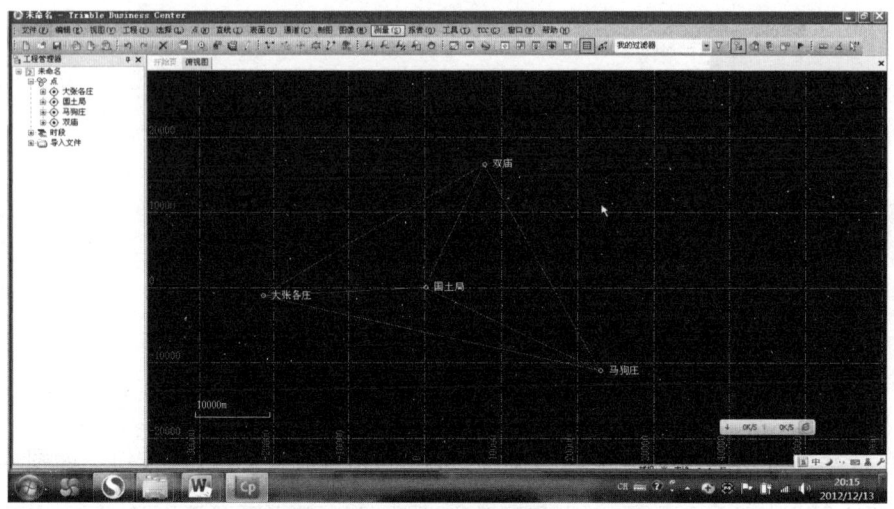

图 4.8 控制网图

任务 1.3 观测数据预处理

1.3.1 任务描述

GNSS 测量获取数据不同于常规的测量数据，它是接收机天线相位中心至卫星的伪距、载波相位和卫星星历等数据，且这些 GNSS 数据处理过程复杂。数据传输至基线向量的解算一般是用随机商业软件将接收机记录的数据传输到计算机，在计算机上首先进行预处理。

SGO 软件应用

1.3.2 相关知识

在基线解算过程中，数据预处理是一个非常关键的过程。数据预处理的目的：对 GNSS

观测数据进行平滑滤波检验，剔除粗差，删除无用观测值；统一数据文件格式，将数据文件加工成标准化文件；将卫星轨道方程、卫星钟差、观测值文件标准化；找出整周跳变点并对其进行修复；对观测值进行各种模型改正，得出最终用于基线解算的观测数据。下面重点介绍卫星轨道方程、卫星钟差、观测值文件标准化等问题。

1. GNSS 卫星轨道方程的标准化

卫星轨道标准化是将用不同形式表示的 GNSS 卫星轨道数据用一个统一的方式来表示。对于不同类型的 GNSS 卫星轨道数据，卫星轨道标准化的内容不一定完全相同。对于 GNSS 广播星历，由于其每隔 2 h 更新 1 次，即 1 h 就有 1 组独立的星历参数。当用相邻两组星历参数计算同一时刻的卫星位置时便会出现不同的结果，从而给两组独立轨道的邻接点及其附近点处的整周跳变探测、修复和观测值残差分析带来许多不确定性因素，同时也使计算工作十分繁琐，产生许多不便。通常需要以时间为变量的一组标准化的轨道方程来覆盖整个观测时段，使轨道连续且平滑。

将已知的多组不同历元星历参数所对应卫星位置 $P_i(t)$ 表达成时间 t 的多项式形式：

$$P_i(t) = a_{i0} + a_{i1}t + a_{i2}t^2 + \cdots + a_{in}t^n \tag{4.1}$$

利用拟合法求解多项式系数，解出的系数记入标准化星历文件，用它们来计算任一时刻的卫星位置。多项式的阶数 n 一般取 8～10 就足以保证米级轨道拟合精度。

拟合计算时，时间 t 的单位需规格化，规格化时间 T_i 为

$$T_i = \frac{2t_i - (t_1 - t_m)}{t_m - t_1} \tag{4.2}$$

式中　T_i——对应于 t_i 的规格化时间；

t_l，t_m——观测时段开始和结束的时间。

显然，对应于 t_l 和 t_m 的 T_1 及 T_2 分别为 -1 和 +1。对任意时刻 t_i 有 $|T_i| \leq 1$。需要指出的是，如果拟合时引进了规格化的时间，在实际轨道计算时也应使用规格化的时间。

对于 IGS 精密星历，通常采用多项式内插的方法计算。

2. 卫星钟差的标准化

在利用全球导航定位卫星进行测量定位时，卫星时钟改正数来自广播星历，若观测时段跨越一个或多个整点时，就会有两组或多组星钟改正数，使用不方便，这就需要建立整个观测时段内连续、唯一而且充分平滑的钟差改正多项式。钟差的多项式形式为

$$\Delta t_s = a_0 + a_1(t - t_0) + a_2(t - t_0)^2 \tag{4.3}$$

式中　a_0，a_1，a_2——星钟参数；

t_0——卫星钟参数的参考历元。

钟差改正多项式主要是被用来确定真正的信号发射时刻，以便计算该时刻的卫星轨道位置。同时也用来统一各站对卫星的时间基准，以便估算它们之间的相对钟差。当钟差改正多项式拟合的精度优于 ±0.2 ns 时，可精确探测整周跳变并估算整周未知数。

3. 观测值文件的标准化

不同的接收机对观测数据的记录，所采用的格式是不一样的。在轨道方程标准化后，仍需对观测值文件标准化，才能输入主处理程序进行平差计算。其主要内容包括：

1）记录格式标准化

GNSS 观测数据经解码分流等处理后，提供的观测值文件应该是与接收机类型无关的记录格式标准化的数据文件，即各种 GNSS 接收机输出的数据文件应在存取方式、记录类型、记录长度上采用同一记录格式。

2）记录项目标准化

标准化文件中的记录类型数量、类型代码、每一种类型的记录及数据项个数都应采用同一记录格式。

3）采样密度标准化

不同类型接收机甚至同类型接收机的数据记录采样间隔可能不同，而标准化后应将数据采样间隔统一成一个标准长度，并且满足以下两个条件：一是标准长度应大于或等于外业采样间隔最长的标准值；二是标准长度是任一测站任一接收机采样间隔的整数倍。采样密度标准化后，数据量将成倍减少，所以这种标准化过程也称为数据压缩。数据压缩工作应在整周跳变修复完成后进行。压缩以后的数据应等同于被压缩期间的全部数据，且应保持压缩数据的误差独立。在 GNSS 观测数据压缩中常用多项式拟合法。

4）数据单位标准化

在数据文件中，同一数据项的单位应该是统一的。用户一定要遵循所用处理软件的有关数据文件的技术标准，只有这样才能进行正常处理并获得可靠的结果。

观测数据的预处理，一般均由后处理软件自动完成。因此，数据处理软件的功能和自动化水平，对提高观测数据预处理的质量和效率是极为重要的。在选择预处理软件时应采用随机软件或经过认证机构认证的软件。

项目二 GNSS 基线解算

项目描述

数据预处理之后，观测值做了必要的修正，就可以列立误差方程式进行基线的平差解算。平差解算是以两点间的坐标差作为平差未知数，故又称为 GNSS 基线解算。

GNSS 基线向量表示了各测站间的一种位置关系，即测站与测站间的坐标增量。GNSS 基线向量与常规测量中的基线是有区别的，常规测量中的基线只有长度属性，而 GNSS 基线向量则具有长度、水平方位和垂直方位等 3 项属性。GNSS 基线向量是 GNSS 同步观测的直接结果，也是进行 GNSS 网平差获取最终点位的观测值。

教学目标

1. 能力目标

- 会进行 GNSS 基线解算的参数设置；
- 会使用 TBC 软件进行 GNSS 基线解算；
- 能够对基线解算结果进行质量评定。

2. 知识目标

- 掌握基线向量的解算类型；
- 掌握基线向量的误差分析与判断；
- 掌握基线解算的质量控制指标；
- 了解影响 GNSS 基线解算质量的因素。

3. 素质目标

- 具备熟练的软件操作能力和软件拓展能力；
- 养成求实、严谨的工作作风。

相关案例——LGO 软件基线处理过程（以自动处理模式为例）

1. 工程概况

该隧道是某大型煤矿的重要工程，包括主平硐和排矸平硐，巷道全长 3 700 多米，设计高度为 5 m。测区植被覆盖高,通视条件较差,地形起伏大。

2. 布网设计

通过对矿区和洞口的踏勘,以及这一地区的地形地貌的全面了解和分析后,为减小投影变形对相对坐标成果的影响,同时保证施工期间对洞口控制点的稳定性进行常规检测,在主平硐和排矸平硐口各设了 3 个高程相当且相互通视的 GPS 控制点。GPS1、GPS2、GPS3、GPS4、GPS5、GPS6,WJS 和 HSS 为已知国家等级控制点,图 4.9 为 GPS 控制网示意图。

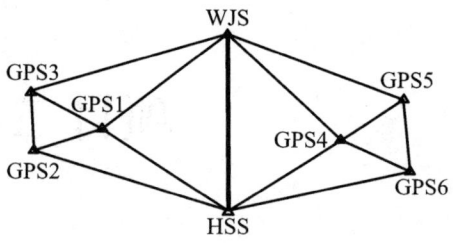

图 4.9 GPS 控制网示意图

3. GNSS 的外业观测

实际作业中采用 3 台中海达 HD8200 接收机按照静态测量的方法进行。观测严格执行调度计划,按规定时间进行同步观测。

4. GNSS 基线处理与精度分析

在外业采集了合格的数据以后,使用 HDS2003 中文版软件进行基线解算。

(1) 剔除记录时间短于 10 min 及出现周跳部分的卫星数据,进行基线解算。

① 在采用多台接收机同步观测的一个同步时段中,可采用单基线模式解算,也可以只选独立基线按多基线处理模式统一解算。

② 同一等级的 GNSS 网,根据基线的长度不同,可采用不同的数据处理模型。若基线长度小于 0.8 km,需要采用双差固定解;小于 30 km,可在双差固定解和双差浮点解中选择最优结果。

(2) 基线质量分析和检验。

① 每一条基线的检验。模糊度的可靠性指标 Ratio:短边绝对值为 3,或相对值为 95%;长边应降低要求。基线的实际误差与估计误差的比值:越小越好,小于 10,不能大于 20。

② 残差分析:载波相位残差图(单频/双频分别在 0.02 m/0.04 m 之内)分析残余误差类型。

(3) 调整参数。

① 观测值删除率:使用残差为 RMS 的倍数;Editor:1.5~3 之间调整;卫星高度角:10~20°。

② 选择时段、卫星取舍。

③ 双频接收机选择数据处理所采用的载波相位有:L_1 单频数据、宽相数据、窄相数据、消去电离层影响等。

(4) 基线间检验。

包括同步环闭合差、异步环闭合差和重复基线较差。

① 同步环闭合差:根据自行处理后的基线向量结果,共搜索到 17 个同步环。相对误差最大为 $3×10^{-6}$,最小为 $0.8×10^{-6}$,小于允许值 $5×10^{-6}$。

② 异步环闭合差:异步环的检查至关重要,是衡量外业观测成果和 GPS 网内部结构质

量的重要指标,它反映了 GNSS 测量的总体精度。全网共检查异步环 13 个,相对误差最大为 3.5×10^{-6},最小为 2×10^{-6},小于允许值 5×10^{-6}。

通过对该网的基线解算结果的精度分析,认为其解算精度优异,无论同步环、异步环基线边长观测的精度都优于规范的规定。

任务 2.1 基线解算

2.1.1 任务描述

基线解算是指在卫星定位中,利用载波相位观测值或其差分观测值,求解两个同步观测的测站之间的基线向量坐标差的过程。基线解算质量控制的目的是为后续的数据处理分析提供合格的基线向量结果。基线质量控制的内容是通过一系列的指标,对基线向量结果的质量进行评估,发现质量差或者不合格的基线,以便通过数据处理手段提高基线向量结果的质量。

LGO 基线解算

2.1.2 相关知识

1. 基线向量观测值

基线向量是利用两台及以上的 GNSS 接收机采集的同步观测数据形成的差分观测值,通过参数估计的方法计算出的两个接收机之间的三维坐标差。GNSS 基线向量与常规地面测量中测定的基线是有区别的,常规测量中的基线只有长度属性,而 GNSS 基线向量则具有长度、水平方位和垂直方位等 3 项属性,如图 4.10 所示。GNSS 基线向量是 GNSS 同步观测的直接结果,也是进行 GNSS 网平差获取最终点位的观测值。

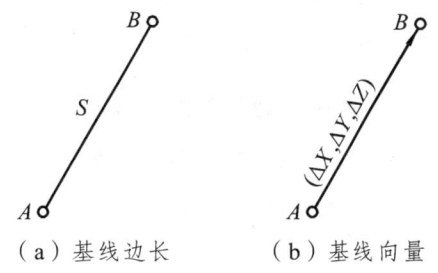

(a) 基线边长　　(b) 基线向量

图 4.10　基线边长与基线向量

基线向量可采用空间直角坐标的坐标差、大地坐标的坐标差来表示。

采用空间直角坐标的坐标差形式表示的一条基线向量为

$$\boldsymbol{b}_i = \begin{bmatrix} \Delta X_i & \Delta Y_i & \Delta Z_i \end{bmatrix}^T \quad (4.4)$$

采用大地坐标的坐标差形式表示的一条基线向量为

$$\boldsymbol{b}_i = \begin{bmatrix} \Delta B_i & \Delta L_i & \Delta H_i \end{bmatrix}^T \quad (4.5)$$

2. 基线向量解算类型

1)单基线解算

若在某一时段中有 n 台接收机进行了同步观测,每两台接收机之间就可以形成一条基线向量,则可以确定出 $n(n-1)/2$ 条基线向量。其中最多可以选出 $n-1$ 条相互独立的同步观测基线,至于这条独立基线如何选取,只要保证所选的这条独立基线不构成闭合环就可以了。也就是说,凡是构成了闭合环的同步基线是函数相关的,同步观测所获得的独立基线虽然不具有函数相关的特性,但却是误差相关的,实际上所有的同步观测基线间都是误差相关的。

所谓单基线解算,就是在基线解算时不顾及同步观测基线间误差相关性,对每条基线单独进行解算。例如,在某一时段中共有 5 台接收机进行了同步观测,可确定 10 条同步观测基线,要得到它们的解,则需要 10 个独立的解算过程。

单基线解算的模型简单,一次求解的参数较少,计算量小,但其解算结果无法反映同步基线间的误差相关的特性,不利于后面的网平差处理。尽管如此,在大多数情况下,单基线解的解算结果仍能满足一般工程应用的要求,它是目前工程应用中采用最为普遍的解算方法,大多数商业软件都采用这一方法。

2)多基线解算

与单基线解算不同的是,多基线解算顾及了同步观测基线间的误差相关性,在基线解算时对所有同步观测的独立基线一并解算。即一次提取一个观测时段中所有同步观测的 n 台 GNSS 接收机所采集的同步观测数据,在一个单一解算过程中求出所有 $n-1$ 条函数独立的基线。

多基线在基线解算时顾及了同步观测基线间的误差相关特性,且数学模型严密,但解算过程复杂,计算量大,通常用于有高质量要求的应用。目前,绝大多数科学研究用软件在进行基线解算时采用多基线解算。

3. 基线向量解算的过程

基线解算的过程实际上是一个平差的过程,包括初始平差、确定整周未知数、解算基线向量的固定解 3 个阶段。

1)初始平差

根据双差观测值的观测方程(需要进行线性化),组成误差方程后,然后组成法方程,再求解待定的未知参数及其精度信息,其结果为:

待定参数 $\hat{X} = \begin{bmatrix} \hat{X}_C \\ \hat{X}_N \end{bmatrix}$

待定参数的协因数阵 $Q = \begin{bmatrix} Q_{\hat{X}_C \hat{X}_C} & Q_{\hat{X}_C \hat{X}_N} \\ Q_{\hat{X}_N \hat{X}_C} & Q_{\hat{X}_N \hat{X}_N} \end{bmatrix}$

单位权中误差 $\hat{\sigma}_0 = \sqrt{\dfrac{V^T Q^{-1} V}{n}}$

初始平差后解算出的整周未知数参数由于观测值误差、随机模型等不完善,使得其结果为实数。为了获得较好的基线解算结果,必须准确地确定出整周未知数的整数值。

2）整周未知数的确定

确定整周未知数整数值的方法有搜索法、伪距法、多普勒法等。下面以搜索法为例，介绍其具体步骤。

（1）根据初始平差的结果 $\hat{X}_N$ 和 $D_{\hat{X}_N\hat{X}_N}$，分别以 $\hat{X}_N$ 中的每一个整周未知数为中心，以与它们中误差的若干倍为搜索半径，确定出每一个整周未知数的一组备选整数值。

（2）从上面所确定出的每一个整周未知数的备选整数值中一次选取一个，组成整周未知数的备选组，并分别以它们作为已知值，代入原基线解算方程，确定出相应的基线解：

$$\hat{X}_i = [\hat{X}_{C_i}], \quad Q_i = [Q_{\hat{X}_{C_i}\hat{X}_{C_i}}]$$

3）解算基线向量的固定解

当确定了整周未知数的整数值后，与之相对应的基线向量就是基线向量的整数解。

4. 基线解算的软件实现

1）利用基线解算软件解算基线向量

每个生产厂商生产的接收机均配备与之相对应的数据处理软件，但是不论哪种基线处理软件，其使用方法和步骤是大致相同的。GNSS 基线解算的流程如图 4.11 所示。

TBC 基线处理

（1）原始观测数据的读入。

在进行基线解算时，首先需要读取原始的 GNSS 观测值数据。一般各接收机生产厂商提供的数据处理软件都能直接处理从接收机传输的原始观测值数据。但由第三方所开发的数据处理软件则不一定能进行处理，要进行处理，必须进行格式转换。

（2）外业输入数据的检查与修改。

主要检查测站名、点号、测站坐标、天线高等内容。

（3）设定基线解算的控制参数。

设定控制参数是基线解算时一个非常重要的环节，包括星历类型、卫星截止高度角等内容。

（4）基线解算。

基线解算的过程一般是自动进行的，无须过多的人工干预。

（5）基线质量的检验。

基线的质量检验包括 RATIO、RDOP、RMS、同步环闭合差、异步环闭合差和重复基线较差等内容。只有质量合格的基线才能用于后续的处理，如果不合格，则需要对基线进行重新解算或重新测量。

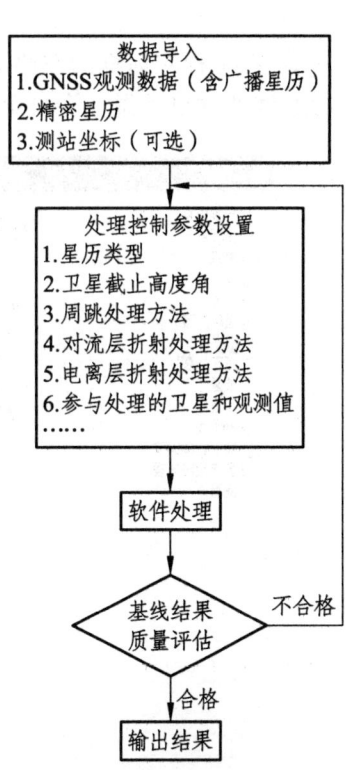

图 4.11 基线解算流程

（6）基线解算结果分析。

基线解算结果分析包括基线长度中误差、双差固定解和双差实数解等内容。

2）TBC 软件进行基线解算

（1）检查基线处理设置。

① 选择工程→工程设置，或者点击工具栏上的工程设置标签 ，如图 4.12 所示。

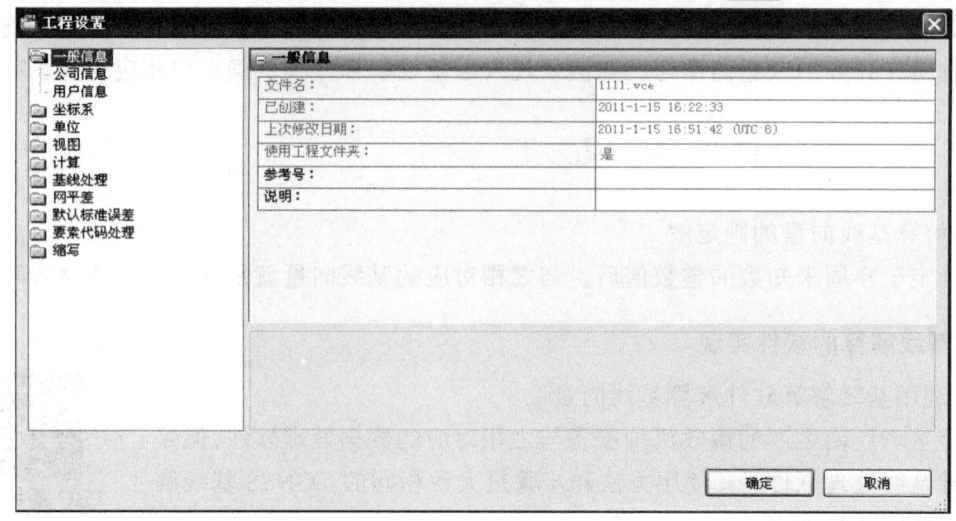

图 4.12　工程设置

② 在工程对话框的左侧导航窗口，选择基线处理，根据需要更改基线处理设置，也可以保存基线处理设置做一个可重复利用的模板，如图 4.13 所示。

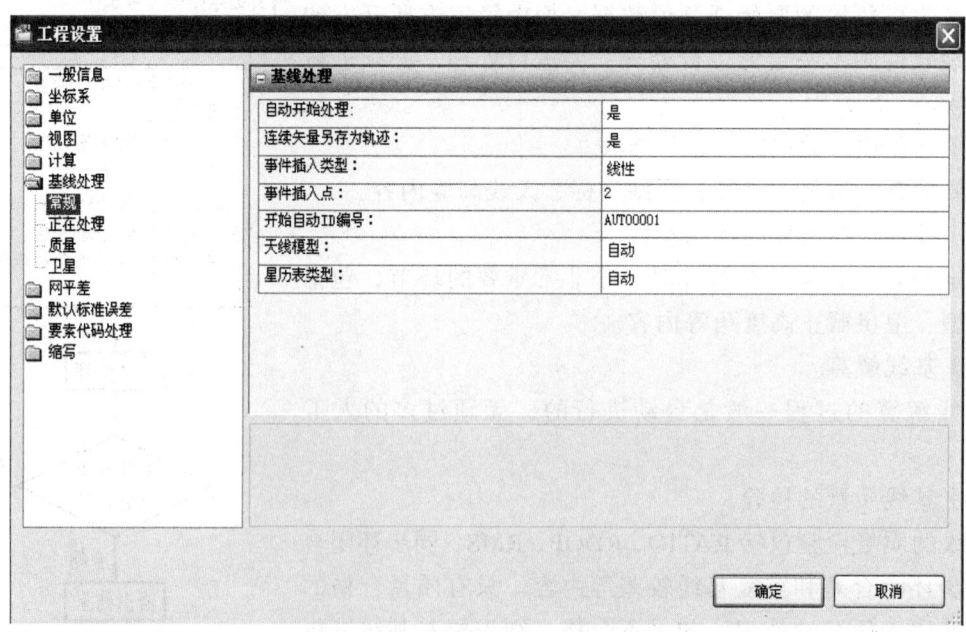

图 4.13　工程设置——基线处理

③ 设置完成后，点击"确定"关闭工程设置对话框。

（2）基线处理。

① 选择"测量"→"处理基线"。或者点击工具栏上的基线处理标签 ，基线处理对话框显示处理进程条。要了解关于基线的任何信息，选择这一行点击"报告"按钮显示基线处理报告。如图 4.14 所示。

图 4.14　基线处理结果

② 在基线处理对话框，点击"保存"按钮保存基线，基线完成自动处理。

任务 2.2　基线解算的质量控制

2.2.1　任务描述

基线解算质量控制的目的是为后续的数据处理分析提供合格的基线向量结果。基线质量控制的内容是通过一系列的指标，对基线向量结果的质量进行评估，发现质量差、不合格的基线，以便通过数据处理手段提高基线向量结果的质量。

TBC 环闭合差

2.2.2　相关知识

1. 基线处理前的质量控制

在进行基线处理前，应检查天线高数值是否与外业记录单数据一致，天线高数值是否合理，天线高的量取方式是否正确等信息；还要对测站信息进行检查，核对点名、点号以及观测时间等，并最终对导入的原始数据进行确认。

2. 评定基线质量的控制指标

1）同步环闭合差

同步环的每一条边是由多台接收机同步观测获得的，所以同步观测基线间具有一定的内在联系，也即同步环闭合差在理论上应等于零。但由于观测误差、处理软件等因素的影响，使得同步环闭合差不等于零，不过通常这种闭合差的数值比较小，对定位结果产生的影响不明显，可以作为衡量观测成果的一种检核标准。

2）异步环闭合差

异步环是由非独立观测所获得基线构成的闭合环，与同步环闭合差相比更能反映GNSS测量的质量。当异步环闭合差满足限差要求时，表明组成异步环的基线向量是合格的；当异步环闭合差不满足限差要求时，表明组成异步环的基线向量中至少有一条基线向量是不合格的。要确定出哪些基线向量是不合格的，可以通过多个相邻的异步环或重复基线来进行检查。

3）重复基线较差

同一条基线边，在不同时段观测，得到多个观测结果，这些观测结果之间的差就是重复基线较差。

3. 评定基线质量的参考指标

（1）单位权方差因子 $\hat{\sigma}_0$，也就是观测值的参考方差，它一定程度地反映了观测值质量的优劣。

$$\hat{\sigma}_0 = \sqrt{\frac{V^T P V}{f}} \tag{4.6}$$

式中　V ——观测值的残差；

　　　P ——观测值的权；

　　　f ——自由度。

（2）RMS，即观测值残差的均方根误差。

$$\text{RMS} = \sqrt{\frac{V^T P V}{n-1}} \tag{4.7}$$

式中　V ——观测值的残差；

　　　P ——观测值的权；

　　　n ——观测值的总数。

RMS是一个内符合精度指标，RMS小，内符合精度高；RMS大，内符合精度低，它不受观测条件（观测期间卫星分布图形）的好坏影响。依照数理统计的理论，观测值误差落在1.96倍RMS的范围内的概率是95%。

（3）数据剔除率，被剔除观测值的数量与观测值的总数的比值。数据剔除率越高，说明观测值的质量越差。规范规定，同一时段观测值的数据剔除率≤10%。

（4）RATIO，RATIO 值反映了所确定出的整周未知数参数的可靠性，该值总≥1，值越大，可靠性越高。这一指标取决于多种因素，既与观测值的质量有关，也与观测条件（卫星星座的几何图形的分布和变化）的好坏有关。

$$\text{RATIO} = \frac{\text{RMS}_{次最小}}{\text{RMS}_{最小}} \tag{4.8}$$

（5）RDOP，指的是在基线解算时待定参数的协因数阵的迹（$tr(Q)$）的平方。

$$\text{RDOP} = (tr(Q))^{1/2} \tag{4.9}$$

RDOP 值的大小与基线位置和卫星在空间中的几何分布及运行轨迹有关。RDOP 表明了 GNSS 卫星的状态对相对定位的影响，即取决于观测条件的好坏，它不受观测值质量好坏的影响。

4. 质量控制指标的应用

同步环闭合差、异步环闭合差、重复基线较差等控制指标是依据应用要求得出的，因此必须满足，这需要用户自行来判断。RATIO、RDOP 和 RMS 等参考指标是依据统计原理得出的，用作参考，软件能自动判断，它们只具有某种相对意义，它们数值的高低不能绝对地说明基线质量的高低。

任务 2.3 影响基线解算结果的因素及采取的措施

2.3.1 任务描述

基线解算是 GNSS 数据处理中的重要环节，也是 GNSS 数据处理中占用处理时间最长、工作量最大的一步，其解算质量的好坏将直接影响到 GNSS 网的定位精度。实际操作中，为获得最优的解算结果，在基线处理时一般要控制影响基线解算质量的几个因素，以提高基线解算质量。

2.3.2 相关知识

1. 影响 GNSS 基线解算结果因素的判别及应对措施

1）基线起点坐标不准确

由于起算点坐标不准确而对基线解算质量造成的影响，目前没有比较容易的方法来加以判别，可以采取的措施是尽量提高起算点坐标的准确度。较准确的起算点坐标可以通过进行较长时间的单点定位或通过与 WGS-84 坐标较准确的点联测获得，也可采用在进行整网的基线解算时，所有基线起算点的坐标均由一个点坐标衍生而来，使得基线结果具有某一系统偏差，在 GPS 网平差处理时引入系统参数。

2）卫星观测时间短

关于卫星观测时间太短这类问题的判断比较简单，只要查看观测数据的记录文件中的每颗卫星的观测数据的数量就可以。另外有些数据处理软件还可以输出卫星的可见性图（见图 4.15），这样更加简便直观。对于某颗卫星，如果观测时间太短可以采取删除该卫星的观测数据，不让其参加基线解算。

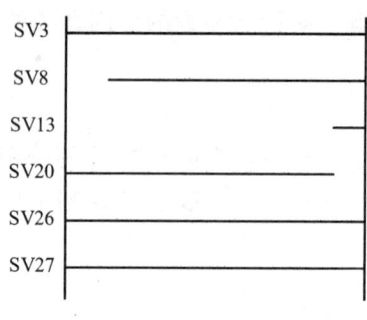

图 4.15　卫星的可见性图

3）周跳太多

对于卫星观测值中周跳太多情况的判别，可以从基线解算后所获得的观测值残差来进行分析。目前大部分基线处理软件一般采用的是双差观测值，当在某测站对某颗卫星的观测值中含有未修复的周跳时，与此相关的所有双差观测值的残差都会出现显著的整数倍的增大。采取的措施是如果多颗卫星在相同的时间段内经常发生周跳，则删除周跳严重的时间段；如果只是个别卫星经常发生周跳，则删除经常发生周跳的卫星的观测值。

4）多路径效应严重、对流层或电离层折射影响过大

对于多路径效应、对流层或电离层折射影响的判别，也是通过观测值残差来进行分析。但与整周跳变不同的是，当多路径效应严重、对流层或电离层折射影响过大时，观测值残差不会像周跳未修复那样出现整数倍的增大，而只是出现非整数倍的增大，一般不超过 1 周，但又明显大于正常观测值的残差。对于多路径效应严重的，应采取的措施是通过缩小编辑因子的方法来剔除残差较大的观测值；另外也可删除多路径效应严重的时间段或卫星。对于对流层或电离层折射影响过大的可以采取提高高度截止角，剔除易受对流层或电离层折射影响的低高度角观测数据；如果观测值是双频观测值，可使用消除了电离层折射影响的观测值来进行基线解或分别采用模型对对流层和电离层延迟进行改正。

2. 基线精化处理的工具——残差图

在基线解算时要判断影响基线解算结果质量的因素，或确定哪颗卫星或哪段时间的观测值质量有问题，经常要通过残差图来判定。所谓残差图就是根据观测值的残差绘制的一种图

表。横轴表示观测时间，纵轴表示观测值的残差。

图 4.16 是一种双差分观测值的残差图，右上角的"SV12-SV15"表示此残差是 SV12 号卫星与 SV15 号卫星的差分观测值的残差。正常的残差图一般为残差绕着零轴上下摆动，振幅一般不超过 0.1 周。图 4.17 表明 SV12 号卫星观测值中含有周跳的残差图。

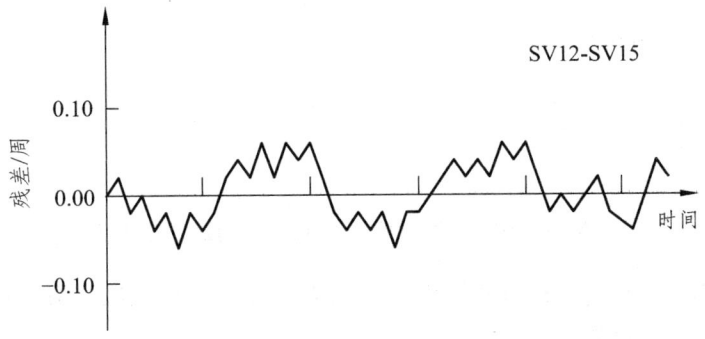

图 4.16　SV12 号与 SV15 号卫星的差分观测值残差图

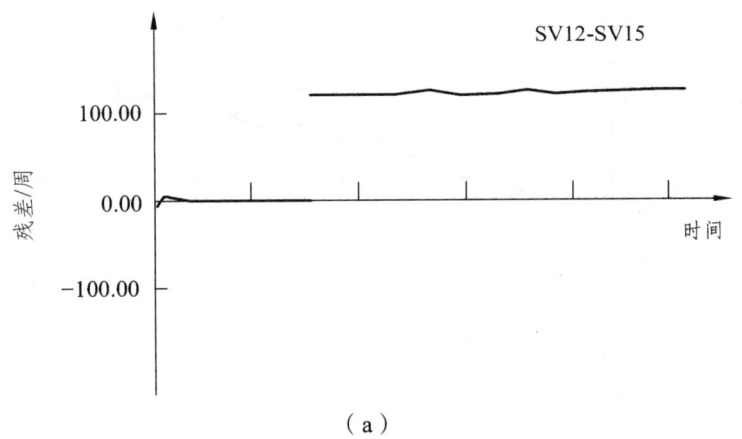

（a）

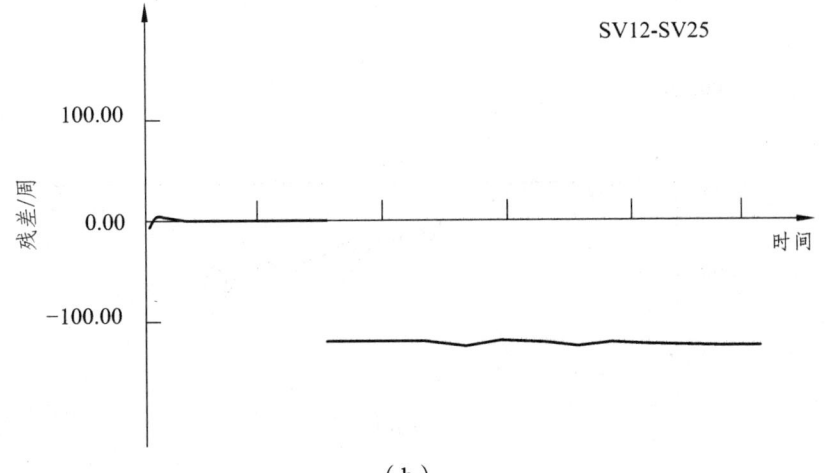

（b）

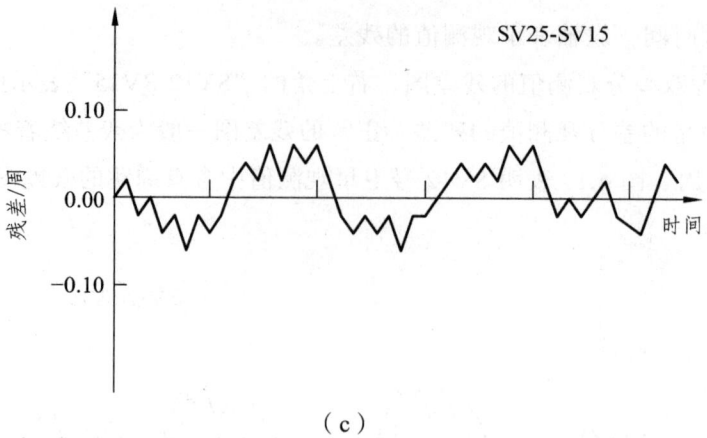

（c）

图 4.17　SV12 号卫星观测值含有周跳的残差图

图 4.18 表明 SV25 在 $T_1 \sim T_2$ 时间段内受不明因素（多路径效应、对流层折射、电离层折射或强电磁波干扰）影响严重。

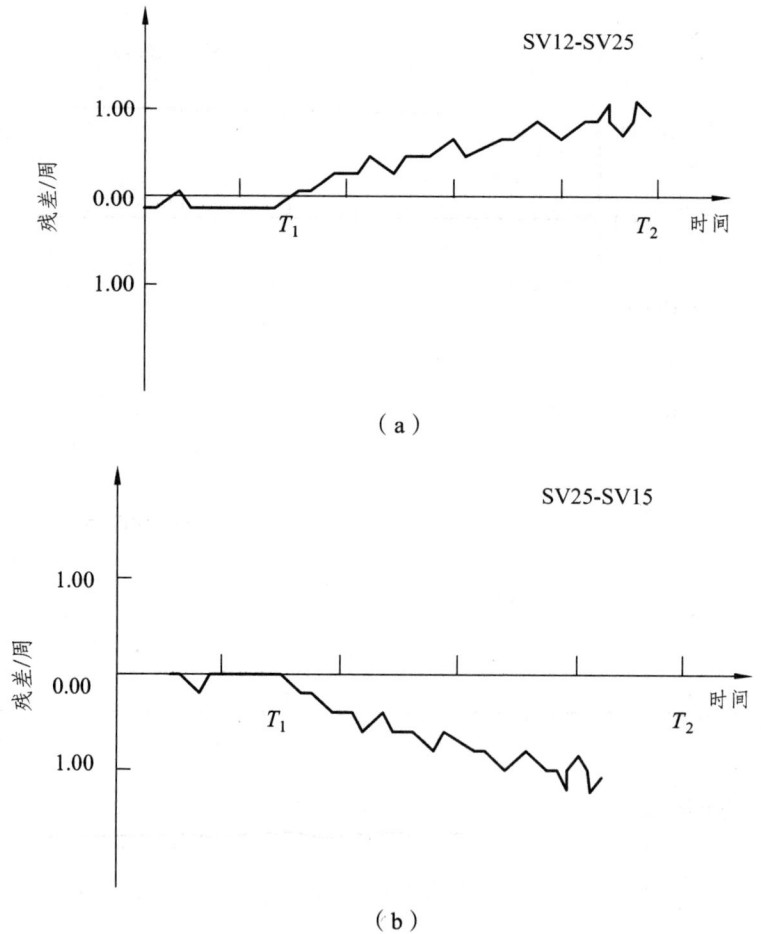

（a）

（b）

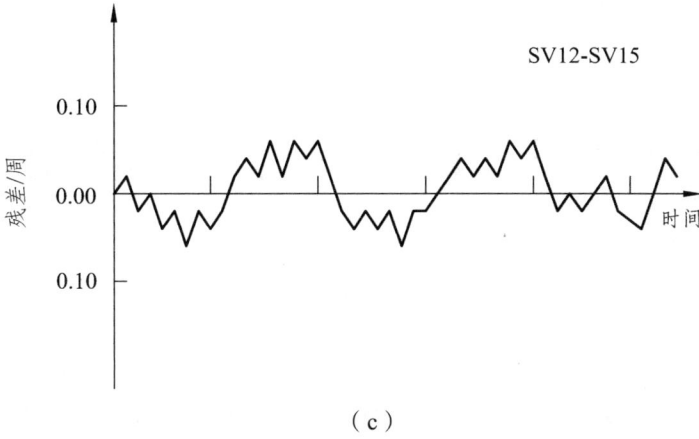

（c）

图 4.18 SV25 号卫星观测值受不明因素影响的残差图

项目三　网平差与坐标转换

 项目描述

GNSS 控制网是由相对定位所求得的基线向量而构成的空间基线向量网。在 GNSS 控制网的数据处理中,基线解算所得到的基线向量仅能确定网的几何形状,却无法提供用来最终确定网中点绝对坐标所必需的绝对位置基准。我们布设 GNSS 网的主要目的是确定网中各个点在某一特定局部坐标系下的坐标,这就需要通过在平差时引入该坐标系下的起算数据来实现。当然,GNSS 基线向量网的平差,还可以消除由于各种类型的误差而引起的 GNSS 基线向量观测值和地面观测中的矛盾。

教学目标

1. 能力目标

- 会应用软件进行 GNSS 基线向量网无约束平差;
- 会应用软件进行 GNSS 基线向量网约束平差;
- 能够进行坐标转换并获得平面坐标成果。

2. 知识目标

- 掌握基线向量网的平差种类和方法;
- 掌握坐标转换的步骤和方法;
- GNSS 测高及其数据处理,拟合法确定正常高程。

3. 素质目标

- 具备熟练的软件操作能力和软件拓展能力;
- 养成求实、严谨的工作作风。

 相关案例——大河湾隧道 GNS 控制网平差处理过程

大河湾特长隧道,起讫里程分别为 K1+414 和 K4+530,全长 3 116 m。隧道穿越金沙江北岸一个山体,山体脊部最高海拔 1 300 m,高差约 900 m。进出口分别位于半径为 400、600 m 的曲线上,中间直线长度 2 611.138 m。整个隧道地质复杂、构造畸形、岩体破碎、裂隙发育、断层交错,施工难度很大。根据该地形地貌,确定此工程项目控制测量方法以卫星定位测量 GNSS 测量为主,外业采用南方 NGS-9600 型 GNSS 接收机 4 台套,按公路二级 GNSS 控制网要求进行观测。控制网形示意图如图 4.19 所示。

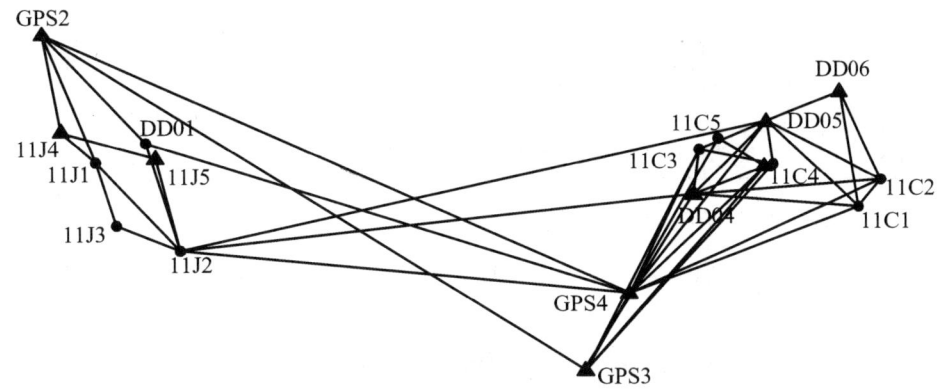

图 4.19　大河湾隧道 GNSS 控制网形式示意图

采用测量模式为静态相对定位模式,4 台 9600 型 GNSS 接收机每次分别安置在 4 个观测点上做同步观测,同步观测 4 颗以上的卫星数时段,时段为 50 min。满足观测时间后可留其中 2 台接收机不动继续观测,移动另 2 台于其他点上进行施测。以最晚一个开机的接收机作为起始星历数据记录时间,并以此机满 50 min 才可结束所有接收机观测。每台仪器开机后均由操作员记录仪器型号、观测起止时间、卫星几何精度因子 PDOP 值的变化范围。

数据采集后 GNSS 接收机可连接计算机进行数据上载,然后使用随机携带的 GPSADJ 软件,利用设计给定的 GPS02-DD01、GPS03-GPS04 两组已知点进行约束平差计算。坐标系统采用 1980 西安坐标系,高程系统采用 1985 国家高程基准。输出的平差成果为基线向量解算、闭合环搜索、网平差处理、精度评定等内容的专用格式文件。

1. 环闭合差报告

闭合环最大节点数:3;

闭合环总数:143;

同步环总数:29,部分同步环情况如表 4.7 所示。

异步环总数:114,部分异步环情况如表 4.8 所示。

表 4.7　部分同步环情况

环号	环总长/m	相对误差	ΔX/mm	ΔY/mm	ΔZ/mm	边长/mm	环中的点		
1	6 738.081	1.5×10^{-6}	3.853	-1.570	-9.383	10.264	GPS4	DD01	GPS2
9	7 129.803	1.9×10^{-6}	-12.040	4.038	-5.246	13.740	GPS4	GPS3	GPS2
17	5 547.063	4.9×10^{-6}	-0.011	-16.166	-21.534	26.927	11J2	GPS4	DD01
24	2 819.306	0.4×10^{-6}	0.020	0.971	0.329	1.026	11C5	GPS4	GPS3

表 4.8　部分异步环情况

环号	环总长/m	相对误差	ΔX/mm	ΔY/mm	ΔZ/mm	边长/mm	环中的点		
2	6 738.068	3.4×10^{-6}	16.215	−13.871	−8.032	22.800	GPS4	DD01	GPS2
3	6 738.068	3.2×10^{-6}	12.707	−17.129	−3.816	21.666	GPS4	DD01	GPS2
4	6 738.075	4.8×10^{-6}	10.848	−25.781	−15.847	32.147	GPS4	DD01	GPS2
5	6 738.096	2.1×10^{-6}	−12.619	−5.288	−3.771	14.193	GPS4	DD01	GPS2

2. WGS-84 坐标系下经典自由网平差结果

三维自由网平差单位权中误差：0.061 797（m），部分点平差后 WGS-84 坐标和点位精度如表 4.9 所示。

表 4.9　部分点平差后 WGS-84 坐标和点位精度

ID	状态	X	Y	Z	X 偏移/mm	Y 偏移/mm	Z 偏移/mm	点名
GPS2	固定	−1 330 674.951	5 463 858.468	3 000 057.775	0.000	0.000	0.000	GPS2
DD01		−1 331 264.980	5 463 995.966	2 999 545.919	2.028	3.555	1.928	DD01
GPS3		−1 333 648.108	5 464 190.585	2 998 598.612	2.835	4.088	2.898	GPS3
GPS4		−1 333 815.657	5 463 936.065	2 998 961.399	2.704	3.939	2.772	GPS4
11J4		−1 330 849.482	5 464 138.603	2 999 642.690	4.148	14.307	4.205	11J4

3. 坐标转换

工程坐标系统：1980 西安坐标系；

投影带：3°带；

椭球长半径：6 378 140.000 000

椭球扁率：1/298.257；

中央子午线：105°00′00″；

N0：0.000 000（北向加）；

E0：500 000.000（东向加）。

部分点平差后坐标和点位精度如表 4.10 所示。

表 4.10　部分点平差后坐标和点位精度

ID	X 坐标	Y 坐标	RMS/mm	点名
GPS2	3 125 624.038	371 057.196	0.000	GPS2
DD01	3 125 037.921	371 591.689	4.089	DD01
GPS3	3 123 822.446	373 848.272	0.000	GPS3
GPS4	3 124 237.900	374 075.831	0.000	GPS4
11J4	3 125 108.875	371 154.919	4.476	11J4

通过对大河湾隧道实施 GNSS 测量可看出：GNSS 测量灵活、方便，能大大节省人力、物力、减少一些不必要的过渡点，且具有极高的精度。采用 GNSS 的测量成果对隧道洞外控制的贯通设计，其横向贯通值为 46.8 mm，纵向贯通值为 31.2 mm，完全能按规程要求对隧道进行测量。

任务 3.1　基线向量网平差

3.1.1　任务描述

本任务将完成基线向量网的三维无约束平差、三维约束平差。应用 TBC 软件进行基线向量网平差的设置和网平差，生成网平差的报告。

LGO 网平差

3.1.2　相关知识

GNSS 控制网的平差，是以基线向量及协方差为基本观测量的。通常采用三维无约束平差、三维约束平差及三维联合平差 3 种平差模型。各类型的平差具有各自不同的功能，必须分阶段采用不同类型的网平差方法。

1. 网平差的分类

GNSS 网平差的类型有多种，根据平差所在的坐标空间，可将 GNSS 网平差分为三维平差和二维平差；根据平差所采用的观测值和起算数据的数量和类型，可将平差分为无约束平差、约束平差和联合平差等。

1）三维平差与二维平差

三维平差：平差在三维空间坐标系中进行，观测值为三维空间中的观测值，解算出的结果为点的三维空间坐标。GNSS 网的三维平差，一般在三维空间直角坐标系或三维空间大地坐标系下进行。

二维平差：平差在二维平面坐标系下进行，观测值为二维观测值，解算出的结果为点的二维平面坐标。二维平差一般适合于小范围 GNSS 网的平差。

2）无约束平差、约束平差和联合平差

无约束平差：在平差时不引入会造成 GNSS 网产生由非观测量所引起的变形的外部起算数据。常见的 GNSS 网的无约束平差，一般是在平差时没有起算数据或没有多余的起算数据。

约束平差：平差时所采用的观测值完全是 GNSS 观测值，而且在平差时引入了使 GNSS 网产生由非观测量所引起的变形的外部起算数据。

联合平差：平差时所采用的观测值除了 GNSS 观测值以外，还采用了地面常规观测值，如边长、方向、角度等观测值。

2. 三维无约束平差

GNSS 网的三维无约束平差是在 WGS-84 三维空间直角坐标系下进行，以网中一个点的坐标和基线向量为观测值，平差后可以获得基线向量的平差值和各点在 WGS-84 坐标系下的坐标值，且评定其精度。三维无约束平差是指 GNSS 控制网中只有一个位置基准，平差时不引入使 GNSS 网产生由非观测量所引起的变形的外部约束条件。具体来说，在进行三维平差时，其必要的起算条件的数量为 3 个，这 3 个起算条件既可以是一个起算点的三维坐标向量，也可以是其他的起算条件。

在 GNSS 网三维无约束平差中所采用的观测值为基线向量。设 $l_{ij} = [\Delta X_{ij}, \Delta Y_{ij}, \Delta Z_{ij}]$ 为 GNSS 网任一基线向量，每一条基线向量可以列出一组观测方程：

$$\begin{bmatrix} V_{\Delta X} \\ V_{\Delta Y} \\ V_{\Delta Z} \end{bmatrix} = \begin{bmatrix} -1 & 0 & 0 \\ 0 & -1 & 0 \\ 0 & 0 & -1 \end{bmatrix} \begin{bmatrix} dX_i \\ dY_i \\ dZ_i \end{bmatrix} + \begin{bmatrix} 1 & 0 & 0 \\ 0 & 1 & 0 \\ 0 & 0 & 1 \end{bmatrix} \begin{bmatrix} dX_j \\ dY_j \\ dZ_j \end{bmatrix} - \begin{bmatrix} \Delta X_{ij} - X_i^0 + X_j^0 \\ \Delta Y_{ij} - Y_i^0 + Y_j^0 \\ \Delta Z_{ij} - Z_i^0 + Z_j^0 \end{bmatrix} \quad (4.10)$$

其方差-协方差阵为

$$\boldsymbol{D}_{ij} = \begin{bmatrix} \sigma_{\Delta X}^2 & \sigma_{\Delta X \Delta Y} & \sigma_{\Delta X \Delta Z} \\ \sigma_{\Delta Y \Delta X} & \sigma_{\Delta Y}^2 & \sigma_{\Delta Y \Delta Z} \\ \sigma_{\Delta Z \Delta X} & \sigma_{\Delta Z \Delta Y} & \sigma_{\Delta Z}^2 \end{bmatrix} \quad (4.11)$$

协因数阵

$$Q_{ij} = \frac{1}{\sigma_0^2} D_{ij} \quad (4.12)$$

权阵

$$P_{ij} = D_{ij}^{-1} \quad (4.13)$$

式中　σ_0——先验的单位权中误差。

平差中还应引入位置基准，引入位置基准的方法一般有两种。

第一种是以 GPS 网中一个点的 WGS-84 坐标作为起算的位置基准，即可有一个基准方程：

$$\begin{bmatrix} dX_i \\ dY_i \\ dZ_i \end{bmatrix} = \begin{bmatrix} X_i^0 \\ Y_i^0 \\ Z_i^0 \end{bmatrix} - \begin{bmatrix} X_i \\ Y_i \\ Z_i \end{bmatrix} = 0 \quad (4.14)$$

第二种是采用秩亏自由网基准，引入下面的基准方程：

$$G^T dB = 0 \quad (4.15)$$

$$\boldsymbol{G}^T = \begin{bmatrix} 1 & 0 & 0 & \cdots & 1 & 0 & 0 \\ 0 & 1 & 0 & \cdots & 0 & 1 & 0 \\ 0 & 0 & 1 & \cdots & 0 & 0 & 1 \end{bmatrix} = \begin{bmatrix} E & E & E & \cdots & E \end{bmatrix} \quad (4.16)$$

$$\begin{aligned} dB &= \begin{bmatrix} db_1 & db_2 & db_3 & \cdots & db_n \end{bmatrix}^T \\ &= \begin{bmatrix} dX_1 & dY_1 & dZ_1 & \cdots & dX_n & dY_n & dZ_n \end{bmatrix}^T \end{aligned} \quad (4.17)$$

根据上面的观测方程和基准方程，按照最小二乘原理进行平差解算，得到平差结果。

待定点坐标参数

$$\begin{bmatrix} \hat{X}_1 \\ \hat{Y}_1 \\ \hat{Z}_1 \\ \cdots \\ \hat{X}_n \\ \hat{Y}_n \\ \hat{Z}_n \end{bmatrix} = \begin{bmatrix} X_1^0 \\ Y_1^0 \\ Z_1^0 \\ \cdots \\ X_n^0 \\ Y_n^0 \\ Z_n^0 \end{bmatrix} + \begin{bmatrix} \mathrm{d}\hat{X}_1 \\ \mathrm{d}\hat{Y}_1 \\ \mathrm{d}\hat{Z}_1 \\ \cdots \\ \mathrm{d}\hat{X}_n \\ \mathrm{d}\hat{Y}_n \\ \mathrm{d}\hat{Z}_n \end{bmatrix} \quad (4.18)$$

单位权中误差

$$\hat{\sigma}_0 = \sqrt{\frac{V^{\mathrm{T}} PV}{3n - 3p + 3}} \quad (4.19)$$

式中　　n——网的总点数；

p——网中的基线向量数。

坐标未知数的方差估计值为

$$D = \sigma_0^2 N^{-1} \quad (4.20)$$

这里 $N = A^{\mathrm{T}} A$ 为网的法方程系数阵。

由此我们可以通过改正数检验了解网自身的内部符合精度，观察网中是否可能存在粗差和系统误差。

3. 三维约束平差

三维约束平差，就是以国家大地坐标系或地方坐标系的某些点的固定坐标、固定边长及固定方位为网的基准，将其作为平差中的约束条件，并在平差计算中考虑 GNSS 网与地面网之间的转换参数。

GNSS 基线向量观测方程必须顾及 WGS-84 坐标系与国家大地坐标系间的转换参数，即应顾及 7 个转换参数。但由于观测量——基线向量是以三维坐标差的形式表示的，因而转换关系与平移参数无关，7 个参数中只需考虑尺度参数 m 和 3 个旋转参数 $\varepsilon_x, \varepsilon_y, \varepsilon_z$。两坐标系的坐标差转换模型为

$$\begin{bmatrix} \Delta X_{ij} \\ \Delta Y_{ij} \\ \Delta Z_{ij} \end{bmatrix}_S = (1+m) \begin{bmatrix} \Delta X_{ij} \\ \Delta Y_{ij} \\ \Delta Z_{ij} \end{bmatrix}_T + R_{ij} \begin{bmatrix} \varepsilon_x \\ \varepsilon_y \\ \varepsilon_z \end{bmatrix} \quad (4.21)$$

式中

$$R_{ij} = \begin{bmatrix} 0 & -\Delta Z_{ij} & \Delta Y_{ij} \\ \Delta Z_{ij} & 0 & -\Delta X_{ij} \\ -\Delta Y_{ij} & \Delta X_{ij} & 0 \end{bmatrix}$$

由式（4.10）可得在考虑转换参数后的 GNSS 基线向量观测方程：

$$\begin{bmatrix} V_{\Delta X_{ij}} \\ V_{\Delta Y_{ij}} \\ V_{\Delta Z_{ij}} \end{bmatrix} = -\begin{bmatrix} \mathrm{d}X_i \\ \mathrm{d}Y_i \\ \mathrm{d}Z_i \end{bmatrix} + \begin{bmatrix} \mathrm{d}X_j \\ \mathrm{d}Y_j \\ \mathrm{d}Z_j \end{bmatrix} + \begin{bmatrix} \Delta X_{ij} \\ \Delta Y_{ij} \\ \Delta Z_{ij} \end{bmatrix} m + R_{ij} \begin{bmatrix} \varepsilon_x \\ \varepsilon_y \\ \varepsilon_z \end{bmatrix} - \begin{bmatrix} L_{\Delta X_{ij}} \\ L_{\Delta Y_{ij}} \\ L_{\Delta Z_{ij}} \end{bmatrix} \quad (4.22)$$

式中 $\begin{bmatrix} L_{\Delta X_{ij}} \\ L_{\Delta Y_{ij}} \\ L_{\Delta Z_{ij}} \end{bmatrix} = \begin{bmatrix} X_j^0 - X_i^0 - \Delta X_{ij} \\ Y_j^0 - Y_i^0 - \Delta Y_{ij} \\ Z_j^0 - Z_i^0 - \Delta Z_{ij} \end{bmatrix}$

GNSS 网三维约束平差即为附有条件的相关间接平差，其误差方程为基线向量的观测方程。对于已知地面坐标点 k，其坐标约束条件为

$$\begin{bmatrix} \mathrm{d}X_k \\ \mathrm{d}Y_k \\ \mathrm{d}Z_k \end{bmatrix} = \begin{bmatrix} 0 \\ 0 \\ 0 \end{bmatrix} \quad (4.23)$$

根据以上误差方程及约束方程进行计算，得到观测值的平差值及精度统计信息。

GNSS 网的三维约束平差主要是确定网中各点在国家大地坐标系或在指定参照系下的三维空间直角坐标以及其他所需参数的估值。国家大地坐标系或地方坐标系约束基准数据的数量与质量以及在网中的展布对平差精度产生影响。

4. 网平差质量分析与控制

进行 GNSS 网质量的评定，可采用基线向量的改正数、相邻点的中误差和相对中误差等指标来进行。在进行质量评定时，若发现基线中含有粗差，可以采用删除含有粗差的基线、重测含有粗差的基线、重新对含有粗差的基线进行解算等方法。若发现起算数据有质量问题，应放弃该起算数据。

5. 应用 TBC 软件进行控制网平差

1）修改项目设置

选择"项目"→"工程设置"；或者点击工具栏上的项目设置标签。在项目设置对话框的左侧导航窗口选择"默认标准误差"→"GNSS"。如图 4.20 所示。

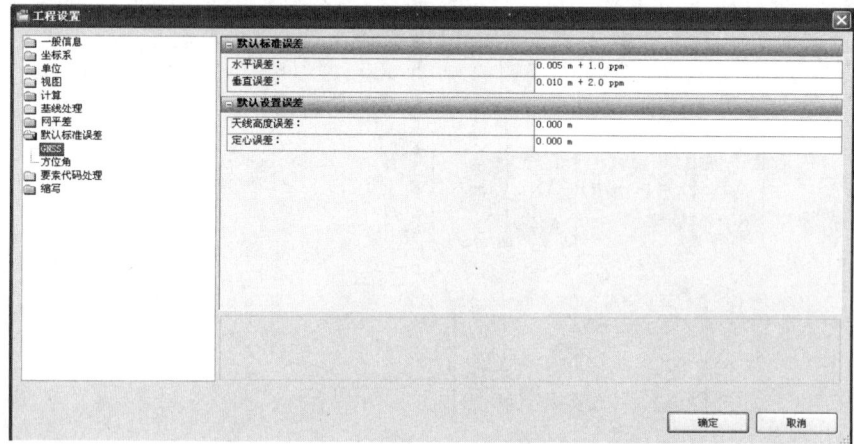

图 4.20 工程设置——默认标准误差

2)执行最小的约束网平差

(1)选择"测量"→"网平差",如图 4.21 所示。

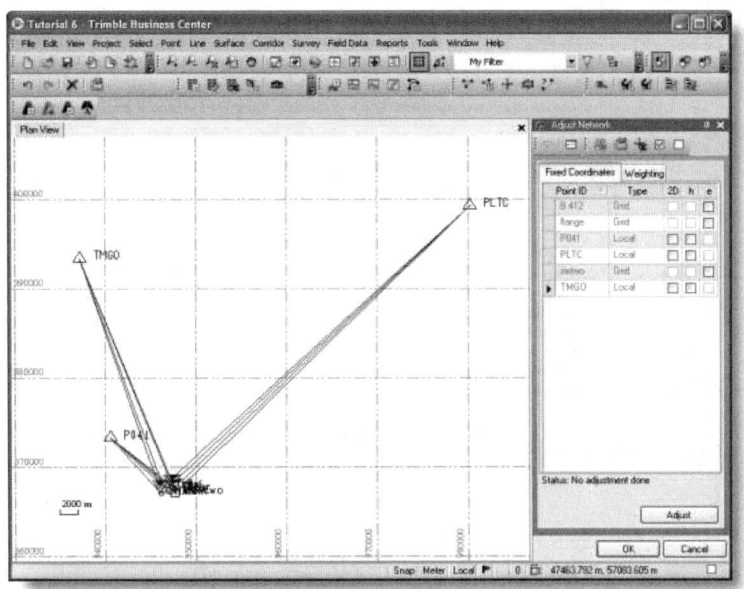

图 4.21 网平差

(2)在 Fixed Coordinates 标签上,确保只有点 P041 的 2D 和 h 复选框被选中,如图 4.22 所示。

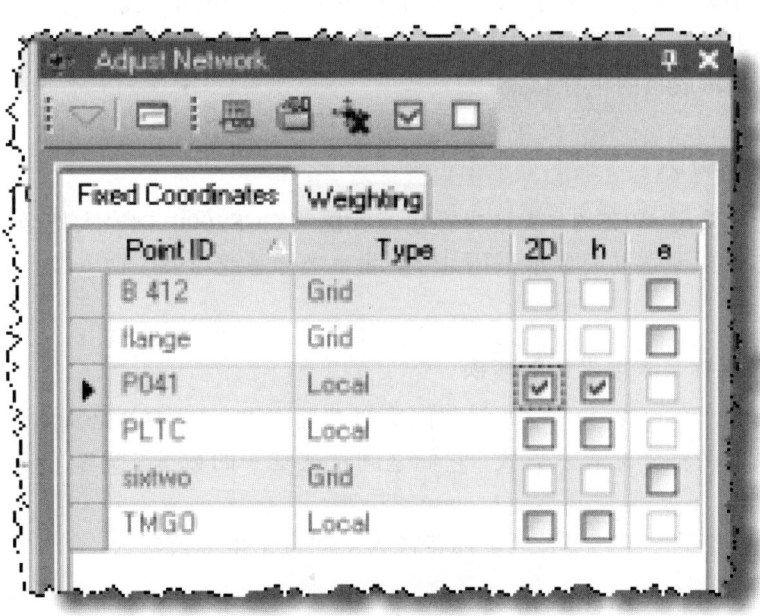

图 4.22 平差设置

(3)平差。在平差对话框,点击报告标签 ,网平差报告以 HTML 文件的形式显示在浏览窗口中,如图 4.23 所示。

图 4.23 平差报告

任务 3.2 坐标转换

3.2.1 任务描述

GNSS 测量的成果属于三维的大地坐标系，为了与传统测量成果一致，需要将 GNSS 成果转换到二维的独立平面坐标系。本任务将应用 TBC 软件进行基于 GNSS 测量成果的坐标转换。

LGO 坐标转换

3.2.2 相关知识

GNSS 测量可采用 WGS-84 大地坐标系或我国 CGCS2000 国家大地坐标系，为协议地心坐标系。当 GNSS 测量同时要求采用 1954 北京坐标系或 1980 西安坐标系时，应进行坐标转换。

1. 空间直角坐标与大地坐标的转换

空间大地直角坐标 (X, Y, Z) 与空间大地坐标 (B, L, H) 是属于同一个坐标系的两种坐标表示方式，它们之间存在唯一的数学"换算"关系。

TBC 坐标系统建立

在相同的基准下，将空间大地坐标转换为空间直角坐标公式为

$$X = (N+H)\cos B \cos L \qquad (4.24)$$

$$Y = (N+H)\cos B \sin L \qquad (4.25)$$

$$Z = \left[N(1-e^2) + H\right]\sin B$$
$$= \left[N \cdot \frac{a^2}{b^2} + H\right]\sin B \tag{4.26}$$

式中　　N——卯酉圈的半径，

$$N = \frac{a}{\sqrt{1-e^2\sin^2 B}}, \quad e^2 = \frac{a^2-b^2}{a^2}$$

式中　　a——地球椭球的长半轴；

b——地球椭球的短半轴。

在相同的基准下，将空间直角坐标转换成为空间大地坐标的公式为

$$L = \arctan\left(\frac{Y}{X}\right) \tag{4.27}$$

$$B = \arctan\left(\frac{Z(N+H)}{\sqrt{(X^2+Y^2)}[N(1-e^2)+H]}\right) \tag{4.28}$$

式中

$$H = \frac{Z}{\sin B} - N(1-e^2)$$

在采用（4.27）式进行转换时，需要采用迭代的方法。先利用（4.28）式求出 B 的初值，然后利用该初值求 H、N 的初值，再利用所求出的 H 和 N 的初值再次求定 B 值。

2. 空间坐标系与平面直角坐标系间的转换

空间坐标系与平面直角坐标系间的转换采用的是投影变换的方法。在我国一般采用的是高斯投影。

TBC 自由网平差

高斯正算公式如下：

$$\begin{aligned} x = l(B) &+ \frac{t}{2}N\cos^2 Be^2 + \frac{t}{24}N(\cos^4 B)(5-t^2+9\eta^2+4\eta^4)e^4 + \\ &\frac{t}{720}N(\cos^6 B)(61-58t^2+t^4+270\eta^2-330t^2\eta^2)e^6 + \\ &\frac{t}{40\,320}N(\cos^8 B)(1\,385-3\,111t^2+543t^4-t^6)e^8 + \cdots \end{aligned} \tag{4.29}$$

$$\begin{aligned} y = N\cos Be &+ \frac{1}{6}N\cos^3 B(1-t^2+\eta^2)e^3 + \\ &\frac{1}{120}N\cos^5 B(5-18t^2+t^4+14\eta^2-58t^2\eta^2)e^5 + \\ &\frac{1}{5\,040}N\cos^7 B(61-479t^2+179t^4-t^6)e^7 + \cdots \end{aligned} \tag{4.30}$$

式中　　$l(B)$——子午线弧长；

$$N = \frac{a}{\sqrt{1-e^2\sin^2 B}}$$——卯酉圈半径；

t —— $t = \tan B$；

e —— $e = L - L_0$，为经差；

L_0 ——中央子午线经度；

$l(B)$ ——从赤道到投影点的椭球面弧长，可用下式计算：

$$l(B) = \alpha [B + \beta \sin 2B + \gamma \sin 4B + \delta \sin 6B + \varepsilon \sin 8B + \cdots] \qquad (4.31)$$

其中

$$\begin{aligned}
\alpha &= \frac{a+b}{2}(1 + \frac{1}{4}n^2 + \frac{1}{64}n^4 + \cdots) \\
\beta &= -\frac{3}{2}n + \frac{9}{16}n^3 - \frac{3}{32}n^5 + \cdots \\
\gamma &= \frac{15}{16}n^2 - \frac{15}{32}n^4 + \cdots \\
\delta &= -\frac{35}{48}n^3 + \frac{105}{256}n^5 - \cdots \\
\varepsilon &= \frac{315}{512}n^4 + \cdots
\end{aligned} \qquad (4.32)$$

和

$$n = \frac{a-b}{a+b} \qquad (4.33)$$

高斯反算公式如下：

$$\begin{aligned}
B = B_f &+ \frac{t_f}{2N_f^2}(-1-\eta_f^2)x^2 + \\
&\frac{t_f}{24N_f^4}(5 + 3t_f^2 + 6\eta_f^2 - 6t_f^2\eta_f^2 - 3\eta_f^4 - 9t_f^2\eta_f^4)x^4 + \\
&\frac{t_f}{720N_f^8}(-61 - 90t_f^2 - 45t_f^4 - 107\eta_f^2 + 162t_f^2\eta_f^2 + 45t_f^4\eta_f^2)x^6 + \\
&\frac{t_f}{40\,320N_f^8}(1\,385 + 3\,633t_f^2 + 4\,095t_f^4 + 1\,575t_f^6)x^8 + \cdots
\end{aligned} \qquad (4.34)$$

$$\begin{aligned}
L = L_0 &+ \frac{1}{N_f \cos B_f}x + \frac{1}{6N_f^3 \cos B_f}(-1 - 2t_f^2 - \eta_f^2)x^3 + \\
&\frac{1}{120 N_f^5 \cos B_f}(5 + 28t_f^2 + 24t_f^4 + 6\eta_f^2 + 8t_f^2\eta_f^2)x^5 + \\
&\frac{1}{5\,040 N_f^7 \cos B_f}(-61 - 662t_f^2 - 1320t_f^4 - 720t_f^6)x^7 + \cdots
\end{aligned} \qquad (4.35)$$

其中，下标为 f 的项需要基于底点纬度 B_f 来计算。关于底点纬度的计算，可以采用下面的级数展开式计算：

$$B_f = \overline{y} + \overline{\beta}\sin 2\overline{y} + \overline{\gamma}\sin 4\overline{y} + \overline{\delta}\sin 6\overline{y} + \overline{\varepsilon}\sin 8\overline{y} + \cdots \tag{4.36}$$

其中

$$\begin{aligned}
\overline{\alpha} &= \frac{a+b}{2}\left(1 + \frac{1}{4}n^2 + \frac{1}{64}n^4 + \cdots\right) \\
\overline{\beta} &= \frac{3}{2}n - \frac{27}{32}n^3 + \frac{269}{512}n^5 + \cdots \\
\overline{\gamma} &= \frac{21}{16}n^2 - \frac{55}{32}n^4 + \cdots \\
\overline{\delta} &= \frac{151}{96}n^3 - \frac{417}{128}n^5 + \cdots \\
\overline{\varepsilon} &= \frac{1097}{512}n^4 + \cdots
\end{aligned} \tag{4.37}$$

且

$$\overline{y} = \frac{y}{\alpha} \tag{4.38}$$

3. 坐标系统的转换方法

不同坐标系统的转换本质是不同基准间的转换。不同基准间的转换方法有很多，其中最为常用的有布尔沙模型，又称为七参数转换法。

七参数转换法：

设两空间直角坐标系间有 7 个转换参数：3 个平移参数、3 个旋转参数和 1 个尺度参数，若：

$(X_A \quad Y_A \quad Z_A)^T$——某点在空间直角坐标系 A 的坐标；

$(X_B \quad Y_B \quad Z_B)^T$——某点在空间直角坐标系 B 的坐标；

$(\Delta X_0 \quad \Delta Y_0 \quad \Delta Z_0)^T$——空间直角坐标系 A 转换到空间直角坐标系 B 的平移参数；

$(\omega_X \quad \omega_Y \quad \omega_Z)^T$——空间直角坐标系 A 转换到空间直角坐标系 B 的旋转参数；

m——空间直角坐标系 A 转换到空间直角坐标系 B 的尺度参数。

则由空间直角坐标系 A 到空间直角坐标系 B 的转换关系：

$$\begin{bmatrix} X_B \\ Y_B \\ Z_B \end{bmatrix} = \begin{bmatrix} \Delta X_0 \\ \Delta Y_0 \\ \Delta Z_0 \end{bmatrix} + (1+m)R(\omega)\begin{bmatrix} X_A \\ Y_A \\ Z_A \end{bmatrix}$$

式中

$$R(\omega_X) = \begin{pmatrix} 1 & 0 & 0 \\ 0 & \cos\omega_x & \sin\omega_x \\ 0 & -\sin\omega_x & \cos\omega_x \end{pmatrix}$$

$$R(\omega_Y) = \begin{pmatrix} \cos\omega_Y & 0 & -\sin\omega_Y \\ 0 & 1 & 0 \\ \sin\omega_Y & 0 & \cos\omega_Y \end{pmatrix}$$

$$R(\omega_Z) = \begin{pmatrix} \cos\omega_Z & \sin\omega_Z & 0 \\ -\sin\omega_Z & \cos\omega_Z & 0 \\ 0 & 0 & 1 \end{pmatrix} \quad (4.39)$$

一般 ω_X、ω_Y 和 ω_Z 均为小角度，将 $\cos\omega$ 和 $\sin\omega$ 分别展开成泰勒级数，仅保留一阶项，则有

$$\cos\omega \approx 1 \quad (4.40)$$

$$\sin\omega \approx \omega \quad (4.41)$$

$$R(\omega) = R(\omega_Z) \cdot R(\omega_Y) \cdot R(\omega_X) = \begin{bmatrix} 1 & \omega_Z & -\omega_Y \\ -\omega_Z & 1 & \omega_X \\ \omega_Y & -\omega_X & 1 \end{bmatrix} \quad (4.42)$$

也可将转换公式表示为

$$\begin{bmatrix} X_B \\ Y_B \\ Z_B \end{bmatrix} = \begin{bmatrix} X_A \\ Y_A \\ Z_A \end{bmatrix} + \begin{bmatrix} \Delta X_A \\ \Delta Y_A \\ \Delta Z_A \end{bmatrix} + K \begin{bmatrix} \omega_X \\ \omega_Y \\ \omega_Z \\ m \end{bmatrix} \quad (4.43)$$

式中

$$K = \begin{bmatrix} 0 & -Z_A & Y_A & X_A \\ Z_A & 0 & -X_A & Y_A \\ -Y_A & X_A & 0 & Z_A \end{bmatrix}$$

两空间直角坐标系转换示意图如图 4.24 所示。

TBC 约束网平差

4. 应用 TBC 软件执行约束网平差

（1）在工程管理菜单下双击，出现点的属性对话框，如图 4.25 所示。

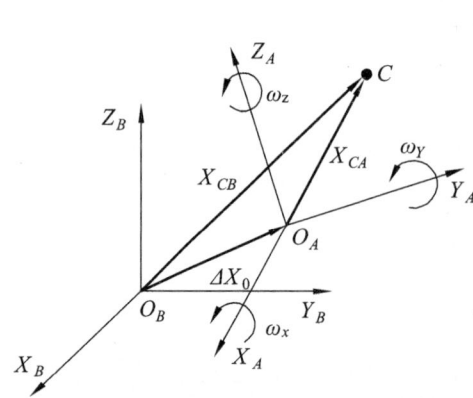

图 4.24 两空间直角坐标系转换示意图

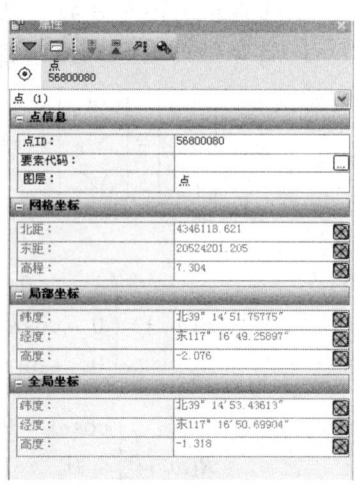

图 4.25 控制点属性

（2）选择右上角的添加坐标，出现键入点坐标的对话框。此处键入该点的真实网格值，并将其改为控制质量，如图 4.26 所示。

（3）依次输入控制点的坐标信息，并将相应点的控制等级设为控制质量，退回至平差界面，如图 4.27 所示。

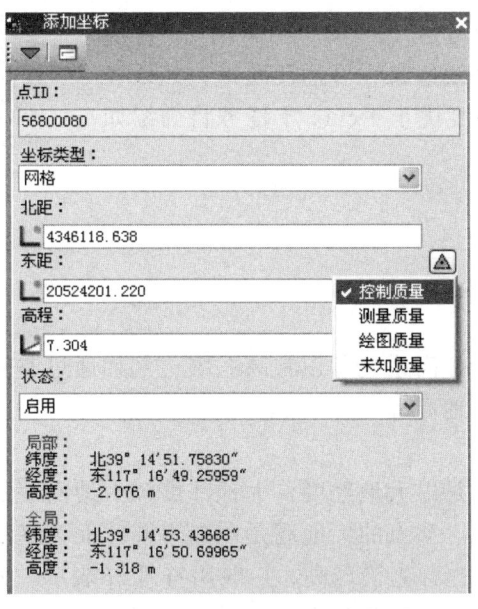

图 4.26　添加控制点坐标

图 4.27　权重

（4）选择相应点的控制方式，只 2D，或 2D＋高度，点击平差按钮。信息显示为"是否想要结算项目计算误差"，点击"Yes"按钮继续网平差没有解算误差。

（5）在平差网格窗口，点击报告标签，查看网平差报告部分，如图 4.28 所示。

图 4.28　平差网格坐标

任务 3.3　GNSS 高程

3.3.1　任务描述

GNSS 相对定位高程方面的相对精度一般可达 $2\times10^{-6}\sim3\times10^{-6}$。在绝对精度方面，实验表明，对于 10 km 以下的基线边长，可达几厘米；如果在观测和计算时采用一些消除误差的措施，其精度优于 1 cm。本任务将介绍如何把 GNSS 高程观测成果变为实用的高程成果。

GNSS 高程

3.3.2　相关知识

1. 各种高程系统及其转换关系

在测量中常用的高程系统有大地高系统、正高系统和正常高系统。例如通过 GNSS 测量所获得的高程是基于 WGS-84 大地坐标系的大地高程。

（1）大地高系统。

地面点在三维大地坐标系中的几何位置，是以大地经度、大地纬度和大地高表示的。大地高系统是以参考椭球面为基准面的高程系统。某点的大地高是以参考椭球面为基准面，由地面点沿其法线到参考椭球面的距离。大地高也称为椭球高，一般用符号 H 表示。大地高是一个纯几何量，不具有物理意义，同一个点，在不同的基准下，具有不同的大地高。

（2）正高系统。

正高系统是以大地水准面为基准面的高程系统。某点的正高是该点到通过该点的铅垂线与大地水准面的交点之间的距离，符号 H_g 表示。

（3）正常高系统。

正常高系统是以似大地水准面为基准面的高程系统。某点的正常高是该点到通过该点的铅垂线与似大地水准面的交点之间的距离，用符号 H_γ 表示。

（4）高程系统之间的转换关系。

大地水准面到参考椭球面的距离，称为大地水准面差距，记为 h_g。大地高与正高之间的关系可以表示为

$$H = H_g + h_g \tag{4.44}$$

似大地水准面到参考椭球面的距离，称为高程异常，记为 ζ。大地高与正常高之间的关系可以表示为

$$H = H_\gamma + \zeta \tag{4.45}$$

WGS-84 大地高（H84）与正常高的关系：

$$H_\gamma = H_{84} - \zeta \tag{4.46}$$

高程系统间的相互关系如图 4.29 所示。

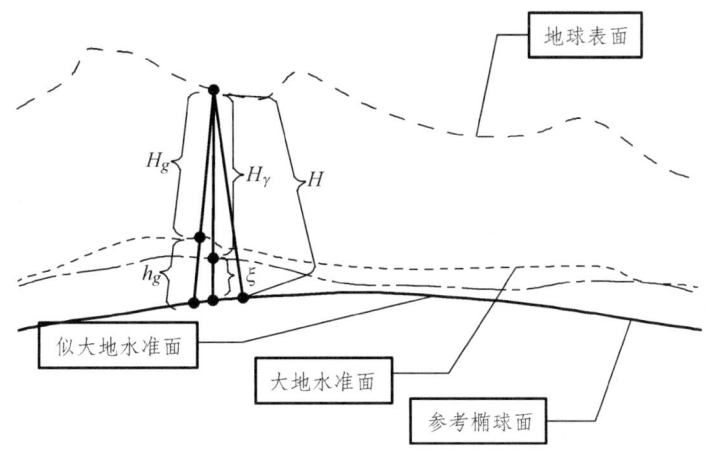

图 4.29　高程系统间的相互关系示意图

2. GNSS 水准高程

由 GNSS 测量定位得到的基线向量，经平差后可得到高精度的大地高程。若网中有一点或多点具有精确的大地高，则在 GNSS 网平差后，可得各个 GNSS 点的大地高。GNSS 相对定位高程方面的相对精度一般可达 $(2\sim3)$ mm $+1\times D\times10^{-6}$ mm；在绝对精度方面，对于 10 km 以下的基线边长，可达几个厘米，如果在观测和计算时采用一些消除误差的措施，其精度将优于 ±1 cm。但在实际应用中，地面点一般采用正常高程系统。因此，应找出 GNSS 点的大地高同正常高的关系，并采用一定模型进行转换。本节将介绍如何将 GNSS 高程观测结果变为可实用的正常高程结果。

GNSS 高程测量，是目前 GNSS 作业中最常用的一种方法。利用 GNSS 定位技术、精密水准测量技术或已建立的似大地水准面精化模型，获取实测点的高程异常值，进而得到实测点正常高，称为 GNSS 高程测量。

国内外用于 GNSS 高程测量的方法主要有：绘等值线图法；解析内插法（包括曲线内插法、样条函数法和 Akima 法）；曲面拟合法（包括平面拟合法、多项式曲面拟合法、多面函数拟合法、非参数回归曲面拟合法和移动曲面法）等。下面介绍几种常用的 GNSS 高程测量计算方法。

1）绘等值线图法

这是最早的 GNSS 水准方法。其原理是：设在某一测区有 m 个 GNSS 点，用几何水准联测其中 n 个点的正常高（联测水准的点称为已知点，下同），根据 GNSS 观测获得点的大地高，可求出 n 个已知点的高程异常。然后，选定适合的比例尺，按 n 个已知点的平面坐标，展绘在图纸上，并标注上相应的高程异常，再用 $1\sim5$ cm 的等高距，绘出测区的高程异常图。在图上内插出未联测几何水准的 $m\sim n$ 个点（未联测几何水准的 GNSS 点称为待求点）的高程异常，从而求出这些待求点的正常高。

2）解析内插法

当 GNSS 点布设成测线时，可应用多种曲线内插法求定待求点的正常高。其原理是：根据测线上已知点平面坐标和高程异常，用数值拟合的方法，拟合出测线方向的似大地水准面曲线，再内插出待求点的高程异常，从而求出点的正常高。例如多项式曲线拟合法、三次样条曲线拟合法等。

3）曲面拟合法

当 GNSS 点布设成一定区域面状时，可以应用数学曲面拟合法求待定点的正常高。其原理是，根据测区中已知点的平面坐标 x、y（或大地坐标 B、L）和 ζ 值，用数值拟合法，拟合出测区似大地水准面，再内插出待求点的 ζ，从而求出待求点的正常高。

3. 提高 GNSS 高程精度的措施

1）提高大地高程测定的精度

（1）选用双频 GNSS 接收机。

（2）基线解算时使用精密星历。有关文献分析表明，用精密星历比用广播星历可提高精度 34%。

（3）提高基线解算的起算点坐标的精度。

（4）使用类型相同且带有抑径板或抑径圈的接收机天线。

（5）对每个点在不同卫星星座和大气条件下进行多次设站观测。

（6）减弱多路径误差和对流层延迟误差。

2）提高联测几何水准的精度

据分析，采用四等几何水准联测的误差，约占 GNSS 水准总误差的 30%。因此，尽量采用三等水准来联测 GNSS 点。对有特殊应用的 GNSS 网，应采用二等水准来联测。

3）提高拟合计算的精度

（1）根据测区似大地水准面实际变化情况，合理布设已知点。

（2）依据测区实际情况，合理选择拟合模型。

（3）对含有不同趋势地区的大测区，可采取分区计算的办法。

（4）计算时，坐标取到 m 或 10 m，高程异常应取到 mm。

4）提高转换参数的精度

提高转换参数精度的方法是利用我国已有的 VLBI 和 SLR 站的地心坐标转换参数，或利用国家 A、B 级 GNSS 网点来推算转换参数。但这一项误差在 GNSS 水准中是次要的。

推荐阅读 5　GNSS 技术在工程变形监测中的应用

工程变形，一般包括建筑物的位移和由于人为原因而造成的建筑物或地壳的形变。由于 GNSS 测量具有高精度的三维定位能力，所以它是监测各种工程变形的极为有效的手段。

GNSS 技术在地形测绘中的应用

由于种种原因造成的地表移动和变形，影响着建筑物（构筑物）的安全，影响人类生存空间的安全。随着各种大型建筑（构筑物）的兴建，建筑物（构筑物）的变形监测越来越重要。由于 GNSS 测量具有无需通视、高效、快速、全天候、可实现无人值守等特点，近年来，GPS 在变形监测中已获得越来越广泛的应用。

1. GNSS 变形监测网的设计

首先，根据变形监测的任务，依据现有规范（规程），在变形区域设计出一定精度和密度的 GPS 基准点、变形监测点，构成监测网形，进行精度估算，选择最佳网形，制定观测纲要。

1）GNSS 变形监测网技术设计的依据。

GNSS 变形监测网技术设计既要依据 GNSS 测量规范和规程，又要依据工程测量规范、各部门制订的规程以及变形监测任务书。具体包括：

（1）《全球定位系统（GPS）测量规范》，2009 年由国家测绘局编制发布。
（2）《卫星定位城市测量技术标准》，2019 年由住房和城乡建设部发布。
（3）《工程测量标准》，2020 年由中华人民共和国住房和城乡建设部编制发布。
（4）其他规程如《铁路工程测量规范》，2018 年由国家铁路局制定发布。

变形监测任务书或合同书是施工单位上级主管部门或合同甲方下达的技术要求文件。这种文件是指令性的，它规定了测量任务的范围、目的、精度和密度要求，提交成果资料的内容和时间，完成任务的经济指标等。

2. GNSS 变形监测网的精度和密度

GNSS 变形监测网的精度和密度等主要技术要求应同时参照工程测量中变形测量的技术要求和 GNSS 测量的技术要求。在《工程测量标准》中，水平位移监测网和垂直位移监测网按常规测量方法的主要技术指标要求如表 4.11 和表 4.12 所示。

表 4.11 水平位移监测网的主要技术要求

等级	平均边长/m	测角中误差/（″）	最弱边相对中误差	相邻基准点的点位中误差/mm
一等	<300	±0.7	≤1/25 万	1.5
二等	<300	±1.0	≤1/12 万	3.0
三等	<350	±1.8	≤1/7 万	6.0
四等	<400	±2.5	≤1/4 万	12.0

表 4.12 垂直位移监测网的主要技术要求

等级	使用水准仪型号	水准尺	每千米高差全中误差/mm	每站高差中误差/mm	往返校差、环闭合差/mm	检测已测高差较差/mm	相邻基准点高差中误差/mm
一等	DS05	因瓦	1	0.07	$0.15\sqrt{n}$	$0.2\sqrt{n}$	0.3
二等	DS05	因瓦	1	0.13	$0.30\sqrt{n}$	$0.5\sqrt{n}$	0.5
三等	DS05 或 DS05	因瓦	2	0.30	$0.60\sqrt{n}$	$0.8\sqrt{n}$	1.0
四等	DS05 或 DS05	因瓦或双面	6	0.70	$1.40\sqrt{n}$	$2.0\sqrt{n}$	2.0

卫星定位城市测量技术规程中的二等、三等、四等 GNSS 网的精度和密度要求如表 4.13 所示。

表 4.13　GNSS 网的主要技术要求

等级	平均距离/km	固定误差 a/mm	比例误差 b (1×10^{-6})	最弱边相对中误差
二	9	≤5	≤2	1/12 万
三	5	≤5	≤2	1/8 万
四	2	≤10	≤5	1/4.5 万

3. GNSS 变形监测网的基准设计

地面变形监测网的基准设计包括位置基准、方位基准和尺度基准。常规测量中位置基准一般由给定的起算点坐标确定，方位基准一般由给定的起算方位角确定，尺度基准一般由地面的电磁波测距边确定。方位基准和尺度基准也可以由 2 个以上的起算点的坐标确定。因此，工程测量规范中对于变形测量基准点的布设规定每个工程至少应有 3 个稳定可靠的点作为基准点。

GNSS 相对定位用于地面变形测量，解算出的基线向量是属于 WGS-84 坐标系的三维坐标差。实际需要的点位坐标可以是 WGS-84 坐标系的坐标，也可能是国家坐标或地方独立坐标系的坐标。所以在进行 GNSS 变形监测网的基准设计时，必须明确 GNSS 成果所采用的坐标系统和起算数据，即明确 GNSS 变形监测网所采用的基准。GNSS 网的基准和常规测量的基准一样，包括位置基准、方位基准和尺度基准。位置基准由起算的 GNSS 点的坐标确定，而方位基准和尺度基准分别由 GNSS 基线向量的方位和距离确定。GNSS 测量的结果是三维坐标，位置基准有 3 个，方位基准有 3 个，尺度基准有 1 个。这样，如果以固定的基准点作为 GNSS 网的起算数据，则在基准设计时，至少应选择 4~5 个稳定的基准点。

GNSS 测量所得的高程为基于参考椭球面的大地高。在地面沉降观测中可以按大地高进行变形分析。如果实际应用中采用水准高程，则 GNSS 网的基准点应同时测定其水准高程，以便将 GNSS 高程通过曲面拟合转换成水准高程。

4. GNSS 变形监测网形设计

在 GNSS 变形监测网设计中，因 GNSS 同步观测不要求点间通视，其网形设计有较大的灵活性。根据不同的精度要求，GNSS 网的网形布设通常有点连式、边连式及边点混合连接等几种基本方式。GNSS 观测中，3 台或 3 台以上接收机同步观测获得的基线向量构成同步环。所谓点连接、边连接等方式均指各时段同步环之间的连接。点连式是指相邻同步图形之间仅有一个公共点的连接。这种方式布点所构成的图形几何强度很弱，很少有非同步图形闭合条件,在 GNSS 变形监测中一般不使用。边连式是指同步图形之间由一条公共基线连接。这种布网方案,网的几何强度高,有较多的重复边和非同步图形闭合条件。这种网的可靠性也比点连式强,所以 GNSS 变形监测网中多采用边连式的网形。

推荐阅读 6　GNSS 技术在海洋测绘中的应用

本任务主要介绍 GNSS 技术在海上定位、水下地形测量等方面的应用。

按《联合国海洋法公约》规定,可划归中国的管辖海域约达 300 万 km^2。因此,在《中国海洋 21 世纪议程》中,明确提出了建设海洋强国的战略任务,其要点是海洋经济区域建设、发展海洋产业、研究海洋科学技术问题、维护国家海洋权益和利益、加强海上力量建设等。由此看来,海洋测绘是建设海洋强国一项前期性和基础性的重大工程。点位测定,是为海洋测绘提供基准数据的基础性工作。在天空中飞行的 100 余颗导航卫星,能够为广阔海域实现快速而高精度的动、静态定位测量。

海洋测绘主要包括海上定位、海洋大地测量和水下地形测量。海上定位通常指在海上确定船位的工作。主要用于舰船导航,同时又是海洋大地测量不可缺少的工作。海洋大地测量主要包括在海洋范围内布设大地控制网,进行海洋重力测量。在此基础上进行水下地形测量,测绘水下地形图,测定海洋大地水准面。此外海洋测绘的工作还包括海洋划界、航道测量以及海洋资源勘探与开采(如海洋渔业、海上石油工业、大陆架以及专属经济区的开发)、海底管道的敷设、近海工程(如海港工程等)、打捞、疏浚等海洋工程测量、平均海面测量、海面地形测量以外,还有海流、海面变化、板块运动以及海啸等测量。

海上定位是海洋测绘中最基本的工作。由于海域辽阔,海上定位可根据离岸距离的远近而采用不同的定位方法,如光学交会定位、无线电测距定位、GNSS 卫星定位、水声定位以及组合定位等。

1. 用 GNSS 定位技术进行高精度海洋定位

为了获得较好的海上定位精度,采用 GNSS 接收机与船上的导航设备组合起来进行定位。例如,在 GNSS 伪距法定位的同时,用船上的计程仪(或多普勒声呐)、陀螺仪的观测值联合推求船位。

对于近海海域,还可采用在岸上或岛屿上设立基准站,采用差分技术或动态相对定位技术进行高精度海上定位。如果一个基准站能覆盖 150 km 范围,那么在我国沿海只需设立 3~4 个基准站便可在近海海域进行高精度海上定位。经过多年研究,不断成熟的 GNSS 广域差分定位技术可以实现在一个国家或几个国家范围内的广大区域进行差分定位。

利用差分 GNSS 技术可以进行海洋物探定位和海洋石油钻井平台的定位。进行海洋物探定位时,在岸上设置一个基准站,另外在前后两条地震船上都安装差分 GNSS 接收机。前面的地震船按预定航线利用差分 GNSS 导航和定位,按一定距离或一定时间通过人工控制向海底岩层发射地震波,后续船接收地震反射波,同时记录 GNSS 定位结果。通过分析地震波在地层内的传播特性，研究地层的结构，从而寻找石油资源的储油构造。根据地质构造的特点，在构造图上设计钻孔位置。

利用差分 GNSS 技术按预先设计的孔位建立安装钻井平台。具体方法是在钻井平台上和海岸基准站上设置 GNSS 系统。如果在钻井平台的四周都安装 GNSS 天线，由 4 个天线接收的信息进入同一个接收机，同时由数据链电台将基准站观测的数据也传送到钻井平台的接收机上。通过平台上的计算机同时处理 5 组数据，可以计算出平台的平移、倾斜和旋转，以便实时检测平台的安全性和可靠性。

2. GNSS 技术应用于水下地形测量

水下地形图的绘制对于航运、海底资源勘探、海底电缆铺设、沿海养殖业和海上钻井平台等具有重要意义。海道测量是进行水下地形图测绘的基础，可以通过海底控制测量来测定海底控制点的空间坐标或平面坐标。除此以外，还需用水深仪器对水深进行测量。水深测线间距依比例尺不同而变化，水深仪器的定位除了在近岸区域使用传统的光学仪器采用交汇法定位外，其他较远区域多采用无线电定位。由于 GNSS 可以快速、高精度地对目标物进行定位，可以对水深仪器进行单点定位，但其精度只有几十米，只能作为远海小比例尺海底地形测绘的控制；对于较大比例尺测图，可应用差分 GNSS 技术进行相对定位。实际应用中常将 GNSS 和水深仪器同时使用，前者进行定位测量，后者进行水深测量，再利用电子记录手簿、计算机以及绘图仪组成水下地形测量自动化系统。

小 结

本部分主要介绍了 GNSS 测量数据处理的基本过程：数据采集、数据传输、预处理，基线解算，基线向量网平差计算，坐标系统转换等基本步骤，以及应用软件如何实现 GNSS 数据处理的全过程。

知识技能训练

1. GNSS 控制网数据处理的目的是什么？
2. 简述数据处理的基本流程，并画图说明基线解算的步骤。
3. 测站信息文件包含哪几种？
4. 在进行数据传输的同时，利用数据处理软件将原始记录中的各项观测数据进行分类整理，剔除无效观测值和冗余信息，自动生成哪几个数据文件？
5. GNSS 数据预处理包括哪些内容？
6. 简述基线解算结果的质量评定指标。
7. GNSS 基线网平差的目的是什么？试述 GNSS 基线向量网平差有哪些类型。
8. 什么叫大地高？什么叫正常高？它们之间如何转换？
9. 什么叫 GNSS 高程测量？

参考文献

[1] 徐绍铨，等. GPS测量原理及应用[M]. 武汉：武汉大学出版社，2004.
[2] 张勤，李家权. GPS测量原理及应用[M]. 北京：科学出版社，2005.
[3] 周建郑. GPS定位原理与技术[M]. 郑州：黄河水利出版社，2005.
[4] 王勇智. GPS测量技术[M]. 北京：中国电力出版社，2012.
[5] 李明峰，等. GPS定位技术及其应用[M]. 北京：国防工业出版社，2006.
[6] 周忠谟，等. GPS卫星测量原理与应用[M]. 北京：测绘出版社，2004.
[7] 黄文彬. GPS测量技术[M]. 北京：测绘出版社，2011.
[8] 刘基余. GPS卫星导航定位原理与方法[M]. 北京：科学出版社，2003.
[9] 胡友健. 全球定位系统（GPS）原理与应用[M]. 武汉：中国地质大学出版社，2003.
[10] 袁建平，等. 卫星导航原理与应用[M]. 北京：中国宇航出版社，2003.
[11] 国家质监总局. GB/T 18314—2009 全球定位系统（GPS）测量规范[S]. 北京：中国标准出版社，2009.
[12] 国家测绘局. CH/T 2009—2010 全球定位系统实时动态测量（RTK）技术规范[S]. 北京：测绘出版社，2010.
[13] 中华人民共和国行业标准. CJJT 73—2019 卫星定位城市测量技术标准[S]. 北京：中国建筑工业出版社，2019.
[14] 中华人民共和国行业标准. CH/T 2008—2005 全球导航卫星系统连续运行参考站网建设规范（S）. 北京：测绘出版社，2006.
[15] 周立. GPS测量技术[M]. 郑州：黄河水利出版社，2006.
[16] 李青岳，陈永奇. 工程测量学[M]. 北京：测绘出版社，2008.
[17] 胡晓，高伟，李本玉. GNSS导航定位技术的研究综述与分析[J]. 全球定位系统，2009，34（3）.
[18] 王解先. 全球导航卫星系统GPS/GNSS的回顾与展望[J]. 工程勘察，2006（3）.
[19] 李征航，黄劲松. GPS测量与数据处理[M]. 武汉：武汉大学出版社，2005.
[20] 黄劲松，李英冰. GPS测量与数据处理实习教程[M]. 武汉：武汉大学出版社，2010.
[21] 铁路工程技术标准所. 铁路工程卫星定位测量规范（TB 10054—2010）[S]. 北京：中国铁道出版社，2010.
[22] 黄声享，郭英起，易庆林. GPS在测量工程中的应用[M]. 北京：测绘出版社，2007.
[23] 杜玉柱. GNSS测量技术[M]. 武汉：武汉大学出版社，2013.
[24] 周建郑. GNSS定位测量[M]. 北京：测绘出版社，2013.
[25] 张福荣，田倩. GPS测量技术与应用[M]. 成都：西南交通大学出版社，2017.

参考文献